"十二五"普通高等教育本科国家级规

无机及分析化学习题解答

南京大学化学化工学院
李承辉 鲍松松 鲁艺 王凤彬 吴洁 编

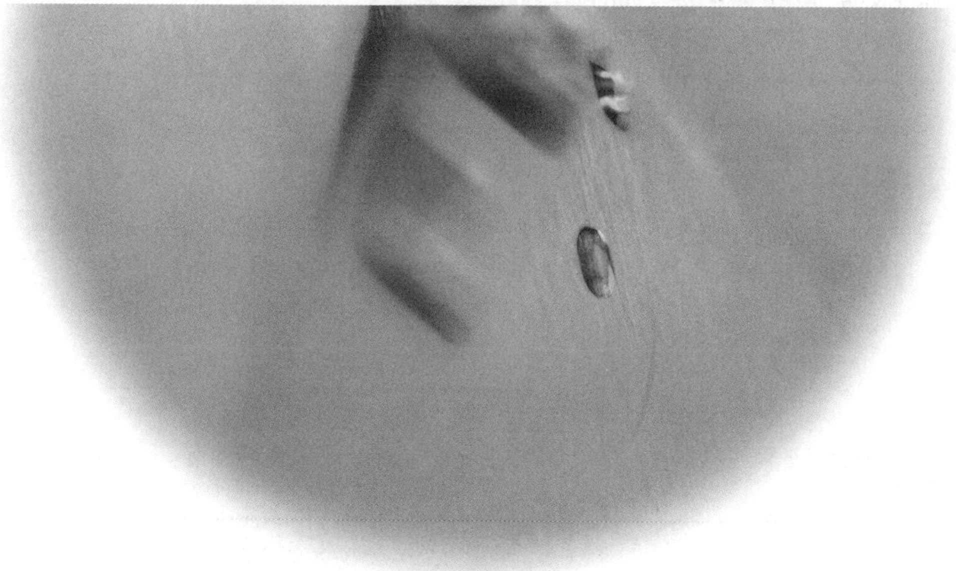

中国教育出版传媒集团
高等教育出版社·北京

内容提要

本书是“十二五”普通高等教育本科国家级规划教材《无机及分析化学》（第五版）的配套学习参考书，旨在帮助读者更深刻理解教材的内容并巩固所学知识。全书共21章，章节设置与教材一致，可作为使用该教材的教学和学习参考用书。

本书可作为高等院校化学化工类各专业“无机及分析化学”“大学化学”“普通化学”“化学原理”等课程的参考书，亦可作为化学爱好者自学的参考材料。

图书在版编目（CIP）数据

无机及分析化学习题解答 / 李承辉等编. -- 北京：高等教育出版社，2022.8
ISBN 978-7-04-058703-6

Ⅰ. ①无… Ⅱ. ①李… Ⅲ. ①无机化学-高等学校-教学参考资料②分析化学-高等学校-教学参考资料 Ⅳ. ①O61②O65

中国版本图书馆 CIP 数据核字(2022)第 094684 号

WUJI JI FENXI HUAXUE XITI JIEDA

策划编辑 李 颖　责任编辑 李 颖　封面设计 王 洋　版式设计 杜微言
责任绘图 邓 超　责任校对 刁丽丽　责任印制 存 怡

出版发行 高等教育出版社
社　　址 北京市西城区德外大街4号
邮政编码 100120
印　　刷 大厂益利印刷有限公司
开　　本 787 mm×1092 mm 1/16
印　　张 15.25
字　　数 370 千字
购书热线 010－58581118
咨询电话 400－810－0598
网　　址 http://www.hep.edu.cn
　　　　 http://www.hep.com.cn
网上订购 http://www.hepmall.com.cn
　　　　 http://www.hepmall.com
　　　　 http://www.hepmall.cn
版　　次 2022年8月第1版
印　　次 2022年8月第1次印刷
定　　价 29.00 元

物 料 号 58703－00

前　言

本书是"十二五"普通高等教育本科国家级规划教材《无机及分析化学》(第五版)(南京大学《无机及分析化学》编写组编写,高等教育出版社,2015年)的配套学习参考书,旨在帮助读者更深刻理解教材的内容并巩固所学知识。

全书的章节设置与主教材一致,共分为21章。各章内容分为两部分:内容提要和习题解答。内容提要部分给出各章的重要知识点,习题解答部分给出教材各章习题的详细参考解答。一定量的练习是强化学习内容、检测学习效果的重要手段,也是提高学生分析问题和解决问题的重要途径,书中尽可能给出完整和详尽的解题过程,旨在帮助读者学习和解惑,将知识融会贯通。为了更好地帮助读者检测自己的学习效果,本书最后附有两套综合测试题(含答案),读者可用于自测。

本书可作为高等院校化学化工类各专业"无机及分析化学""大学化学""普通化学""化学原理"等课程的参考书,亦可作为化学爱好者自学的参考材料。

参加本书编写的有:鲁艺(第一至四章)、李承辉(第五至八章)、鲍松松(第九至十二章)、吴洁(第十三至十五章、第二十一章)、王凤彬(第十七至二十章)。全书由李承辉统稿。

本书承蒙黄孟健教授和赵斌教授审阅,他们提出了很多重要的修改建议。在编写过程中高等教育出版社郭新华和李颖、南京大学化学化工学院俞寿云等老师给予了大力支持。在此一并表示衷心的感谢!特别感谢黄孟健教授在年迈和身体抱恙的情况下仍仔细审阅本书并提出许多宝贵修改建议。

由于编者水平有限,书中难免会有错误和不妥之处,恳请广大读者和同行批评指正。

编者

2022年3月

于南京大学

目　录

第一章　气体和溶液

内容提要

1. 理想气体状态方程

$$pV = nRT$$

使用时需注意两点:它的前提条件以及公式中 R 的取值。

(1) 前提条件:气体分子间距离很大,分子间吸引力可忽略不计;气体分子自身很小,分子所占体积可忽略不计。

(2) R 的取值:

$$\begin{aligned} R &= \frac{pV}{nT} \\ &= 8.315\ \mathrm{Pa \cdot m^3 \cdot mol^{-1} \cdot K^{-1}} \\ &= 8.315\ \mathrm{kPa \cdot L \cdot mol^{-1} \cdot K^{-1}} \\ &= 8.315\ \mathrm{J \cdot mol^{-1} \cdot K^{-1}} \end{aligned}$$

2. 道尔顿分压定律

表述为:混合气体的总压力等于各组分气体分压力之和。

某组分的分压力为该组分在同一温度下单独占有混合气体的容积时所产生的压力。

混合物中某组分的分压力等于总压力乘以该气体摩尔分数或体积分数。

$$p = p_1 + p_2 + \cdots = \sum p_i$$

$$p_i = \frac{n_i}{V}RT$$

$$p = \sum p_i = \sum n_i \frac{RT}{V} = n\frac{RT}{V}$$

3. 常见的几种分散系

(1) 分子分散系:分散质粒子平均直径小于 1 nm。

(2) 胶体分散系:分散质粒子平均直径介于 1 nm 和 100 nm 之间。

(3) 粗分散系:分散质粒子平均直径大于 100 nm。

4. 常用溶液浓度的表示方法

(1) 摩尔分数 x=溶质的物质的量/溶液的物质的量,量纲为 1。

（2）质量摩尔浓度 b=溶质的物质的量/溶剂的质量，单位为 $mol \cdot kg^{-1}$。

（3）物质的量浓度 c=溶质的物质的量/溶液的体积，单位为 $mol \cdot L^{-1}$。

5. 稀溶液的依数性

（1）溶液的蒸气压降低：在一定温度下，难挥发非电解质稀溶液的蒸气压降低值与溶质的摩尔分数成正比，通常称为拉乌尔定律。

$\Delta p = p_B \cdot x_A$（p_B 为溶剂的饱和蒸气压，x_A 为溶质的摩尔分数）

（2）溶液的沸点升高：

$$\Delta T_b = K_b \cdot b$$

K_b 的单位为 $K \cdot kg \cdot mol^{-1}$。

（3）溶液的凝固点降低：

$$\Delta T_f = K_f \cdot b$$

K_f 的单位为 $K \cdot kg \cdot mol^{-1}$。

（4）渗透压：

$$\Pi = cRT$$

值得注意的是，以上几个公式的适用范围：溶液的浓度较稀，同时溶质为难挥发的非电解质。

6. 胶体溶液

（1）溶胶的性质：布朗运动、丁铎尔效应、电泳。

（2）胶团的结构：包括胶核、胶粒、胶团。

（3）溶胶的稳定性和聚沉：布朗运动、胶粒带电荷、溶剂化作用等使溶胶相对稳定；加入电解质或带相反电荷的溶胶以及升温加速热运动等导致溶胶聚沉。

习题解答

1. 在 0 ℃和 100 kPa 下，某气体的密度是 1.96 $g \cdot L^{-1}$。试求它在 85.0 kPa 和 25 ℃时的密度。

解：

$$pM = \rho RT$$

$$\frac{\rho_1}{\rho_2} = \frac{p_1 T_2}{p_2 T_1}$$

$$\rho_2 = \frac{\rho_1 p_2 T_1}{p_1 T_2}$$

$$= \frac{1.96\ g \cdot L^{-1} \times 85.0\ kPa \times 273\ K}{100\ kPa \times 298\ K} = 1.53\ g \cdot L^{-1}$$

2. 在一个 250 mL 容器中装入一未知气体至压力为 101.3 kPa,此气体试样的质量为 0.164 g,实验温度为25 ℃,求该气体的相对分子质量。

解:

$$pV = \frac{m}{M}RT$$

$$M = \frac{mRT}{pV}$$

$$= \frac{0.164\ \text{g} \times 8.315\ \text{kPa} \cdot \text{L} \cdot \text{mol}^{-1} \cdot \text{K}^{-1} \times 298\ \text{K}}{101.3\ \text{kPa} \times 250 \times 10^{-3}\ \text{L}} = 16.0\ \text{g} \cdot \text{mol}^{-1}$$

3. 收集反应中放出的某种气体并进行分析,发现 C 和 H 的质量分数分别为 0.80 和 0.20。并测得在 0 ℃和 101.3 kPa 下,500 mL 此气体质量为 0.6695 g。试求该气态化合物的最简式、相对分子质量和分子式。

解:C,H 原子个数比为

$$\frac{0.80}{12} : \frac{0.20}{1} = 1 : 3$$

故最简式是 CH_3。

$$M = \frac{mRT}{pV}$$

$$= \frac{0.6695\ \text{g} \times 8.315\ \text{kPa} \cdot \text{L} \cdot \text{mol}^{-1} \cdot \text{K}^{-1} \times 273\ \text{K}}{101.3\ \text{kPa} \times 500 \times 10^{-3}\ \text{L}} = 30.0\ \text{g} \cdot \text{mol}^{-1}$$

$$\frac{30.0}{12 + 3} = 2$$

所以化学式是 C_2H_6。

4. 将 0 ℃,98.0 kPa 下的 2.00 mL N_2 和 60 ℃,53.0 kPa 下的 50.0 mL O_2,在 0 ℃下混合于一个 50.0 mL 容器中。此混合物的总压力是多少?

解:方法一

$$\frac{p_1V_1}{T_1} = \frac{p_2V_2}{T_2}$$

对于 N_2, $T_1 = T_2$, 所以

$$p_1V_1 = p_2V_2$$

$$p_2(N_2) = \frac{p_1(N_2)V_1(N_2)}{V_2(N_2)} = \frac{98.0\ \text{kPa} \times 2.00 \times 10^{-3}\ \text{L}}{50.0 \times 10^{-3}\ \text{L}} = 3.92\ \text{kPa}$$

对于 O_2, $V_1 = V_2$, 所以

$$\frac{p_1}{T_1} = \frac{p_2}{T_2}$$

$$p_2(O_2) = \frac{p_1(O_2)T_2(O_2)}{T_2(O_2)} = \frac{53.0\ \text{kPa} \times 273\ \text{K}}{333\ \text{K}} = 43.4\ \text{kPa}$$

$$p_{总} = p_2(N_2) + p_2(O_2) = 3.92\ \text{kPa} + 43.4\ \text{kPa} = 47.3\ \text{kPa}$$

方法二

$$n = \frac{pV}{RT}$$

$$n(N_2) = \frac{98.0\ \text{kPa} \times 2.00 \times 10^{-3}\ \text{L}}{8.315\ \text{kPa}\cdot\text{L}\cdot\text{mol}^{-1}\cdot\text{K}^{-1} \times 273\ \text{K}} = 0.086\ \text{mmol}$$

$$n(O_2) = \frac{53.0\ \text{kPa} \times 50.0 \times 10^{-3}\ \text{L}}{8.315\ \text{kPa}\cdot\text{L}\cdot\text{mol}^{-1}\cdot\text{K}^{-1} \times 333\ \text{K}} = 0.957\ \text{mmol}$$

$$p_{总} = \frac{n_{总}RT}{V}$$

$$= \frac{(0.086 + 0.957) \times 10^{-3}\ \text{mol} \times 8.315\ \text{kPa}\cdot\text{L}\cdot\text{mol}^{-1}\cdot\text{K}^{-1} \times 273\ \text{K}}{50.0 \times 10^{-3}\ \text{L}} = 47.4\ \text{kPa}$$

5. 现有一气体,在 35 ℃,101.3 kPa 的水面上收集,体积为 500 mL。如果在同样条件下将它压缩成 250 mL,干燥气体的最后分压是多少?

解:查表得 35 ℃时水的饱和蒸气压为 5.63 kPa。

$$p_1V_1 = p_2V_2$$

$$(101.3\ \text{kPa} - 5.63\ \text{kPa}) \times 500\ \text{mL} = p_2 \times 250\ \text{mL}$$

$$p_2 = 191\ \text{kPa}$$

6. $CHCl_3$ 在 40 ℃时蒸气压为 49.3 kPa。于此温度和 101.3 kPa 下,有 4.00 L 空气缓慢地通过 $CHCl_3$(即每个气泡都为 $CHCl_3$ 蒸气所饱和)。问:

(1) 空气和 $CHCl_3$ 混合气体的体积是多少?

(2) 被空气带走的 $CHCl_3$ 质量是多少?

解:(1) 因为空气总量不变,所以对空气有

$$p_1V_1 = p_2V_2$$

$$101.3\ \text{kPa} \times 4.00\ \text{L} = (101.3\ \text{kPa} - 49.3\ \text{kPa}) \times V_2$$

$$V_2 = 7.79\ \text{L}$$

(2) 由 $pV = nRT$ 推得

$$m = \frac{pV}{RT}M = \frac{49.3\ \text{kPa} \times 7.79\ \text{L} \times 119.38\ \text{g}\cdot\text{mol}^{-1}}{8.315\ \text{kPa}\cdot\text{L}\cdot\text{mol}^{-1}\cdot\text{K}^{-1} \times 313\ \text{K}} = 17.6\ \text{g}$$

7. 在 15 ℃和 100 kPa 下，将 3.45 g Zn 和过量酸作用，于水面上收集得 1.20 L 氢气。求 Zn 中杂质的质量分数（假定这些杂质和酸不起作用）。

解： 15 ℃时水的饱和蒸气压 p = 1.71 kPa，则

$$p(H_2) = 100\ \text{kPa} - 1.71\ \text{kPa} = 98.29\ \text{kPa}$$

H_2 的物质的量为

$$n = \frac{pV}{RT} = \frac{98.29\ \text{kPa} \times 1.20\ \text{L}}{8.315\ \text{kPa}\cdot\text{L}\cdot\text{mol}^{-1}\cdot\text{K}^{-1} \times 288\ \text{K}} = 0.04925\ \text{mol}$$

Zn 的质量分数是

$$\frac{0.04925\ \text{mol} \times 65.4\ \text{g}\cdot\text{mol}^{-1}}{3.45\ \text{g}} = 0.934$$

杂质的质量分数为

$$1 - 0.934 = 0.066$$

8. 定性地画出一定量的理想气体在下列情况下的有关图形：

(1) 在等温下，pV 随 V 变化；

(2) 在等容下，p 随 T 变化；

(3) 在等压下，T 随 V 变化；

(4) 在等温下，p 随 V 变化；

(5) 在等温下，p 随$\frac{1}{V}$变化；

(6) pV/T 随 p 变化。

解： 见下图。

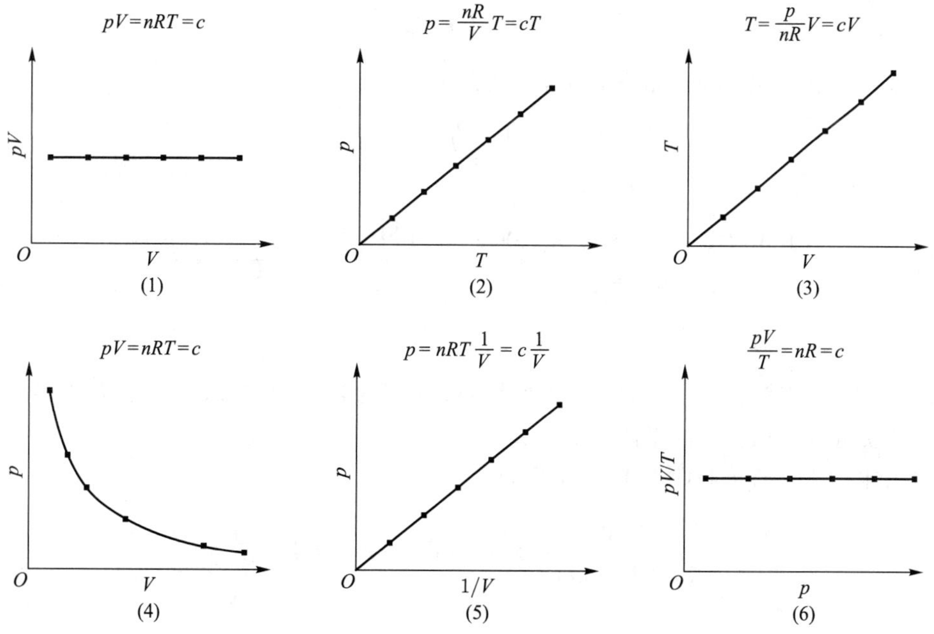

9. 在 57 ℃，让空气通过水，用排水取气法在 100 kPa 下，把气体收集在一个带活塞的圆筒中。此时，湿空气体积为 1.00 L。已知在 57 ℃，$p(H_2O) = 17$ kPa；在 10 ℃，$p(H_2O) = 1.2$ kPa。问：

(1) 温度不变，若压力降至 50 kPa，该气体体积为多少？

(2) 温度不变，若压力升至 200 kPa，该气体体积为多少？

(3) 压力不变，若温度升至 100 ℃，该气体体积为多少？

(4) 压力不变，若温度降至 10 ℃，该气体体积为多少？

解：(1) 温度不变，压力降低，没有水汽凝结，以所有气体为研究对象。

$$p_1V_1 = p_2V_2$$

$$100\ \text{kPa} \times 1.00\ \text{L} = 50\ \text{kPa} \times V_2$$

$$V_2 = 2.00\ \text{L}$$

(2) 温度不变，压力升高，部分水汽凝结，以干空气为研究对象。

$$p_1V_1 = p_2V_2$$

$$(100\ \text{kPa} - 17\ \text{kPa}) \times 1.00\ \text{L} = (200\ \text{kPa} - 17\ \text{kPa}) \times V_2$$

$$V_2 = 0.45\ \text{L}$$

(3) 压力不变，温度升高，没有水汽凝结，以所有气体为研究对象。

$$\frac{V_1}{T_1} = \frac{V_2}{T_2}$$

$$\frac{1.00\ \text{L}}{330\ \text{K}} = \frac{V_2}{373\ \text{K}}$$

$$V_2 = 1.13\ \text{L}$$

(4) 压力不变，温度降低，部分水汽凝结，以干空气为研究对象。

$$\frac{p_1V_1}{T_1} = \frac{p_2V_2}{T_2}$$

$$\frac{(100\ \text{kPa} - 17\ \text{kPa}) \times 1.00\ \text{L}}{330\ \text{K}} = \frac{(100\ \text{kPa} - 1.2\ \text{kPa}) \times V_2}{283\ \text{K}}$$

$$V_2 = 0.72\ \text{L}$$

10. 已知在标准状况下 1 体积的水可吸收 560 体积的氨气，此氨水的密度为 $0.90\ \text{g} \cdot \text{mL}^{-1}$。求此氨水的质量分数和物质的量浓度。

解：1 L 水(1000 g)可吸收 NH_3 的质量为

$$\frac{560\ \text{L}}{22.4\ \text{L} \cdot \text{mol}^{-1}} \times 17.0\ \text{g} \cdot \text{mol}^{-1} = 425\ \text{g}$$

质量分数为

$$\frac{425\ \text{g}}{1425\ \text{g}} = 0.298$$

物质的量浓度为

$$\frac{\dfrac{425\ \text{g}}{17.0\ \text{g}\cdot\text{mol}^{-1}}}{\dfrac{1425\ \text{g}}{0.90\ \text{g}\cdot\text{mL}^{-1}}} \times 1000 = 15.8\ \text{mol}\cdot\text{L}^{-1}$$

11. 经化学分析测得尼古丁中碳、氢、氮的质量分数依次为 0.7403,0.0870,0.1727。今将 1.21 g尼古丁溶于 24.5 g 水中,测得溶液的凝固点为-0.568 ℃。求尼古丁的最简式、相对分子质量和分子式。

解:碳、氢、氮的物质的量之比为

$$n(\text{C}) : n(\text{H}) : n(\text{N}) = \frac{0.7403}{12} : \frac{0.0870}{1} : \frac{0.1727}{14}$$
$$= 0.06169 : 0.0870 : 0.01234 = 5 : 7 : 1$$

故最简式为 C_5H_7N。

由 $\Delta T_f = K_f \cdot b$, $K_f = 1.86\ \text{K}\cdot\text{kg}\cdot\text{mol}^{-1}$ 得

$$0.568\ \text{K} = 1.86\ \text{K}\cdot\text{kg}\cdot\text{mol}^{-1} \times 1000\ \text{g}\cdot\text{kg}^{-1} \times \frac{\dfrac{1.21\text{g}}{M}}{24.5\ \text{g}}$$

$$M = 162\ \text{g}\cdot\text{mol}^{-1}$$

$$\frac{162}{5 \times 12 + 7 + 14} = 2$$

故分子式为 $C_{10}H_{14}N_2$。

12. 为了防止水在仪器内冻结,在里面加入甘油,如需使其凝固点降低至-2.00 ℃,则在每 100 g 水中应加入多少克甘油(甘油的分子式为 $C_3H_8O_3$)?

解:

$$K_f = 1.86\ \text{K}\cdot\text{kg}\cdot\text{mol}^{-1}$$

$$\Delta T_f = K_f \cdot b$$

$$2.00\ \text{K} = 1.86\ \text{K}\cdot\text{kg}\cdot\text{mol}^{-1} \times b$$

$$b = 1.08\ \text{mol}\cdot\text{kg}^{-1}$$

$$m = \frac{1.08\ \text{mol}\cdot\text{kg}^{-1} \times 92\ \text{g}\cdot\text{mol}^{-1}}{1000\ \text{g}\cdot\text{kg}^{-1}} \times 100\ \text{g} = 9.94\ \text{g}$$

13. 在下列溶液中：(a)0.10 $mol \cdot L^{-1}$乙醇溶液，(b)0.05 $mol \cdot L^{-1}$ $CaCl_2$ 溶液，(c)0.06 $mol \cdot L^{-1}$ KBr 溶液，(d)0.06 $mol \cdot L^{-1}$ Na_2SO_4 溶液，问：

(1) 何者沸点最高？

(2) 何者凝固点最低？

(3) 何者蒸气压最高？

解：(1)(d)； (2)(d)； (3)(a)。

14. 医学临床上用的葡萄糖等渗液的凝固点为−0.543 ℃，试求此葡萄糖溶液的质量分数和血浆的渗透压(血液的温度为 37 ℃)。

解：
$$b = \frac{\Delta T_f}{K_f} = \frac{0.543\ K}{1.86\ K \cdot kg \cdot mol^{-1}} = 0.292\ mol \cdot kg^{-1}$$

葡萄糖分子式为 $C_6H_{12}O_6$，摩尔质量为 180 $g \cdot mol^{-1}$，所以其质量分数为

$$\frac{0.292\ mol \cdot kg^{-1} \times 1\ kg \times 180\ g \cdot mol^{-1}}{0.292\ mol \cdot kg^{-1} \times 1\ kg \times 180\ g \cdot mol^{-1} + 1000\ g} = 0.0499$$

对于葡萄糖溶液，有 $c \approx b$

$$\Pi = cRT = 0.292\ mol \cdot L^{-1} \times 8.315\ kPa \cdot L \cdot mol^{-1} \cdot K^{-1} \times 310\ K = 753\ kPa$$

15. 下面是海水中含量较高的一些离子的浓度(单位为 $mol \cdot kg^{-1}$)：

Cl^-	Na^+	Mg^{2+}	SO_4^{2-}	Ca^{2+}	K^+	HCO_3^-
0.566	0.486	0.055	0.029	0.011	0.011	0.002

今在 25 ℃欲用反渗透法使海水淡化，试求所需的最小压力。

解：对于海水，有 $c \approx b$

$$\begin{aligned}\Pi &= cRT \\ &= (0.566 + 0.486 + 0.055 + 0.029 + 0.011 + 0.011 + 0.002)\ mol \cdot L^{-1} \times \\ &\quad 8.315\ kPa \cdot L \cdot mol^{-1} \cdot K^{-1} \times 298\ K \\ &= 2.87 \times 10^3\ kPa\end{aligned}$$

16. 20 ℃时，将 0.515 g 血红素溶于适量水中，配成 50.0 mL 溶液，测得此溶液的渗透压为 375 Pa。求：

(1) 溶液的浓度 c；

(2) 血红素的相对分子质量；

(3) 此溶液的沸点升高值和凝固点降低值；

(4) 用(3)的计算结果来说明能否用沸点升高和凝固点降低的方法来测定血红素的相对分子质量。

解：已知 $K_b = 0.512\ K \cdot kg \cdot mol^{-1}$，$K_f = 1.86\ K \cdot kg \cdot mol^{-1}$。

(1)
$$c = \frac{\Pi}{RT}$$

$$= \frac{0.375 \text{ kPa}}{8.315 \text{ kPa} \cdot \text{L} \cdot \text{mol}^{-1} \cdot \text{K}^{-1} \times 293 \text{ K}} = 1.54 \times 10^{-4} \text{ mol} \cdot \text{L}^{-1}$$

（2）

$$c = \frac{\dfrac{m}{M}}{V}$$

$$M = \frac{m}{c \cdot V}$$

$$= \frac{0.515 \text{ g}}{1.54 \times 10^{-4} \text{ mol} \cdot \text{L}^{-1} \times 50.0 \times 10^{-3} \text{ L}} = 6.69 \times 10^4 \text{ g} \cdot \text{mol}^{-1}$$

（3）由 $b \approx c$ 得

$$\Delta T_{\text{b}} = K_{\text{b}} \cdot b$$

$$= 0.512 \text{ K} \cdot \text{kg} \cdot \text{mol}^{-1} \times 1.54 \times 10^{-4} \text{ mol} \cdot \text{kg}^{-1} = 7.88 \times 10^{-5} \text{ K}$$

$$\Delta T_{\text{f}} = K_{\text{f}} \cdot b$$

$$= 1.86 \text{ K} \cdot \text{kg} \cdot \text{mol}^{-1} \times 1.54 \times 10^{-4} \text{ mol} \cdot \text{kg}^{-1} = 2.86 \times 10^{-4} \text{ K}$$

（4）不能，因为 ΔT_{b} 和 ΔT_{f} 太小了，误差太大，无法精准测量。

17. 写出 As_2S_3（H_2S 为稳定剂）的胶团结构简式。

解：见下图。

$$\{(As_2S_3)_m \cdot nHS^- \cdot (n-x)H^+\}^{x-} \cdot xH^+$$

胶核　胶粒　胶团

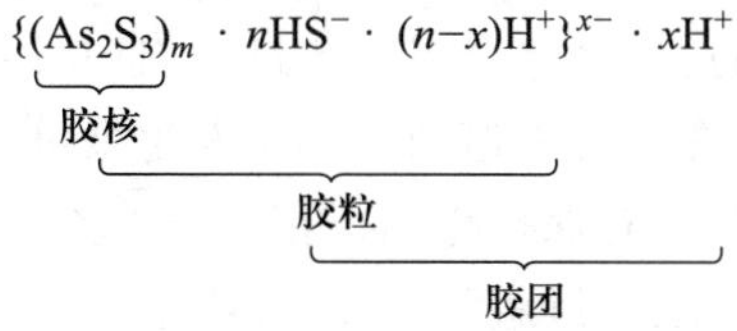

18. 若聚沉以下 A、B 两种胶体，试分别将 $MgSO_4$，$K_3[Fe(CN)_6]$ 和 $AlCl_3$ 三种电解质按聚沉能力大小的顺序排列。

A：100 mL 0.005 mol·L^{-1} KI 溶液和 100 mL 0.01 mol·L^{-1} $AgNO_3$ 溶液混合制成的 AgI 溶胶。

B：100 mL 0.005 mol·L^{-1} $AgNO_3$ 溶液和 100 mL 0.01 mol·L^{-1} KI 溶液混合制成的 AgI 溶胶。

答：A 胶体中，$AgNO_3$ 过量，胶团结构为

$$\{(AgI)_m \cdot nAg^+ \cdot (n-x)NO_3^-\}^{x+} \cdot xNO_3^-$$

胶粒带正电荷，聚沉能力与电解质中负离子价态成正比。所以聚沉能力大小顺序为

$$K_3[Fe(CN)_6] > MgSO_4 > AlCl_3$$

B 胶体中，KI 过量，胶团结构为

$$\{(AgI)_m \cdot nI^- \cdot (n-x)K^+\}^{x-} \cdot xK^+$$

胶粒带负电荷，聚沉能力与电解质中正离子价态成正比。所以聚沉能力大小顺序为

$$AlCl_3 > MgSO_4 > K_3[Fe(CN)_6]$$

19. 解释下列术语：ζ 电势、凝胶、盐析、反渗透。

答：ζ 电势：当固液两相发生相对运动时，滑动面所包围的带电体与溶液本体之间的电势差。

凝胶：一种特殊的分散系统。它是由胶体粒子或线形大分子之间相互连接，形成立体网状结构，大量的溶剂分子被分隔在网状结构的空隙中而失去流动性所形成的。

盐析：大分子溶液因加入大量电解质而析出的过程。

反渗透：在半透膜两边溶剂分子在压力作用下由稀溶液向浓溶液迁移的过程。

20. 解释下列现象：

(1) 海鱼在淡水中会死亡。

(2) 盐碱地上植物难以生长。

(3) 雪地里撒些盐，雪就融化了。

(4) 江河入海处易形成三角洲。

(5) 有一金溶胶，先加明胶（一种大分子溶液）再加 NaCl 溶液时不发生聚沉，但先加 NaCl 溶液时发生聚沉，再加明胶也不能复得溶胶。

答：(1) 海水的渗透压高于淡水，鱼适应了海水的渗透压而不能适应淡水的渗透压。

(2) 盐碱地里溶液的浓度高，渗透压大于植物细胞液的渗透压，植物在盐碱地里会因失水而枯萎。

(3) 盐撒到雪中溶于雪水的过程是一个弱吸热过程，且盐溶于水后使水的凝固点降低。

(4) 江河中携带的土壤胶体在入海处遇到电解质发生聚沉。

(5) 先加明胶时，明胶对金溶胶有保护作用，再加氯化钠金溶胶不会聚沉。如先加氯化钠，氯化钠对溶胶有聚沉作用，溶胶一旦聚沉就不会复原。

第二章 化学热力学初步

内容提要

1. 一些热力学常用术语

(1) 系统与环境:系统是指研究的对象;环境是指系统以外且与系统密切相关相互影响的部分。

(2) 状态和状态函数:状态是指系统的物理性质和化学性质(如质量、温度、压力、体积、密度等)的总和;仅由系统状态决定的物理量称为状态函数。状态确定则状态函数有定值。其改变量仅取决于系统的始态和终态,与变化途径无关。

(3) 过程和途径:当系统的状态发生变化时,这种变化称为过程。热力学上常遇到的过程有等压过程、等容过程、等温过程、绝热过程、循环过程等。完成某个过程的具体步骤称为途径。

(4) 热(Q):由于温差而引起的能量传递称为热。热是物质运动的一种表现形式。热与无序运动相联系。热不是状态函数。若系统吸热, $Q > 0$;系统放热, $Q < 0$。

(5) 功(W):在热力学中,除热以外,其他各种被传递的能量都叫功。规定:若系统对环境做功, $W < 0$;环境对系统做功, $W > 0$。

(6) 热力学能(U):系统内部所蕴含的总能量称为热力学能。热力学能是状态函数,所以它只取决于所处的状态,其改变量与变化途径无关。

(7) 等容反应热、等压反应热和焓:封闭系统在等容变化过程中,系统不做体积功,系统的热力学能减少全部以热的形式放出;封闭系统在等压变化过程中,系统吸收的热量全部用来增加它的焓,即等压反应热在数值上等于系统的焓变。(以上系统均不做非体积功。)

(8) 熵:熵是系统混乱度的一种量度,即系统的混乱度越大,系统的熵越高。熵是状态函数,其改变量只与始态和终态有关,与变化途径无关。在标准状态下,通过计算所得的 1 mol 物质的熵值叫标准熵,用 $S_m^{\ominus}$ 表示,单位 $J \cdot mol^{-1} \cdot K^{-1}$。

2. 热力学第一定律

能量具有各种不同的形式,他们之间可以相互转化,而且在转化过程中总值不变。

$$\Delta U = Q + W$$

W,Q 均不是状态函数,但其代数和与一个状态函数 U 的改变量相等,这是热力学第一定律的特点。

3. 可逆过程和最大功

系统发生某一过程后,若能沿该过程的反方向变化而使系统和环境都恢复到原来的状态而不留下任何影响,则该过程为可逆过程。可逆过程最经济。当系统对外做功时,做最大功;当环境对系统做功时,只需做最小功。

4. 热化学

(1) 热化学方程式:表示化学反应进行程度的物理量称为反应进度,符号为 ξ,单位为 mol。当反应进行后,某一参与反应的物质,其物质的量从始态的 n_1 变为终态的 n_2,则其反应进度为

$$\xi = \frac{n_2 + n_1}{\nu}$$

式中 ν 为化学计量系数。

(2) 赫斯定律:不管化学反应是一步完成的,还是分步完成的,其热效应总是相同的。

(3) 化学反应的焓变:等于生成物的生成焓之和减去反应物的生成焓之和,即

$$\Delta_r H_m^\ominus = \sum \nu_i \Delta_f H_m^\ominus(\text{生成物}) - \sum \nu_i \Delta_f H_m^\ominus(\text{反应物})$$

化学反应的实质为反应物中化学键的断裂和生成物中化学键的形成。断开化学键要吸收热量,形成化学键要放出热量,通过分析反应过程中化学键的断裂和形成,应用键能的数据,可以估算化学反应的反应热。化学反应的焓变等于生成物成键时所放出的热量和反应物断键时所吸收的热量的代数和。

5. 热力学第二定律

(1) 化学反应的自发性:所谓"自发变化"就是不需在持续外力的作用下而能自动发生的变化。有两种因素影响着过程的自发性。一个是能量变化,系统将趋向最低能量;另一个是混乱度变化,系统将趋向最高混乱度。

(2) 热力学第二定律:孤立系统的任何自发过程中,系统的熵总是增加的。这就是熵增加原理,也是热力学第二定律的一种表达形式。

(3) 热力学第三定律:在 0 K 时,任何纯物质的完美晶体的熵值均等于零。

6. 吉布斯自由能及其应用

(1) 吉布斯自由能(G)的定义式为 $G = H - TS$ 。

(2) 在等温等压下,反应的自发性和限度的判据:

$\Delta G > 0$ 逆反应方向自发

$\Delta G = 0$ 反应达平衡

$\Delta G < 0$ 正反应方向自发

不自发的反应如果借助外力也是可以进行的。

(3) 在指定温度和标准状态下,由指定单质生成 1 mol 纯物质的吉布斯自由能变称为该物质的标准摩尔生成自由能($\Delta_f G_m^\ominus$)。

(4) 转向温度:当改变反应温度时,存在从自发到非自发(或从非自发到自发)的转变,这个转变温度称为转向温度。

$$T = \frac{\Delta_r H^\ominus}{\Delta_r S^\ominus}$$

习题解答

1. 计算下列系统的热力学能变化：

(1) 系统吸收 100 J 热量，并且系统对环境做功 540 J。

(2) 系统放出 100 J 热量，并且环境对系统做功 635 J。

解：(1) $\Delta U = Q + W, \Delta U = 100\ \text{J} + (-540\ \text{J}) = -440\ \text{J}$

(2) $\Delta U = Q + W, \Delta U = -100\ \text{J} + 635\ \text{J} = 535\ \text{J}$

2. 2.0 mol H_2(设为理想气体)在恒温(298 K)下，经过下列三种途径，从始态 0.015 m^3 膨胀到终态 0.040 m^3，求各途径中气体所做的功。

(1) 自始态反抗 100 kPa 的外压到终态。

(2) 自始态反抗 200 kPa 的外压到中间平衡态，然后再反抗 100 kPa 的外压到终态。

(3) 自始态可逆地膨胀到终态。

解：(1) $W = -p_{外} \times (V_2 - V_1) = -100\ \text{kPa} \times (0.04 - 0.015)\text{m}^3 = -2.5\ \text{kJ}$

(2) $p_2 \times V_2 = p_1 \times V_1 = nRT \qquad V_2 = 0.025\ \text{m}^3$

$W_1 = -p_{外} \times (V_2 - V_1) = -200\ \text{kPa} \times (0.025 - 0.015)\text{m}^3 = -2.0\ \text{kJ}$

$W_2 = -p_{外} \times (V_3 - V_2) = -100\ \text{kPa} \times (0.04 - 0.025)\text{m}^3 = -1.5\ \text{kJ}$

$W_{总} = W_1 + W_2 = -3.5\ \text{kJ}$

(3) $W = -nRT\ln\dfrac{V_2}{V_1}$

$$= -2.0\ \text{mol} \times 8.315\ \text{J} \cdot \text{mol}^{-1} \cdot \text{K}^{-1} \times 298\ \text{K} \times \ln\frac{0.040\ \text{m}^3}{0.015\ \text{m}^3} = -4.9 \times 10^3\ \text{J}$$

3. 在 $p^{\ominus}$ 和 885 ℃下，分解 1.0 mol $CaCO_3$ 需耗热量 165 kJ。试计算此过程的 W、ΔU 和 ΔH。$CaCO_3$ 的分解反应方程式为

$$CaCO_3(s) \xlongequal{\quad} CaO(s) + CO_2(g)$$

解： $W = -p\Delta V = -\Delta nRT$

$= -1.0\ \text{mol} \times 8.315\ \text{kPa} \cdot \text{L} \cdot \text{mol}^{-1} \cdot \text{K}^{-1} \times (885 + 273)\text{K} = -9.6\ \text{kJ}$

$$\Delta H = 165\ \text{kJ}$$

$\Delta U = \Delta H - \Delta(pV) = \Delta H - p\Delta V = \Delta H + W = 165\ \text{kJ} + (-9.6\ \text{kJ}) = 155.4\ \text{kJ}$

4. 已知

(1) $C(s) + O_2(g) \xlongequal{\quad} CO_2(g)$ $\qquad \Delta_r H_m^{\ominus}(1) = -393.5\ \text{kJ} \cdot \text{mol}^{-1}$

(2) $H_2(g) + \dfrac{1}{2}O_2(g) \xlongequal{\quad} H_2O(l)$ $\qquad \Delta_r H_m^{\ominus}(2) = -285.8\ \text{kJ} \cdot \text{mol}^{-1}$

(3) $CH_4(g) + 2O_2(g) \xlongequal{\quad} CO_2(g) + 2H_2O(l)$ $\qquad \Delta_r H_m^{\ominus}(3) = -890.5\ \text{kJ} \cdot \text{mol}^{-1}$

试求反应 $C(s) + 2H_2(g) \xlongequal{\quad} CH_4(g)$ 的 $\Delta_r H_m^{\ominus}$。

解:设所求反应为反应方程式(4),则

$$(4)=(1)+(2)\times 2-(3)$$

$$\begin{aligned}\Delta_r H_m^\ominus(4)&=\Delta_r H_m^\ominus(1)+2\times\Delta_r H_m^\ominus(2)-\Delta_r H_m^\ominus(3)\\&=-393.5\ \text{kJ}\cdot\text{mol}^{-1}+(-285.8\ \text{kJ}\cdot\text{mol}^{-1})\times 2-(-890.5\ \text{kJ}\cdot\text{mol}^{-1})\\&=-74.6\ \text{kJ}\cdot\text{mol}^{-1}\end{aligned}$$

5. 利用附录二的数据,计算下列反应在 298 K 时的 $\Delta_r H_m^\ominus$:

(1) $PbS(s)+\frac{3}{2}O_2(g)=\!=\!=PbO(s)+SO_2(g)$

(2) $4NH_3(g)+5O_2(g)=\!=\!=4NO(g)+6H_2O(l)$

(3) $CaCO_3(s)+2H^+(aq)=\!=\!=Ca^{2+}(aq)+CO_2(g)+H_2O(l)$

(4) $AgCl(s)+Br^-(aq)=\!=\!=AgBr(s)+Cl^-(aq)$

解:(1) $\Delta_r H_m^\ominus=\{[(-217.3)+(-296.8)]-[(-100.4)+0]\}\ \text{kJ}\cdot\text{mol}^{-1}=-413.7\ \text{kJ}\cdot\text{mol}^{-1}$

(2) $\Delta_r H_m^\ominus=\{[4\times 91.3+6\times(-285.8)]-[4\times(-45.9)+0]\}\ \text{kJ}\cdot\text{mol}^{-1}=-1166\ \text{kJ}\cdot\text{mol}^{-1}$

(3) $\Delta_r H_m^\ominus=\{[(-542.8)+(-393.5)+(-285.8)]-[(-1207.6)+0]\}\ \text{kJ}\cdot\text{mol}^{-1}$

$=-14.5\ \text{kJ}\cdot\text{mol}^{-1}$

(4) $\Delta_r H_m^\ominus=\{[(-100.4)+(-167.2)]-[(-127.0)+(-121.6)]\}\ \text{kJ}\cdot\text{mol}^{-1}=-19.0\ \text{kJ}\cdot\text{mol}^{-1}$

6. 阿波罗登月火箭用 $N_2H_4(l)$ 作燃料,用 $N_2O_4(g)$ 作氧化剂,燃烧后产生 $N_2(g)$ 和 $H_2O(g)$。写出配平的化学方程式,并计算 1 kg $N_2H_4(l)$ 燃烧后的 $\Delta_r H^\ominus$。

解:

$$2N_2H_4(l)+N_2O_4(g)=\!=\!=3N_2(g)+4H_2O(g)$$

$$\begin{aligned}\Delta_r H_m^\ominus&=\{[3\times 0+4\times(-241.8)]-(2\times 50.6+11.1)\}\ \text{kJ}\cdot\text{mol}^{-1}\\&=-1079.5\ \text{kJ}\cdot\text{mol}^{-1}\end{aligned}$$

1 kg $N_2H_4(l)$ 燃烧放热为

$$\frac{1000\ \text{g}}{2\times 32.05\ \text{g}\cdot\text{mol}^{-1}}\times(-1079.5)\ \text{kJ}\cdot\text{mol}^{-1}=-1.684\times 10^4\ \text{kJ}$$

7. 已知

(1) $4NH_3(g)+5O_2(g)=\!=\!=4NO(g)+6H_2O(l)$　　$\Delta_r H_m^\ominus(1)=-1166.0\ \text{kJ}\cdot\text{mol}^{-1}$

(2) $4NH_3(g)+3O_2(g)=\!=\!=2N_2(g)+6H_2O(l)$　　$\Delta_r H_m^\ominus(2)=-1531.2\ \text{kJ}\cdot\text{mol}^{-1}$

试求 NO 的标准摩尔生成焓。

解:由

$$\frac{(1)-(2)}{4}$$

得

$$\frac{1}{2}O_2(g)+\frac{1}{2}N_2(g)=\!=\!=NO(g)$$

$$\Delta_f H_m^\ominus(NO) = \Delta_r H_m^\ominus = \frac{[-1166.0-(-1531.2)]\,kJ\cdot mol^{-1}}{4} = 91.3\ kJ\cdot mol^{-1}$$

8. 已知

(1) $2NH_3(g) + 3N_2O(g) \xlongequal{} 4N_2(g) + 3H_2O(l)$ $\Delta_r H_m^\ominus(1) = -1010\ kJ\cdot mol^{-1}$

(2) $N_2O(g) + 3H_2(g) \xlongequal{} N_2H_4(l) + H_2O(l)$ $\Delta_r H_m^\ominus(2) = -317\ kJ\cdot mol^{-1}$

(3) $2NH_3(g) + \frac{1}{2}O_2(g) \xlongequal{} N_2H_4(l) + H_2O(l)$ $\Delta_r H_m^\ominus(3) = -143\ kJ\cdot mol^{-1}$

(4) $H_2(g) + \frac{1}{2}O_2(g) \xlongequal{} H_2O(l)$ $\Delta_r H_m^\ominus(4) = -286\ kJ\cdot mol^{-1}$

试计算 $N_2H_4(l)$ 的标准摩尔生成焓。

解: 由

$$\frac{3\times(2)+(3)-(1)-(4)}{4}$$

得

$$2H_2(g) + N_2(g) \xlongequal{} N_2H_4(l)$$

$$\Delta_f H_m^\ominus(N_2H_4) = \Delta_r H_m^\ominus = \frac{[3\times(-317)+(-143)+1010+286]\ kJ\cdot mol^{-1}}{4} = 50.5\ kJ\cdot mol^{-1}$$

9. 利用附录十的键能数据,估算下列反应的 $\Delta_r H_m^\ominus$:

$$CH_3OH(g) + HBr(g) \xlongequal{} H_2O(g) + CH_3Br(g)$$

解: $\Delta_r H_m^\ominus = [3\Delta_b H^\ominus(C—H) + \Delta_b H^\ominus(C—O) + \Delta_b H^\ominus(O—H) + \Delta_b H^\ominus(H—Br)] -$
$[3\Delta_b H^\ominus(C—H) + \Delta_b H^\ominus(C—Br) + 2\Delta_b H^\ominus(O—H)]$
$= [\Delta_b H^\ominus(C—O) + \Delta_b H^\ominus(H—Br)] - [\Delta_b H^\ominus(C—Br) + \Delta_b H^\ominus(O—H)]$
$= [(343+366)-(276+465)]\ kJ\cdot mol^{-1} = -32\ kJ\cdot mol^{-1}$

10. 下列各反应中反应物和产物都是同分异构体。利用键能估算这些气相异构化反应的 $\Delta_r H_m^\ominus$。

(1) 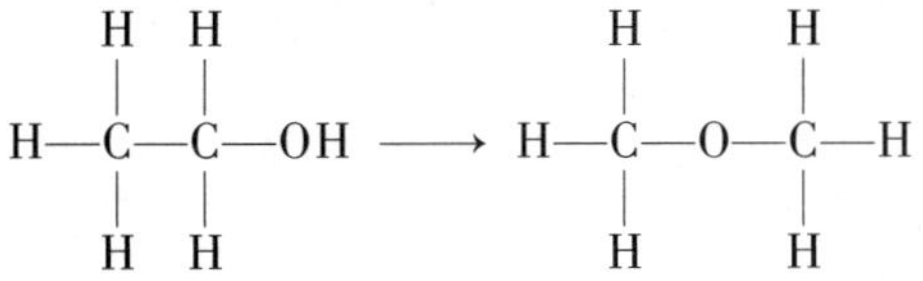

(2) 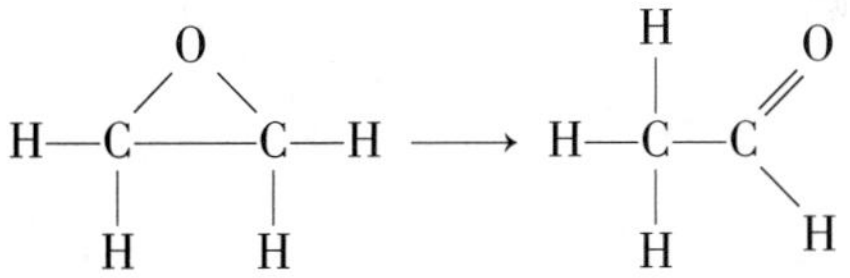

（3）
$$H-\overset{\overset{\displaystyle H}{|}}{\underset{\underset{\displaystyle H}{|}}{C}}-N\equiv C \longrightarrow H-\overset{\overset{\displaystyle H}{|}}{\underset{\underset{\displaystyle H}{|}}{C}}-C\equiv N$$

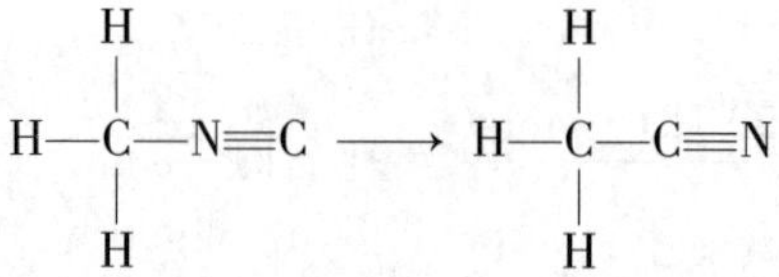

解：（1）$\Delta_r H_m^\ominus = [5\Delta_b H^\ominus(C-H) + \Delta_b H^\ominus(C-C) + \Delta_b H^\ominus(C-O) + \Delta_b H^\ominus(O-H)] -$

$\qquad\qquad [6\Delta_b H^\ominus(C-H) + 2\Delta_b H^\ominus(C-O)]$

$\qquad\quad = \Delta_b H^\ominus(C-C) + \Delta_b H^\ominus(O-H) - \Delta_b H^\ominus(C-O) - \Delta_b H^\ominus(C-H)$

$\qquad\quad = (346 + 465 - 343 - 415)\,kJ \cdot mol^{-1} = 53\ kJ \cdot mol^{-1}$

（2）$\Delta_r H_m^\ominus = [4\Delta_b H^\ominus(C-H) + 2\Delta_b H^\ominus(C-O) + \Delta_b H^\ominus(C-C)] -$

$\qquad\qquad [4\Delta_b H^\ominus(C-H) + \Delta_b H^\ominus(C=O) + \Delta_b H^\ominus(C-C)]$

$\qquad\quad = 2\Delta_b H^\ominus(C-O) - \Delta_b H^\ominus(C=O)$

$\qquad\quad = (2 \times 343 - 743)\,kJ \cdot mol^{-1} = -57\ kJ \cdot mol^{-1}$

（3）$\Delta_r H_m^\ominus = [3\Delta_b H^\ominus(C-H) + \Delta_b H^\ominus(C-N) + \Delta_b H^\ominus(C\equiv N)] -$

$\qquad\qquad [3\Delta_b H^\ominus(C-H) + \Delta_b H^\ominus(C-N) + \Delta_b H^\ominus(C\equiv N)]$

$\qquad\quad = \Delta_b H^\ominus(C-N) - \Delta_b H^\ominus(C-C)$

$\qquad\quad = (293 - 346)\,kJ \cdot mol^{-1} = -53\ kJ \cdot mol^{-1}$

11. 预言下列过程系统的 ΔS 的符号：

（1）水变成水蒸气；

（2）气体等温膨胀；

（3）苯与甲苯相溶；

（4）盐从过饱和水溶液中结晶出来；

（5）渗透；

（6）固体表面吸附气体。

解：（1）+；　（2）+；　（3）+；　（4）−；　（5）+；　（6）−。

12. 不查表，预测下列反应的熵值是增加还是减小。

（1）$2CO(g) + O_2(g) == 2CO_2(g)$

（2）$2O_3(g) == 3O_2(g)$

（3）$2NH_3(g) == N_2(g) + 3H_2(g)$

（4）$2Na(s) + Cl_2(g) == 2NaCl(s)$

（5）$H_2(g) + I_2(g) == 2HI(g)$

（6）$2CH_4(g) == C_2H_6(g) + H_2(g)$

（7）$CH_2=CH-CH_3(g) == \overset{\displaystyle CH_2}{\underset{\displaystyle CH_2-CH_2}{\diagup\diagdown}}(g)$

答：（1）反应后气体的物质的量减小，所以熵减；

（2）反应后气体的物质的量增大，所以熵增；

（3）反应后气体的物质的量增大，所以熵增；

（4）反应后气体的物质的量减小，所以熵减；

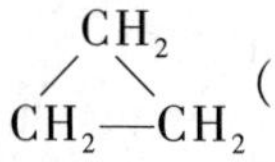

(5) 虽然反应前后气体物质的量不变,但是 HI 的对称性没有 H_2 和 I_2 的对称性好,所以熵增;

(6) 虽然反应前后气体物质的量不变,但是由纯净物生成了混合物,组成复杂,结构也复杂,所以熵增;

(7) 虽然反应前后气体物质的量不变,但是环丙烷对称性好,所以熵减。

13. 计算下列过程中系统的熵变:

(1) 1 mol NaCl 在其熔点 804 ℃下熔融。已知 NaCl 的熔化热 $\Delta_{fus}H_m^\ominus$ 为 34.4 kJ · mol⁻¹[下标 fus 代表"熔化"(fusion)]。

(2) 2 mol 液态 O_2 在其沸点-183 ℃下汽化。已知 O_2 的汽化热 $\Delta_{vap}H_m^\ominus$ 为 6.82 kJ · mol⁻¹[下标 vap 代表"汽化"(vaporization)]。

解:(1) $$\Delta_{fus}S_m^\ominus = \frac{\Delta_{fus}H_m^\ominus}{T} = \frac{34.4\ \text{kJ}\cdot\text{mol}^{-1}\times 1000\ \text{J}\cdot\text{kJ}^{-1}}{(804+273)\ \text{K}} = 31.9\ \text{J}\cdot\text{mol}^{-1}\cdot\text{K}^{-1}$$

(2) $$\Delta_{vap}S_m^\ominus = \frac{\Delta_{vap}H_m^\ominus}{T} = \frac{2\times 6.82\ \text{kJ}\cdot\text{mol}^{-1}\times 1000\ \text{J}\cdot\text{kJ}^{-1}}{(-183+273)\text{K}} = 152\ \text{J}\cdot\text{mol}^{-1}\cdot\text{K}^{-1}$$

14. 水在 0 ℃的熔化热是 6.02 kJ · mol⁻¹,它在 100 ℃的汽化热是 40.6 kJ · mol⁻¹。1 mol 水在熔化和汽化时的熵变各是多少?为什么 $\Delta_{vap}S_m^\ominus > \Delta_{fus}S_m^\ominus$?

解: $$\Delta_{fus}S_m^\ominus = \frac{1\times 6.02\ \text{kJ}\cdot\text{mol}^{-1}\times 1000\ \text{J}\cdot\text{kJ}^{-1}}{273\ \text{K}} = 22.1\ \text{J}\cdot\text{mol}^{-1}\cdot\text{K}^{-1}$$

$$\Delta_{vap}S_m^\ominus = \frac{1\times 40.6\ \text{kJ}\cdot\text{mol}^{-1}\times 1000\ \text{J}\cdot\text{kJ}^{-1}}{(100+273)\ \text{K}} = 109\ \text{J}\cdot\text{mol}^{-1}\cdot\text{K}^{-1}$$

因为气体的混乱度远大于液体的混乱度,所以汽化时系统的混乱度增加得比熔化时更多,故熵值增加幅度更大,所以

$$\Delta_{vap}S_m^\ominus > \Delta_{fus}S_m^\ominus$$

15. 1 mol 水在其沸点 100 ℃下汽化,求该过程的 $W, Q, \Delta U, \Delta H, \Delta S$ 和 ΔG。已知水的汽化热为 2.26 kJ · g⁻¹。

解: $W = -\Delta nRT = -1\ \text{mol}\times 8.315\ \text{J}\cdot\text{mol}^{-1}\cdot\text{K}^{-1}\times 373\ \text{K} = -3101\ \text{J} = -3.10\ \text{kJ}$

$Q = 1\ \text{mol}\times 18.0\ \text{g}\cdot\text{mol}^{-1}\times 2.26\ \text{kJ}\cdot\text{g}^{-1} = 40.7\ \text{kJ}$

$\Delta U = Q + W = 40.7\ \text{kJ} - 3.10\ \text{kJ} = 37.6\ \text{kJ}$

$$\Delta S = \frac{Q}{T} = \frac{40.7\ \text{kJ}\times 1000\ \text{J}\cdot\text{kJ}^{-1}}{373\ \text{K}} = 109\ \text{J}\cdot\text{K}^{-1}$$

$\Delta H = Q = 40.7\ \text{kJ}$

由于汽化过程处于平衡状态,所以 $\Delta G = 0$

16. 利用附录二的数据，判断下列反应在 25 ℃和标准状态下能否自发进行。

(1) $Ca(OH)_2(s) + CO_2(g) \xlongequal{} CaCO_3(s) + H_2O(l)$

(2) $CaSO_4 \cdot 2H_2O(s) \xlongequal{} CaSO_4(s) + 2H_2O(l)$

(3) $PbO(s) + CO(g) \xlongequal{} Pb(s) + CO_2(g)$

解：(1) $\Delta G = \{[-1129.1 + (-237.1)] - [-897.5 + (-394.4)]\}\ kJ \cdot mol^{-1}$

$= -74.3\ kJ \cdot mol^{-1} < 0$

可自发进行。

(2) $\Delta G = \{[-1322.0 + 2 \times (-237.1)] - (-1797.3)\}\ kJ \cdot mol^{-1}$

$= 1.1\ kJ \cdot mol^{-1} > 0$

不可自发进行，但接近平衡态。

(3) $\Delta G = \{-394.4 - [-187.9 + (-137.2)]\}\ kJ \cdot mol^{-1}$

$= -69.3\ kJ \cdot mol^{-1} < 0$

可自发进行。

17. 在空气中，$Fe_3O_4(s)$还是 $Fe_2O_3(s)$在热力学上更稳定？试证明你的选择。

解：因为

$$2Fe_3O_4(s) + \frac{1}{2}O_2(g) \longrightarrow 3Fe_2O_3(s)$$

$$\Delta_r G_m^{\ominus} = [3 \times (-742.2) - 2 \times (-1015.4)]\ kJ \cdot mol^{-1}$$
$$= -195.8\ kJ \cdot mol^{-1} < 0$$

反应可自发进行。所以空气中的$Fe_3O_4(s)$会和氧气生成$Fe_2O_3(s)$，$Fe_2O_3(s)$更稳定些。

18. 在 100 ℃时，水蒸发过程为

$$H_2O(l) \longrightarrow H_2O(g)$$

若当时水蒸气分压为 200 kPa，下列说法中正确的有哪些？

(1) $\Delta G^{\ominus} = 0$　　(2) $\Delta G = 0$　　(3) $\Delta G^{\ominus} > 0$

(4) $\Delta G^{\ominus} < 0$　　(5) $\Delta G > 0$　　(6) $\Delta G < 0$

解：水在 100 ℃及标准压力下的蒸发是个可逆过程，$\Delta G^{\ominus} = 0$；当水蒸气分压为 200 kPa 时，气压比标准压力下高，气态水将凝聚成液态水，即液态水的蒸发难以进行，$\Delta G > 0$。所以正确的为(1)和(5)。

19. 下列三个反应

(1) $N_2(g) + O_2(g) \xlongequal{} 2NO(g)$

(2) $Mg(s) + Cl_2(g) \xlongequal{} MgCl_2(s)$

(3) $H_2(g) + S(s) \xlongequal{} H_2S(g)$

它们的 $\Delta_r H_m^{\ominus}$ 分别为 181 $kJ \cdot mol^{-1}$，−642 $kJ \cdot mol^{-1}$和−20 $kJ \cdot mol^{-1}$；$\Delta_r S_m^{\ominus}$ 分别为 25 $J \cdot mol^{-1} \cdot K^{-1}$，−166 $J \cdot mol^{-1} \cdot K^{-1}$和 43 $J \cdot mol^{-1} \cdot K^{-1}$。问在标准状态下哪些反应在任何温度下都能自发进行？哪些反应只在高温或只在低温下自发进行？

解:

$$\Delta_r G_m^\ominus = \Delta_r H_m^\ominus - T\Delta_r S_m^\ominus$$

(1) $\Delta_r H_m^\ominus > 0, \Delta_r S_m^\ominus > 0$, 高温下自发进行。

(2) $\Delta_r H_m^\ominus < 0, \Delta_r S_m^\ominus < 0$, 低温下自发进行。

(3) $\Delta_r H_m^\ominus < 0, \Delta_r S_m^\ominus > 0$, 任何温度下自发进行。

20. CO 和 NO 是汽车尾气的主要污染源。有人设想用加热分解的方法来消除:

$$CO(g) \xlongequal{\triangle} C(s) + \frac{1}{2}O_2(g)$$

$$2NO(g) \xlongequal{\triangle} N_2(g) + O_2(g)$$

也有人设想利用下列反应来净化:

$$CO(g) + NO(g) \xlongequal{\quad} CO_2(g) + \frac{1}{2}N_2(g)$$

试用热力学原理讨论这些设想能否实现。

解:(1)

$$CO(g) \xlongequal{\triangle} C(s) + \frac{1}{2}O_2(g)$$

$$\Delta_r H_m^\ominus = [0 - (-110.5)]\ kJ\cdot mol^{-1} = 110.5\ kJ\cdot mol^{-1}$$

$$\Delta_r S_m^\ominus = \left[\left(5.7 + \frac{1}{2}\times 205.2\right) - 197.7\right]\ J\cdot mol^{-1}\cdot K^{-1} = -89.4\ J\cdot mol^{-1}\cdot K^{-1}$$

$\Delta_r H_m^\ominus > 0, \Delta_r S_m^\ominus < 0$, 任何温度下都不自发进行。

(2)

$$2NO(g) \xlongequal{\triangle} N_2(g) + O_2(g)$$

$$\Delta_r H_m^\ominus = (0 - 2\times 91.3)\ kJ\cdot mol^{-1} = -182.6\ kJ\cdot mol^{-1}$$

$$\Delta_r S_m^\ominus = [(191.6 + 205.2) - 2\times 210.8]\ J\cdot mol^{-1}\cdot K^{-1} = -24.8\ J\cdot mol^{-1}\cdot K^{-1}$$

$$T = \frac{182.6\times 1000\ J\cdot mol^{-1}}{24.8\ J\cdot mol^{-1}\cdot K^{-1}} = 7363\ K$$

$T < 7363$ K 时可实现。

(3)

$$NO(g) + CO(g) \xlongequal{\triangle} \frac{1}{2}N_2(g) + CO_2(g)$$

$$\Delta_r H_m^\ominus = [(-393.5 + 0) - (-110.5 + 91.3)]\ kJ\cdot mol^{-1} = -374.3\ kJ\cdot mol^{-1}$$

$$\Delta_r S_m^\ominus = \left[\left(\frac{1}{2}\times 191.6 + 213.8\right) - (197.7 + 210.8)\right]\ J\cdot mol^{-1}\cdot K^{-1}$$

$$= -98.9\ J\cdot mol^{-1}\cdot K^{-1}$$

$$T = \frac{374.3\times 1000\ J\cdot mol^{-1}}{98.9\ J\cdot mol^{-1}\cdot K^{-1}} = 3785\ K$$

$T < 3785$ K 时可能实现。

21. 蔗糖在新陈代谢过程中所发生的总反应可写成

$$C_{12}H_{22}O_{11}(s) + 12O_2(g) \longrightarrow 12CO_2(g) + 11H_2O(l)$$

假定有 25%的反应热转化为有用功,试计算体重为 65 kg 的人登上 3000 m 高的山,需消耗多少蔗糖? 已知$\Delta_f H_m^\ominus(C_{12}H_{22}O_{11}) = -2226.1\ kJ \cdot mol^{-1}$。

解: $\Delta_r H_m^\ominus = \{[12 \times (-393.5) + 11 \times (-285.8)] - (-2226.1 + 0)\}\ kJ \cdot mol^{-1}$

$= -5639.7\ kJ \cdot mol^{-1}$

$$\frac{5639.7\ kJ \cdot mol^{-1} \times 25\%}{342\ g \cdot mol^{-1}} = 4.12\ kJ \cdot g^{-1}$$

$$E_p = mgh = 65\ kg \times 9.8\ m \cdot s^{-2} \times 3000\ m = 1911\ kJ$$

$$\frac{1911\ kJ}{4.12\ kJ \cdot g^{-1}} = 464\ g$$

22. 如果想在标准压力 $p^\ominus$ 下将 $CaCO_3$ 分解为 CaO 和 CO_2,试估算进行这个反应的最低温度。

解:

$$CaCO_3 \longrightarrow CaO + CO_2$$

$$\Delta_r H_m^\ominus = \{[-634.9 + (-393.5)] - (-1207.6)\}\ kJ \cdot mol^{-1} = 179.2\ kJ \cdot mol^{-1}$$

$$\Delta_r S_m^\ominus = [(38.1 + 213.8) - 91.7]\ J \cdot mol^{-1} \cdot K^{-1} = 160.2\ J \cdot mol^{-1} \cdot K^{-1}$$

$$T = \frac{\Delta_r H_m^\ominus}{\Delta_r S_m^\ominus} = \frac{179.2 \times 1000\ J \cdot mol^{-1}}{160.2\ J \cdot mol^{-1} \cdot K^{-1}} = 1119\ K$$

23. 利用附录二的数据,判断下列反应

$$C_2H_5OH(g) \longrightarrow C_2H_4(g) + H_2O(g)$$

(1) 在 25 ℃下能否自发进行?

(2) 在 360 ℃下能否自发进行?

(3) 求该反应能自发进行的最低温度。

解:

$$C_2H_5OH(g) \longrightarrow C_2H_4(g) + H_2O(g)$$

(1) $\Delta_r G_m^\ominus(298\ K) = \{[68.4 + (-228.6)] - (-167.9)\}\ kJ \cdot mol^{-1} = 7.7\ kJ \cdot mol^{-1}$

故不能自发进行。

(2) $\Delta_r H_m^\ominus(298\ K) = \{[52.4 + (-241.8)] - (-234.8)\}\ kJ \cdot mol^{-1} = 45.4\ kJ \cdot mol^{-1}$

$\Delta_r S_m^\ominus = [(219.3 + 188.8) - 281.6]\ J \cdot mol^{-1} \cdot K^{-1} = 126.5\ J \cdot mol^{-1} \cdot K^{-1}$

$$\Delta_r G_m^\ominus(633\ K) = 45.4\ kJ \cdot mol^{-1} - \frac{633\ K \times 126.5\ J \cdot mol^{-1} \cdot K^{-1}}{1000} = -34.7\ kJ \cdot mol^{-1}$$

故能自发进行。

(3) $T = \dfrac{\Delta_r H_m^\ominus}{\Delta_r S_m^\ominus} = \dfrac{45.4 \times 1000\ J \cdot mol^{-1}}{126.5\ J \cdot mol^{-1} \cdot K^{-1}} = 359\ K$

24. 由锡石(SnO_2)炼制金属锡，有人拟定以下3种工艺，试用热力学原理评论这些工艺实现的可能性。

(1) $SnO_2(s) \xlongequal{\triangle} Sn(s) + O_2(g)$

(2) $SnO_2(s) + 2C(s) \xlongequal{} Sn(s) + 2CO(g)$

(3) $SnO_2(s) + 2H_2(g) \xlongequal{} Sn(s) + 2H_2O(g)$

解：查表得以下数据。

	SnO_2	Sn	O_2	C	H_2	CO	$H_2O(g)$
$\Delta_f H_m^\ominus/(kJ \cdot mol^{-1})$	-577.6	0	0	0	0	-110.5	-241.8
$S_m^\ominus/(J \cdot mol^{-1} \cdot K^{-1})$	49.0	51.2	205.2	5.7	130.7	197.7	188.8

(1) $\Delta_r H_m^\ominus = [0 - (-577.6)]\ kJ \cdot mol^{-1} = 577.6\ kJ \cdot mol^{-1}$

$\Delta_r S_m^\ominus = [(51.2 + 205.2) - 49.0]\ J \cdot mol^{-1} \cdot K^{-1} = 207.4\ J \cdot mol^{-1} \cdot K^{-1}$

$$T = \frac{577.6 \times 1000\ J \cdot mol^{-1}}{207.4\ J \cdot mol^{-1} \cdot K^{-1}} = 2785\ K$$

$T > 2785\ K$ 时可实现。

(2) $\Delta_r H_m^\ominus = \{[0 + 2 \times (-110.5)] - (-577.6 + 0)\}\ kJ \cdot mol^{-1} = 356.6\ kJ \cdot mol^{-1}$

$\Delta_r S_m^\ominus = [(51.2 + 2 \times 197.7) - (49.0 + 2 \times 5.7)]\ J \cdot mol^{-1} \cdot K^{-1}$

$= 386.2\ J \cdot mol^{-1} \cdot K^{-1}$

$$T = \frac{356.6 \times 1000\ J \cdot mol^{-1}}{386.2\ J \cdot mol^{-1} \cdot K^{-1}} = 923\ K$$

$T > 923\ K$ 时可实现。

(3) $\Delta_r H_m^\ominus = \{[0 + 2 \times (-241.8)] - (-577.6 + 0)\}\ kJ \cdot mol^{-1} = 94.0\ kJ \cdot mol^{-1}$

$\Delta_r S_m^\ominus = [51.2 + 2 \times 188.8 - (49.0 + 2 \times 130.7)]\ J \cdot mol^{-1} \cdot K^{-1}$

$= 118.4\ J \cdot mol^{-1} \cdot K^{-1}$

$$T = \frac{94.0 \times 1000\ J \cdot mol^{-1}}{118.4\ J \cdot mol^{-1} \cdot K^{-1}} = 794\ K$$

$T > 794\ K$ 时可实现。

反应(1)对温度要求很高，难以实现；反应(2)、(3)对温度要求都不高，在工艺上都能实现，考虑到还原剂的价格和生产安全，反应(2)应该更好些。

25. 已知冰的融化热为 $333\ J \cdot g^{-1}$，试计算过程

$$H_2O(s) \longrightarrow H_2O(l)$$

(1) $\Delta H^\ominus$　　(2) $\Delta G^\ominus(0\ ℃)$　　(3) $\Delta S^\ominus$

(4) $\Delta G^\ominus(-20\ ℃)$　　(5) $\Delta G^\ominus(20\ ℃)$

解：(1) $\Delta H^\ominus = (333 \times 18)\ J \cdot mol^{-1} = 5994\ J \cdot mol^{-1} = 6.0\ kJ \cdot mol^{-1}$

(2) $\Delta G^\ominus = 0$(平衡态)

(3) $\Delta G^{\ominus} = \Delta H^{\ominus} - T_3 \Delta S^{\ominus} = 6000\ \text{J}\cdot\text{mol}^{-1} - 273\ \text{K} \times \Delta S^{\ominus} = 0$

$$\Delta S^{\ominus} = \frac{6000\ \text{J}\cdot\text{mol}^{-1}}{273\ \text{K}} = 22\ \text{J}\cdot\text{mol}^{-1}\cdot\text{K}^{-1}$$

(4) $\Delta G^{\ominus}(253\ \text{K}) = \Delta H^{\ominus} - T_4 \Delta S^{\ominus}$

$$= (6.0 \times 10^3 - 253 \times 22) \times 10^{-3}\ \text{kJ}\cdot\text{mol}^{-1} = 0.43\ \text{kJ}\cdot\text{mol}^{-1}$$

(5) $\Delta G^{\ominus}(293\ \text{K}) = \Delta H^{\ominus} - T_5 \Delta S^{\ominus}$

$$= (6.0 \times 10^3 - 293 \times 22) \times 10^{-3}\ \text{kJ}\cdot\text{mol}^{-1} = -0.45\ \text{kJ}\cdot\text{mol}^{-1}$$

26. 利用附录二的数据，估算乙醇的沸点。

解：

$$C_2H_5OH(l) \longrightarrow C_2H_5OH(g)$$

$$\Delta_r H_m^{\ominus} = [-234.8 - (-277.6)]\ \text{kJ}\cdot\text{mol}^{-1} = 42.8\ \text{kJ}\cdot\text{mol}^{-1}$$

$$\Delta_r S_m^{\ominus} = (281.6 - 160.7)\ \text{J}\cdot\text{mol}^{-1}\cdot\text{K}^{-1} = 120.9\ \text{J}\cdot\text{mol}^{-1}\cdot\text{K}^{-1}$$

$$T = \frac{42.8 \times 1000\ \text{J}\cdot\text{mol}^{-1}}{120.9\ \text{J}\cdot\text{mol}^{-1}\cdot\text{K}^{-1}} = 354\ \text{K} = 81\ ℃$$

乙醇的沸点约为 81 ℃。

27. $CuSO_4 \cdot 5H_2O$ 遇热首先失去 5 个结晶水，如果继续升高温度，$CuSO_4$ 还会分解为 CuO 和 SO_3。试用热力学原理估算这两步的分解温度。

解：

$$CuSO_4 \cdot 5H_2O(s) \longrightarrow CuSO_4(s) + 5H_2O(g)$$

$$\Delta_r H_m^{\ominus} = [-771.4 + 5 \times (-241.8) - (-2279.7)]\ \text{kJ}\cdot\text{mol}^{-1} = 299.3\ \text{kJ}\cdot\text{mol}^{-1}$$

$$\Delta_r S_m^{\ominus} = (109.2 + 5 \times 188.8 - 300.4)\ \text{J}\cdot\text{mol}^{-1}\cdot\text{K}^{-1} = 752.8\ \text{J}\cdot\text{mol}^{-1}\cdot\text{K}^{-1}$$

$$T = \frac{299.3 \times 1000\ \text{J}\cdot\text{mol}^{-1}}{752.8\ \text{J}\cdot\text{mol}^{-1}\cdot\text{K}^{-1}} = 397.6\ \text{K}$$

$$CuSO_4(s) \longrightarrow CuO(s) + SO_3(g)$$

$$\Delta_r H_m^{\ominus} = [-157.3 + (-395.7) - (-771.4)]\ \text{kJ}\cdot\text{mol}^{-1} = 218.4\ \text{kJ}\cdot\text{mol}^{-1}$$

$$\Delta_r S_m^{\ominus} = (42.6 + 256.8 - 109.2)\ \text{J}\cdot\text{mol}^{-1}\cdot\text{K}^{-1} = 190.2\ \text{J}\cdot\text{mol}^{-1}\cdot\text{K}^{-1}$$

$$T = \frac{218.4 \times 1000\ \text{J}\cdot\text{mol}^{-1}}{190.2\ \text{J}\cdot\text{mol}^{-1}\cdot\text{K}^{-1}} = 1148\ \text{K}$$

28. 某系统在 700 K 时，$p(N_2) = 3.3\times10^3$ kPa，$p(H_2) = 9.9\times10^3$ kPa 和 $p(NH_3) = 2.0\times10^2$ kPa。试预测在此温度下下列反应的方向。

$$N_2(g) + 3H_2(g) = 2NH_3(g)$$

解：

$$\Delta_r H_m^{\ominus} = [2 \times (-45.9) - 0]\ \text{kJ}\cdot\text{mol}^{-1} = -91.8\ \text{kJ}\cdot\text{mol}^{-1}$$

$$\Delta_r S_m^{\ominus} = [2 \times 192.8 - (191.6 + 3 \times 130.7)]\ \text{J}\cdot\text{mol}^{-1}\cdot\text{K}^{-1} = -198.1\ \text{J}\cdot\text{mol}^{-1}\cdot\text{K}^{-1}$$

$$\Delta_r G_m^\ominus(700\ \text{K}) = [-91.8 - 700 \times (-198.1 \times 10^{-3})]\ \text{kJ}\cdot\text{mol}^{-1} = 46.87\ \text{kJ}\cdot\text{mol}^{-1}$$

$$\begin{aligned}\Delta_r G(700\ \text{K}) &= \Delta G_m^\ominus(700\ \text{K}) + RT\ln Q \\ &= \left\{46.87 + 8.315 \times 10^{-3} \times 700 \times \ln\left[\frac{(2.0 \times 10^2\ \text{kPa})^2}{3.3 \times 10^3\ \text{kPa} \times (9.9 \times 10^3\ \text{kPa})^3} \times \left(\frac{1}{100\ \text{kPa}}\right)^{-2}\right]\right\}\ \text{kJ}\cdot\text{mol}^{-1} \\ &= -45.7\ \text{kJ}\cdot\text{mol}^{-1} < 0\end{aligned}$$

故反应正向进行。

29. 含结晶水的盐类暴露在大气中逐渐失去结晶水的过程称为风化。$Na_2SO_4\cdot10H_2O$ 的风化过程可用如下反应式来表示：

$$Na_2SO_4\cdot10H_2O(s) \xlongequal{} Na_2SO_4(s) + 10H_2O(g)$$

试判断：

(1) 在 298 K 和标准状态下，$Na_2SO_4\cdot10H_2O$ 是否会风化。

(2) 在 298 K 和空气相对湿度为 60%时，$Na_2SO_4\cdot10H_2O$ 是否会风化。

已知 $\Delta_f G_m^\ominus(Na_2SO_4\cdot10H_2O) = -3644\ \text{kJ}\cdot\text{mol}^{-1}$，$\Delta_f G_m^\ominus(Na_2SO_4) = -1267\ \text{kJ}\cdot\text{mol}^{-1}$。

解：(1)

$$\begin{aligned}\Delta_r G_m^\ominus &= [-1267 + 10 \times (-228.6) - (-3644)]\ \text{kJ}\cdot\text{mol}^{-1} \\ &= 91\ \text{kJ}\cdot\text{mol}^{-1} > 0\end{aligned}$$

故不会风化。

(2) 298 K 下水的饱和蒸气压为 3.17 kPa，则

$$p(H_2O) = 3.17\ \text{kPa} \times 60\% = 1.90\ \text{kPa}$$

$$\begin{aligned}\Delta_r G_m &= \Delta_r G_m^\ominus + RT\ln\left[\frac{p(H_2O)}{p^\ominus}\right]^{10} \\ &= \left[91 + 8.315 \times 10^{-3} \times 298\ \text{K} \times \ln\left(\frac{1.9\ \text{kPa}}{100\ \text{kPa}}\right)^{10}\right]\ \text{kJ}\cdot\text{mol}^{-1} \\ &= -7.2\ \text{kJ}\cdot\text{mol}^{-1} < 0\end{aligned}$$

故会风化。

30. 下列说法是否正确？若不正确应如何改正？

(1) 放热反应都能自发进行。

(2) 熵值变大的反应都能自发进行。

(3) $\Delta_r G^\ominus<0$ 的反应都能自发进行。

(4) 指定单质规定它的 $\Delta_f H_m^\ominus = 0$，$\Delta_f G_m^\ominus = 0$，$S_m^\ominus = 0$。

(5) 生成物的分子数比反应物多，该反应的 $\Delta_r S^\ominus$ 必是正值。

答：(1) 不正确，还应考虑熵变。

(2) 不正确，孤立系统才成立。

（3）不正确，反应在标准状态下才成立。

（4）不正确，只有温度 $T = 0$ K 时，纯物质的完美晶体的熵才等于零。

（5）不正确，要看反应物和生成物的状态，全为气态才成立；如果是气体生成液体或固体的反应，其 $\Delta_r S^{\ominus} < 0$。

第三章　化学平衡和化学反应速率

内容提要

1. 化学平衡的基本概念

(1) 可逆反应:在同一条件下,既能向正反应方向进行又能向逆反应方向进行的反应称为可逆反应。

(2) 化学平衡:当反应进行到一定程度,正向反应速率和逆向反应速率逐渐相等,反应物和生成物的浓度不再随时间变化,系统所处的状态称为化学平衡状态。

(3) 多重平衡:在一个平衡系统中,有若干个平衡同时存在时,一种物质可同时参与几个平衡,这种现象称多重平衡。如果某反应可以由几个反应相加(或相减)得到,则该反应的平衡常数等于这几个反应平衡常数之积(或商)。

2. 化学平衡的特点

(1) 化学平衡是 $\Delta_r G = 0$ 的状态。

(2) 平衡状态是可逆反应进行的最大限度,各物质浓度不再随时间而变化。化学平衡是一种动态平衡。

(3) 外界条件改变,使 $\nu_{正} \neq \nu_{逆}$,平衡被破坏,会建立新的平衡。化学平衡是一种有条件的平衡。

3. 标准平衡常数

在一定温度下,某反应处于平衡状态时,生成物的活度以方程式中化学计量数为乘幂的乘积,除以反应物的活度以方程式中化学计量数的绝对值为乘幂的乘积等于一常数,称为标准平衡常数 $K^{\ominus}$。

4. 平衡常数和吉布斯自由能变之间的关系

$$\Delta_r G^{\ominus} = -RT\ln K^{\ominus}$$

5. 勒夏特列原理

若改变平衡系统的条件之一,如温度、压力或浓度,则平衡向着削弱这个改变的方向移动,也称为化学平衡移动原理。

6. 化学反应速率

对于反应:$aA + bB \longrightarrow cC + dD$

$$v = -\frac{1}{a}\frac{d[A]}{dt} = -\frac{1}{b}\frac{d[B]}{dt} = \frac{1}{c}\frac{d[C]}{dt} = \frac{1}{d}\frac{d[D]}{dt}$$

7. 基元反应和非基元反应

(1) 反应物分子在碰撞中一步直接转化为生成物分子的反应称为基元反应;如果一个化学反应需经过若干个简单的反应步骤,最后才转化为生成物分子,则该反应称为非基元反应。

(2) 一个复杂反应经过若干个基元反应才能完成,这些基元反应代表了反应所经过的途径,在动力学上称为反应机理或反应历程。

(3) 在恒温条件下,基元反应的反应速率与反应物浓度以方程式中化学计量数的绝对值为乘幂的乘积成正比。这个规律称为质量作用定律。

8. 速率方程

对于反应: $a\mathrm{A} + b\mathrm{B} \longrightarrow c\mathrm{C} + d\mathrm{D}$, 其速率方程为

$$v = -\frac{1}{a}\frac{\mathrm{d}[\mathrm{A}]}{\mathrm{d}t} = k[\mathrm{A}]^{x}[\mathrm{B}]^{y}$$

其中 k 为反应速率常数。

9. 反应级数

速率方程中各反应物浓度项上的指数称为该反应物的级数,各反应物级数的总和称为反应的总级数。表示了反应速率与物质的量浓度的关系。化学反应的级数不同,反应物浓度与时间的关系也不同。

10. 温度对反应速率的影响

阿仑尼乌斯(Arrhenius)方程式:

$$\lg k = -\frac{E_{\mathrm{a}}}{2.30RT} + C \qquad 或 \qquad k = A\mathrm{e}^{-E_{\mathrm{a}}/RT}$$

其中 k 为反应速率常数,E_{a} 叫作实验活化能。

11. 反应速率理论简介

(1) 碰撞理论:原子、分子或离子只有相互碰撞才能发生反应,或者说碰撞是反应发生的先决条件。只有少部分碰撞能导致化学反应,大多数反应物微粒之间的碰撞是弹性碰撞。

(2) 过渡状态理论:在反应物相互接近时,要经过一个中间过渡状态,即形成所谓的活化配合物。活化配合物既可以分解为反应物分子,也可以分解为生成物分子。活化配合物和反应物(或生成物)存在能垒(位能差),这一能垒被称为正反应(或逆反应)的活化能。

12. 催化剂的特点

(1) 同时增大正、逆反应速率,不能使平衡移动;不改变反应的进行方向,也不改变平衡常数;

(2) 反应前后催化剂化学性质不变,物理性质可能改变;

(3) 催化剂有特殊的专一性、选择性;

(4) 催化剂对少量杂质敏感。

习题解答

1. 写出下列反应的标准平衡常数表达式：

(1) $2N_2O_5(g) \rightleftharpoons 4NO_2(g) + O_2(g)$

(2) $SiCl_4(l) + 2H_2O(g) \rightleftharpoons SiO_2(s) + 4HCl(g)$

(3) $CaCO_3(s) \rightleftharpoons CaO(s) + CO_2(g)$

(4) $ZnS(s) + 2H^+(aq) \rightleftharpoons Zn^{2+}(aq) + H_2S(g)$

解：(1) $K^{\ominus} = \dfrac{p(O_2) \cdot p^4(NO_2)}{p^2(N_2O_5)} \cdot \left(\dfrac{1}{p^{\ominus}}\right)^3$

(2) $K^{\ominus} = \dfrac{p^4(HCl)}{p^2(H_2O)} \cdot \left(\dfrac{1}{p^{\ominus}}\right)^2$

(3) $K^{\ominus} = \dfrac{p(CO_2)}{p^{\ominus}}$

(4) $K^{\ominus} = \dfrac{c(Zn^{2+}) \cdot \dfrac{p(H_2S)}{p^{\ominus}}}{c^2(H^+)} = \dfrac{c(Zn^{2+}) \cdot p(H_2S)}{c^2(H^+) \cdot p^{\ominus}}$

2. 尿素 $CO(NH_2)_2(s)$ 的 $\Delta_f G_m^{\ominus} = -197.15\ kJ \cdot mol^{-1}$，其他物质的 $\Delta_f G_m^{\ominus}$ 查附录二。求下列反应在 298 K 时的 $K^{\ominus}$。

$$CO_2(g) + 2NH_3(g) \rightleftharpoons H_2O(g) + CO(NH_2)_2(s)$$

解：$\Delta_r G_m^{\ominus} = \{-197.15 + (-228.6) - [-394.4 + 2 \times (-16.4)]\}\ kJ \cdot mol^{-1} = 1.4\ kJ \cdot mol^{-1}$

$$\ln K^{\ominus} = \frac{-\Delta_r G_m^{\ominus}}{RT} = \frac{-1.4 \times 10^3\ J \cdot mol^{-1}}{8.315\ J \cdot mol^{-1} \cdot K^{-1} \times 298\ K} = -0.565$$

$$K^{\ominus} = 0.57$$

3. 673 K 时，将 0.025 mol $COCl_2(g)$ 充入 1.0 L 容器中，当建立下列平衡时：

$$COCl_2(g) \rightleftharpoons CO(g) + Cl_2(g)$$

有 16% $COCl_2$ 解离。求此时的 $K^{\ominus}$。

解：

$$K^{\ominus} = \frac{\left(\dfrac{n_{解离}RT}{V}\right)^2}{\dfrac{n_{剩余}RT}{V}} \cdot \frac{1}{100\ kPa}$$

$$= \frac{n_{解离}^2 RT}{n_{剩余} V} \cdot \frac{1}{100\ kPa}$$

$$= \frac{(0.025\ mol \times 16\%)^2 \times 8.315\ kPa \cdot L \cdot mol^{-1} \cdot K^{-1} \times 673\ K}{0.025\ mol \times (1 - 16\%) \times 1.0\ L} \times \frac{1}{100\ kPa}$$

$$= 0.043$$

4. 298 K 时，往某烧瓶中充入足量的 N_2O_4，使起始压力为 100 kPa。一部分 N_2O_4 分解为 NO_2，达平衡后总压力等于 116 kPa。计算如下反应的 $K^\ominus$。

$$N_2O_4(g) \rightleftharpoons 2NO_2(g)$$

解：设反应掉的 N_2O_4 的分压为 x kPa，则

$$(100-x)+2x=116$$

$$x=16$$

所以

$$p(N_2O_4)=100\text{ kPa}-16\text{ kPa}=84\text{ kPa}$$

$$p(NO_2)=2\times16\text{ kPa}=32\text{ kPa}$$

$$K^\ominus=\frac{32\text{ kPa}^2}{84\text{ kPa}}\times\frac{1}{100\text{ kPa}}=0.12$$

5. 反应

$$H_2(g)+I_2(g) \rightleftharpoons 2HI(g)$$

在 628 K 时 $K^\ominus=54.4$。现于某一容器内充入 H_2 和 I_2 各 0.200 mol，并在该温度下达到平衡，求 I_2 的转化率。

解：设反应掉的 I_2 的物质的量为 x mol，则

$$K^\ominus=\frac{p^2(HI)}{p(H_2)p(I_2)}\left(\frac{1}{p^\ominus}\right)^{2-2}=\frac{\left(\frac{2xRT}{V}\right)^2}{\left[\frac{(0.200-x)RT}{V}\right]^2}=\frac{(2x)^2}{(0.200-x)^2}$$

即

$$54.4=\frac{(2x)^2}{(0.200-x)^2}$$

$$x=0.157$$

转化率为

$$\frac{0.157}{0.200}\times100\%=78.5\%$$

6. 乙烷脱氢反应 $C_2H_6(g) \rightleftharpoons C_2H_4(g)+H_2(g)$，在 1000 K 时 $K^\ominus=0.90$。试计算该温度下总压为 150 kPa 时乙烷的平衡转化率。

解：设 H_2 的分压为 x kPa，则

$$K^\ominus=\frac{p(C_2H_4)p(H_2)}{p(C_2H_6)}\cdot\frac{1}{100\text{ kPa}}$$

即

$$\frac{x^2}{150-2x}\cdot\frac{1}{100}=0.90$$

$$x=57$$

转化率为

$$\frac{57}{150-57}\times100\%=61\%$$

7. 已知反应

$$2NaHCO_3(s) \rightleftharpoons Na_2CO_3(s)+CO_2(g)+H_2O(g)$$

在 125 ℃时 $K^\ominus=0.25$。现在 1.00 L 烧瓶中盛放 10.0 g $NaHCO_3$,加热至 125 ℃达平衡。试计算此时:

(1) CO_2 和 H_2O 的分压;

(2) 烧瓶中 $NaHCO_3$ 和 Na_2CO_3 的质量;

(3) 如果平衡时要使 $NaHCO_3$ 全部分解,容器的体积至少多大?

解:(1) $K^\ominus=\dfrac{p(CO_2)p(H_2O)}{(p^\ominus)^2}=0.25$

$p(CO_2)=p(H_2O)=50\ kPa$

(2) $n(CO_2)=\dfrac{pV}{RT}=\dfrac{50\ kPa\times1.00\ L}{8.315\ kPa\cdot L\cdot mol^{-1}\cdot K^{-1}\times398\ K}=0.015\ mol$

因分解前

$$n(NaHCO_3)=\frac{10.0\ g}{84.0\ g\cdot mol^{-1}}=0.119\ mol$$

所以分解后

$$m(NaHCO_3)=(0.119\ mol-0.015\ mol\times2)\times84.0\ g\cdot mol^{-1}=7.5\ g$$

生成

$$m(Na_2CO_3)=0.015\ mol\times106\ g\cdot mol^{-1}=1.6\ g$$

(3) $$V=\frac{nRT}{p}=\frac{\dfrac{0.119\ mol}{2}\times8.315\ kPa\cdot L\cdot mol^{-1}\cdot K^{-1}\times398\ K}{50\ kPa}=3.9\ L$$

8. 已知反应

$$2SO_3(g) \rightleftharpoons 2SO_2(g)+O_2(g)$$

在 700 K 时 $K^\ominus=1.5\times10^{-5}$。某反应系统起始分压 SO_2 为 10 kPa,O_2 为 55 kPa,求平衡时各气

体分压。

解:设平衡时 SO_2 的分压为 x kPa。

由于 $K^{\ominus} \ll 1$,平衡强烈地向逆方向移动。可假设 SO_2 先全部变成 SO_3。

	$2SO_3 \rightleftharpoons$	$2SO_2$	$+ \quad O_2$
起始分压/kPa	0	10	55
逆向完全/kPa	10	0	50
平衡分压/kPa	$10 - x$	x	$50 + \frac{x}{2}$

因为 x 很小,则有

$$10 - x \approx 10$$

$$50 + \frac{x}{2} \approx 50$$

$$\frac{50x^2}{10^2} \cdot \frac{1}{100} = 1.5 \times 10^{-5}$$

$$x = 0.055$$

所以

$$p(SO_2) = 0.055 \text{ kPa}$$

$$p(SO_3) = 10 \text{ kPa}$$

$$p(O_2) = 50 \text{ kPa}$$

9. 将乙醇和乙酸混合后,发生如下的酯化反应:

$$C_2H_5OH(l) + CH_3COOH(l) \rightleftharpoons CH_3COOC_2H_5(l) + H_2O(l)$$

此反应可看作理想溶液反应。在 298 K 时,若将 2.0 mol C_2H_5OH 与 2.0 mol CH_3COOH 混合,平衡时各种物质有$\frac{2}{3}$变为生成物。今将 138 g C_2H_5OH 与 120 g CH_3COOH 在 298 K 混合,试问平衡混合物中有多少 $CH_3COOC_2H_5$ 生成?

解:设反应容器的体积为 V(L)。

$$K^{\ominus} = \frac{\left(\dfrac{2.0 \times \dfrac{2}{3}}{V}\right)^2}{\left(\dfrac{2.0 \times \dfrac{1}{3}}{V}\right)^2} = 4.0$$

又

$$n(C_2H_5OH)=\frac{138\ \text{g}}{46\ \text{g}\cdot\text{mol}^{-1}}=3.0\ \text{mol}$$

$$n(CH_3COOH)=\frac{120\ \text{g}}{60\ \text{g}\cdot\text{mol}^{-1}}=2.0\ \text{mol}$$

设平衡时 $CH_3COOC_2H_5$ 的物质的量为 x mol。

$$\frac{\left(\frac{x}{V}\right)^2}{\frac{(3.0-x)(2.0-x)}{V^2}}=4.0$$

$$x=1.57$$

所以

$$m(CH_3COOC_2H_5)=1.57\ \text{mol}\times 88\ \text{g}\cdot\text{mol}^{-1}=138\ \text{g}$$

10. 已知在 298 K 时,

(1) $2N_2(g)+O_2(g)\rightleftharpoons 2N_2O(g)\qquad K_1^\ominus=4.8\times10^{-37}$

(2) $N_2(g)+2O_2(g)\rightleftharpoons 2NO_2(g)\qquad K_2^\ominus=8.8\times10^{-19}$

求 $2N_2O(g)+3O_2(g)\rightleftharpoons 4NO_2(g)$ 的 $K^\ominus$。

解:所求方程式 = 2 × (2) − (1), 则

$$K^\ominus=\frac{(K_2^\ominus)^2}{K_1^\ominus}=\frac{(8.8\times10^{-19})^2}{4.8\times10^{-37}}=1.6$$

11. 反应

$$2Cl_2(g)+2H_2O(g)\rightleftharpoons 4HCl(g)+O_2(g)\qquad \Delta_rH_m^\ominus=114.4\ \text{kJ}\cdot\text{mol}^{-1}$$

当该反应达到平衡后,进行左边所列的操作对右边所列物理量的数值有何影响(操作中没有注明的,是指温度不变,体积不变)?

(1) 增大容器体积	$n(H_2O)$
(2) 加 O_2	$n(H_2O)$
(3) 加 O_2	$n(O_2)$
(4) 加 O_2	$n(HCl)$
(5) 减小容器体积	$n(Cl_2)$
(6) 减小容器体积	$p(Cl_2)$
(7) 减小容器体积	$K^\ominus$
(8) 升高温度	$K^\ominus$
(9) 升高温度	$p(HCl)$
(10) 加 N_2	$n(HCl)$

(11) 加催化剂　　　　　　　$n(HCl)$

答:(1) 减小(反应表观上正向进行)

(2) 增大(反应表观上逆向进行)

(3) 增大(反应表观上逆向进行,反应物浓度升高,但温度不变,$K^\ominus$ 不变,HCl 浓度降低,O_2 浓度必然大于起始数值)

(4) 减小(反应表观上逆向进行)

(5) 增大(容器体积减小,总压强增大,表观上反应向体积减小的方向进行)

(6) 增大(同上)

(7) 不变(温度不变,$K^\ominus$ 不变)

(8) 增大(吸热反应,温度升高,$K^\ominus$ 增大)

(9) 增大(温度升高,$K^\ominus$ 增大,产物比例增大)

(10) 不变(总压强增大,由于容器的体积和温度不变,对平衡混合物中的各组分来说,其浓度和分压均未发生改变,所以化学平衡不发生移动)

(11) 不变(对平衡没有影响)

12. 已知反应

$$CaCO_3(s) \rightleftharpoons CaO(s) + CO_2(g)$$

在 1123 K 时 $K^\ominus = 0.489$。试确定在密闭容器中,在下列情况下反应进行的方向:

(1) 只有 CaO 和 $CaCO_3$;

(2) 只有 CaO 和 CO_2,且 $p(CO_2) = 30$ kPa;

(3) 只有 $CaCO_3$ 和 CO_2,且 $p(CO_2) = 100$ kPa;

(4) 有 $CaCO_3$,CaO 和 CO_2,且 $p(CO_2) = 60$ kPa。

答:(1) 向右[$p(CO_2)=0$, 反应熵 $Q_p = p(CO_2)/p^\ominus = 0 < 0.489$, 所以反应向正反应方向进行]

(2) 向左(体系中无 $CaCO_3$,所以反应向逆反应方向进行)

(3) 向右(体系中无 CaO,所以反应向正反应方向进行)

(4) 向左[$p(CO_2)=60$ kPa, 反应熵 $Q_p = p(CO_2)/p^\ominus = 0.6 > 0.489$, 所以反应向逆反应方向进行]

13. 25 ℃时下列反应达平衡:

$$PCl_3(g) + Cl_2(g) \rightleftharpoons PCl_5(g) \qquad \Delta_r G_m^\ominus = -92.5\ kJ \cdot mol^{-1}$$

如果升高温度,$p(PCl_5)/p(PCl_3)$ 如何变化? 为什么?

答:先判断反应是吸热的还是放热的。

因为 $\Delta S^\ominus < 0$, 而 $\Delta G^\ominus < 0$, 所以 $\Delta H^\ominus < 0$。

对于放热反应,温度升高,反应逆向进行,故 $p(PCl_5)/p(PCl_3)$ 变小。

14. 已知反应 $N_2(g) + 3H_2(g) \rightleftharpoons 2NH_3(g)$, 在 500 K 时 $K^\ominus = 0.16$。试判断该温度下,在 10 L 密闭容器中充入 N_2,H_2 和 NH_3 各 0.10 mol 时反应的方向。

解:　$p(N_2) = p(H_2) = p(NH_3)$

$$=\frac{0.10\ \text{mol}\times 8.315\ \text{kPa}\cdot\text{L}\cdot\text{mol}^{-1}\cdot\text{K}^{-1}\times 500\ \text{K}}{10}=41.58\ \text{kPa}$$

$$Q=\frac{(41.58\ \text{kPa})^2}{41.58\ \text{kPa}\times(41.58\ \text{kPa})^3}\times\left(\frac{1}{100\ \text{kPa}}\right)^{-2}=5.8>K^{\ominus}$$

故反应逆向进行。

15. PCl_5 热分解反应式为

$$PCl_5(g)\rightleftharpoons PCl_3(g)+Cl_2(g)$$

在 10 L 密闭容器内充入 2.0 mol PCl_5,700 K 时有 1.3 mol PCl_5 分解,求该温度下的 $K^{\ominus}$。若在该密闭容器内再充入 1.0 mol Cl_2,PCl_5 分解百分数为多少?

解:(1)

	$PCl_5\rightleftharpoons$	PCl_3 +	Cl_2
初始时 n/mol	2.00	0	0
平衡时 n/mol	0.70	1.30	1.30

$$K^{\ominus}=\frac{p(PCl_3)p(Cl_2)}{p(PCl_5)}\cdot\left(\frac{1}{p^{\ominus}}\right)^{2-1}=\frac{\left(\frac{1.30RT}{V}\right)^2}{\frac{0.70RT}{V}}\cdot\frac{1}{p^{\ominus}}$$

$$=\frac{(1.30\ \text{mol})^2}{0.70\ \text{mol}}\times\frac{8.315\ \text{kPa}\cdot\text{L}\cdot\text{mol}^{-1}\cdot\text{K}^{-1}\times 700\ \text{K}}{10.0\ \text{L}}\times\frac{1}{100\ \text{kPa}}=14$$

(2) 设平衡时PCl_3 的分压为 x kPa。

	$PCl_5\rightleftharpoons$	PCl_3 +	Cl_2
初始时 n/mol	2.00	0	1.00
平衡时 n/mol	$2.00-x$	x	$1.00+x$

$$\frac{x(1.00+x)}{2.00-x}\cdot\frac{RT}{V}\cdot\frac{1}{p^{\ominus}}=14$$

$$x=1.07$$

PCl_5分解百分数为

$$\frac{1.07}{2.00}\times 100\%=54\%$$

16. 反应

$$N_2O_4(g)\rightleftharpoons 2NO_2(g)$$

在 317 K 时 $K^{\ominus}=1.00$。分别计算总压力为 400 kPa 和 1000 kPa 时 N_2O_4 的解离百分数,并解释计算结果。

解:设平衡状态下NO_2的分压为 x kPa。总压为 400 KPa 时,有

$$\begin{array}{lcc} & N_2O_4 \rightleftharpoons & 2\,NO_2 \\ p/\mathrm{kPa} & 400-x & x \end{array}$$

$$\frac{x^2}{400-x}\cdot\frac{1}{100}=1.00$$

$$x=156.2$$

$$p(NO_2)=156.2\ \mathrm{kPa}$$

$$p(N_2O_4)=243.8\ \mathrm{kPa}$$

开始时:

$$p(N_2O_4)=243.8\ \mathrm{kPa}+\frac{156.2\ \mathrm{kPa}}{2}=321.9\ \mathrm{kPa}$$

解离百分数:

$$\frac{\frac{156.2}{2}}{321.9}\times 100\%=24.3\%$$

总压为 1000 kPa 时,有

$$\frac{x^2}{1000-x}\cdot\frac{1}{100}=1.00$$

$$x=270.2$$

$$p(NO_2)=270.2\ \mathrm{KPa}$$

$$p(N_2O_4)=729.8\ \mathrm{KPa}$$

解离百分数:

$$\frac{270.2/2}{729.8+\frac{270.2}{2}}\times 100\%=15.6\%$$

因为压力从 400 kPa 升高到 1000 kPa,反应向分子数减小的方向移动,故解离百分数减小。

17. 已知反应

$$CO(g)+H_2O(g)\rightleftharpoons CO_2(g)+H_2(g)$$

在 749 K 时 $K^{\ominus}=6.5$,今若需 90% CO 转化为 CO_2,问 CO 和 H_2O 要以怎样的物质的量比相混合?

解:设起始时取 1 mol CO 的与 x mol H_2O (g)混合。

$$CO(g) + H_2O(g) \rightleftharpoons CO_2(g) + H_2(g)$$

	$CO(g)$	$H_2O(g)$	$CO_2(g)$	$H_2(g)$
起始时 n/mol	1.0	x	0	0
平衡时 n/mol	1.0 - 0.90	x - 0.90	0.90	0.90

$$K^\ominus = \frac{p(CO_2)p(H_2)}{p(CO)p(H_2O)} \cdot \left(\frac{1}{p^\ominus}\right)^{2-2} = \frac{\left(\frac{0.90RT}{V}\right)^2}{\frac{0.10RT}{V}\left[(x-0.90)\frac{RT}{V}\right]} = 6.5$$

$$x = 2.1$$

即

$$n(CO) : n(H_2O) = 1 : 2.1$$

18. 计算反应

$$2HI(g) \rightleftharpoons H_2(g) + I_2(g)$$

在 500 ℃达平衡时的分压。已知起始时各物质的分压皆为 20.0 kPa。

解:利用热力学函数先求反应在 500 ℃的 $K^\ominus$。

$$\Delta_r H_m^\ominus = 62.4\ \text{kJ} \cdot \text{mol}^{-1} - 2 \times 26.5\ \text{kJ} \cdot \text{mol}^{-1} = 9.4\ \text{kJ} \cdot \text{mol}^{-1}$$

$$\Delta_r S_m^\ominus = (130.7 + 260.7 - 2 \times 206.6)\ \text{J} \cdot \text{mol}^{-1} = -21.8\ \text{J} \cdot \text{mol}^{-1} \cdot \text{K}^{-1}$$

$$\Delta_r G_m^\ominus(773\ \text{K}) = [9.4 - 773 \times (-21.8) \times 10^{-3}]\ \text{kJ} \cdot \text{mol}^{-1} = 26.25\ \text{kJ} \cdot \text{mol}^{-1}$$

$$\ln K^\ominus = \frac{-\Delta_r G^\ominus}{RT} = \frac{-26.25 \times 10^3\ \text{J} \cdot \text{mol}^{-1}}{8.315\ \text{J} \cdot \text{mol}^{-1} \cdot \text{K}^{-1} \times 773\ \text{K}} = -4.08$$

$$K^\ominus = 0.0168$$

设到达平衡时反应掉的 H_2 的分压为 x kPa。

$$2HI(g) \rightleftharpoons H_2(g) + I_2(g)$$

	$2HI(g)$	$H_2(g)$	$I_2(g)$
起始时 p/kPa	20.0	20.0	20.0
平衡时 p/kPa	20.0 + 2x	20.0 - x	20.0 - x

$$\frac{(20.0 - x)^2}{(20.0 + 2x)^2} = 0.0168$$

$$\frac{20.0 - x}{20.0 + 2x} = 0.130$$

$$x = 13.8$$

所以

$$p(H_2) = p(I_2) = 20.0\ kPa - 13.8\ kPa = 6.2\ kPa$$

$$p(HI) = 20.0\ kPa + 2 \times 13.8\ kPa = 47.6\ kPa$$

19. 利用热力学数据,估算溴在 30 ℃时的蒸气压。

解:

$$Br_2(l) \rightleftharpoons Br_2(g)$$

$$\Delta H_m^\ominus = 30.9\ kJ \cdot mol^{-1} - 0 = 30.9\ kJ \cdot mol^{-1}$$

$$\Delta S_m^\ominus = 245.5\ kJ \cdot mol^{-1} - 152.2\ kJ \cdot mol^{-1} = 93.3\ J \cdot mol^{-1} \cdot K^{-1}$$

$$\Delta G_m^\ominus(303\ K) = (30.9 - 303 \times 93.3 \times 10^{-3})\ kJ \cdot mol^{-1} = 2.63\ kJ \cdot mol^{-1}$$

$$\ln K^\ominus = \frac{-\Delta G_m^\ominus(303\ K)}{RT} = \frac{-2.63 \times 10^3\ J \cdot mol^{-1}}{8.315\ J \cdot mol^{-1} \cdot K^{-1} \times 303\ K} = -1.044$$

$$K^\ominus = 0.352$$

$$p(Br_2) = K^\ominus p^\ominus = 0.352 \times 100\ kPa = 35.2\ kPa$$

20. $NH_4HS(s)$解离的气压在 298.3 K 时为 65.9 kPa,在 308.8 K 时为 120.9 kPa。试计算:

(1) NH_4HS 的解离焓;

(2) NH_4HS 的分解温度。

解: (1)

$$NH_4HS(s) \rightleftharpoons NH_3(g) + H_2S(g)$$

$$K^\ominus = \frac{(p_{总}/2)^2}{(p^\ominus)^2}$$

$$\ln \frac{K_2^\ominus}{K_1^\ominus} = \frac{\Delta H^\ominus}{R} \cdot \frac{T_2 - T_1}{T_1 T_2}$$

$$\Delta H_m^\ominus = R\frac{T_1T_2}{T_2 - T_1} \cdot \ln \frac{K_2^\ominus}{K_1^\ominus}$$

$$= 8.315\ J \cdot mol^{-1} \cdot K^{-1} \times \frac{298.3\ K \times 308.8\ K}{308.8\ K - 298.3\ K} \ln \frac{\left(\frac{120.9}{2}\ kPa\right)^2}{\left(\frac{65.9}{2}\ kPa\right)^2}$$

$$= 8.85 \times 10^4\ J \cdot mol^{-1} = 88.5\ kJ \cdot mol^{-1}$$

(2) NH_4HS 的分解温度即为其气压达到 101.3 KPa 时的温度。此时:

$$K^\ominus = \frac{\left(\frac{101.3}{2}\ kPa\right)^2}{(p^\ominus)^2}$$

$$\ln \frac{K^\ominus}{K_1^\ominus} = \frac{88.5 \times 10^3\ J \cdot mol^{-1}}{R} \cdot \frac{T - T_1}{T_1 T}$$

$$\ln \frac{(50.65\ \text{kPa})^2}{(32.95\ \text{kPa})^2} = \frac{88.5 \times 10^3\ \text{J}\cdot\text{mol}^{-1}}{8.315\ \text{J}\cdot\text{mol}^{-1}\cdot\text{K}^{-1}} \times \frac{T - 298.3\ \text{K}}{298.3\ \text{K} \times T}$$

$$T = 305.6\ \text{K}$$

21. 在某温度下，测得下列反应 $\frac{\mathrm{d}c(\text{Br}_2)}{\mathrm{d}t} = 4.0\times10^{-5}\ \text{mol}\cdot\text{L}^{-1}\cdot\text{s}^{-1}$。

$$4\text{HBr(g)} + \text{O}_2 \rightleftharpoons 2\text{H}_2\text{O(g)} + 2\text{Br}_2\text{(g)}$$

求：(1) 此时的 $\frac{\mathrm{d}c(\text{O}_2)}{\mathrm{d}t}$ 和 $\frac{\mathrm{d}c(\text{HBr})}{\mathrm{d}t}$；

(2) 此时的反应速率 v。

解：

$$4\text{HBr(g)} + \text{O}_2\text{(g)} \longrightarrow 2\text{H}_2\text{O(g)} + 2\text{Br}_2\text{(g)}$$

(1)

$$\frac{\mathrm{d}c(\text{O}_2)}{\mathrm{d}t} = -\frac{\mathrm{d}c(\text{Br}_2)}{2\mathrm{d}t} = -2.0 \times 10^{-5}\ \text{mol}\cdot\text{L}^{-1}\cdot\text{s}^{-1}$$

$$\frac{\mathrm{d}c(\text{HBr})}{\mathrm{d}t} = -\frac{2\mathrm{d}c(\text{Br}_2)}{\mathrm{d}t} = -8.0 \times 10^{-5}\ \text{mol}\cdot\text{L}^{-1}\cdot\text{s}^{-1}$$

(2)

$$v = \frac{\mathrm{d}c(\text{Br}_2)}{2\mathrm{d}t} = 2.0 \times 10^{-5}\ \text{mol}\cdot\text{L}^{-1}\cdot\text{s}^{-1}$$

22. $(\text{CH}_3)_2\text{O}$ 分解反应 $(\text{CH}_3)_2\text{O} \longrightarrow \text{C}_2\text{H}_4 + \text{H}_2\text{O}$ 的实验数据如下：

t/s	0	200	400	600	800
$c[(\text{CH}_3)_2\text{O}]/(\text{mol}\cdot\text{L}^{-1})$	0.01000	0.00916	0.00839	0.00768	0.00703

(1) 计算 200 s 到 600 s 间的平均速率。

(2) 用浓度对时间作图，求 400 s 时的瞬时速率。

解：(1)

$$v = \frac{0.00768\ \text{mol}\cdot\text{L}^{-1} - 0.00916\ \text{mol}\cdot\text{L}^{-1}}{-1 \times (600\ \text{s} - 200\ \text{s})} = 3.70 \times 10^{-6}\ \text{mol}\cdot\text{L}^{-1}\cdot\text{s}^{-1}$$

(2) 以 $c[(\text{CH}_3)_2\text{O}]$ 为纵坐标，t 为横坐标作图（见下图）。在 $c-t$ 曲线上 400 s 处作切线，其斜率即为该时刻的 $\frac{-\mathrm{d}c}{\mathrm{d}t}$。400 s 时的斜率为

$$\text{斜率} = \frac{-0.00192\ \text{mol}\cdot\text{L}^{-1}}{528\ \text{s}} = -3.64 \times 10^{-6}\ \text{mol}\cdot\text{L}^{-1}\cdot\text{s}^{-1}$$

则 400 s 时的瞬时速率为

$$v = \frac{1}{\nu}\frac{\mathrm{d}c}{\mathrm{d}t} = -\frac{1}{1} \times (-3.64 \times 10^{-6}\ \text{mol}\cdot\text{L}^{-1}\cdot\text{s}^{-1}) = 3.64 \times 10^{-6}\ \text{mol}\cdot\text{L}^{-1}\cdot\text{s}^{-1}$$

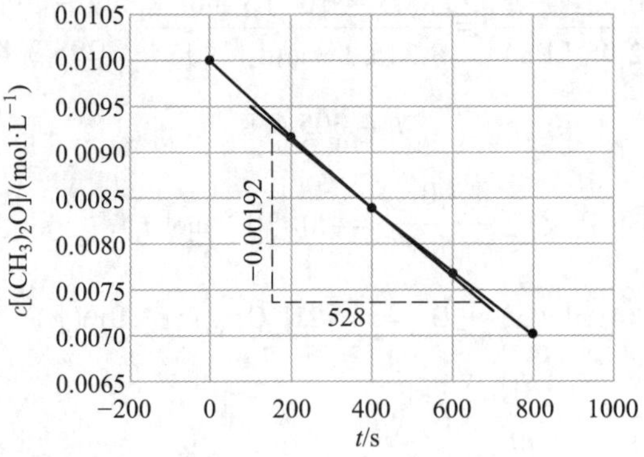

23. 在 298 K 时,用以下反应

$$S_2O_8^{2-}(aq) + 2I^-(aq) \xlongequal{\quad} 2SO_4^{2-}(aq) + I_2(aq)$$

进行实验,得到的数据列表如下:

实验序号	$c(S_2O_8^{2-})/(mol \cdot L^{-1})$	$c(I^-)/(mol \cdot L^{-1})$	$v/(mol \cdot L^{-1} \cdot min^{-1})$
(1)	1.0×10^{-4}	1.0×10^{-2}	0.65×10^{-6}
(2)	2.0×10^{-4}	1.0×10^{-2}	1.30×10^{-6}
(3)	2.0×10^{-4}	0.50×10^{-2}	0.65×10^{-6}

求:(1) 反应速率方程;

(2) 速率常数;

(3) $c(S_2O_8^{2-}) = 5.0 \times 10^{-4}\ mol \cdot L^{-1}$,$c(I^-) = 5.0 \times 10^{-2}\ mol \cdot L^{-1}$ 时的反应速率。

解:(1) 设反应速率方程为

$$v = kc^x(S_2O_8^{2-})c^y(I^-)$$

把三组数据代入,即

$$(A)\quad 0.65 \times 10^{-6} = k\,(1.0 \times 10^{-4})^x\,(1.0 \times 10^{-2})^y$$

$$(B)\quad 1.30 \times 10^{-6} = k\,(2.0 \times 10^{-4})^x\,(1.0 \times 10^{-2})^y$$

$$(C)\quad 0.65 \times 10^{-6} = k\,(2.0 \times 10^{-4})^x\,(0.50 \times 10^{-2})^y$$

$\frac{(A)}{(B)}$:

$$\frac{1}{2} = \frac{(1.0 \times 10^{-4})^x}{(2.0 \times 10^{-4})^x}$$

$$x = 1$$

$\frac{(B)}{(C)}$:

$$2 = \frac{(1.0 \times 10^{-2})^y}{(0.50 \times 10^{-2})^y}$$

$$y = 1$$

所以

$$v = kc(S_2O_8^{2-})\,c(I^-)$$

（2）
$$k = \frac{v}{c(S_2O_8^{2-})\cdot c(I^-)}$$
$$= \frac{0.65\times10^{-6}\ \text{mol}\cdot\text{L}^{-1}\cdot\text{min}^{-1}}{1.0\times10^{-4}\ \text{mol}\cdot\text{L}^{-1}\times1.0\times10^{-2}\ \text{mol}\cdot\text{L}^{-1}} = 0.65\ \text{L}\cdot\text{mol}^{-1}\cdot\text{min}^{-1}$$

（3）
$$v = 0.65\ \text{L}\cdot\text{mol}^{-1}\cdot\text{min}^{-1}\times5.0\times10^{-4}\ \text{mol}\cdot\text{L}^{-1}\times5.0\times10^{-2}\ \text{mol}\cdot\text{L}^{-1}$$
$$= 1.6\times10^{-5}\ \text{mol}\cdot\text{L}^{-1}\cdot\text{min}^{-1}$$

24. 反应

$$H_2(g) + Br_2(g) \xlongequal{\quad} 2HBr(g)$$

在反应初期的反应机理为

（1）$Br_2 \xlongequal{\quad} 2Br$　　（快）

（2）$Br+H_2 \xlongequal{\quad} HBr+H$　　（慢）

（3）$H+Br_2 \xlongequal{\quad} HBr+Br$　　（快）

试写出该反应在反应初期的速率方程式。

解：该反应速率由慢反应（2）决定，所以

$$v = kc(Br)c(H_2)$$

而[Br]由平衡反应（1）决定，因为 $\dfrac{c^2(Br)}{c(Br_2)} = K$，所以

$$c(Br) = \sqrt{c(Br_2)\cdot K}$$

$$v = kK^{1/2}c^{1/2}(Br_2)c(H_2) = k'c^{1/2}(Br_2)c(H_2)$$

25. 元素放射性衰变是一级反应。^{14}C 的半衰期为 5730 a（a 代表年）。今在一古墓木质试样中测得 ^{14}C 含量只有原来的 68.5%。问此古墓距今多少年？

解：对于一级反应，有

$$k = \frac{0.693}{t_{1/2}} = \frac{0.693}{5730\ \text{a}} = 1.21\times10^{-4}\ \text{a}^{-1}$$

$$t = \frac{1}{k}\ln\frac{c_0}{c} = \frac{1}{1.21\times10^{-4}\ \text{a}^{-1}}\ln\frac{1}{0.685} = 3.13\times10^3\ \text{a}$$

26. 某水剂药物的水解反应为一级反应。配成溶液 30 天后分析测定，发现其有效成分只有原来的62.5%。问：

（1）该水解反应的速率常数为多少？

（2）若以药物有效成分保持 80%以上为有效期，则该药物的有效期为多长？

（3）药物水解掉一半需多少天？

解:(1)
$$\ln\frac{c}{c_0}=-kt$$

$$k=\frac{1}{t}\ln\frac{c_0}{c}=\frac{1}{30\ \mathrm{d}}\ln\frac{1}{0.625}=1.57\times10^{-2}\ \mathrm{d}^{-1}$$

(2) 设有效期为 t,则

$$t=\frac{1}{k}\ln\frac{c_0}{c}=\frac{1}{1.57\times10^{-2}\ \mathrm{d}^{-1}}\ln\frac{1}{0.80}=14.2\ \mathrm{d}$$

(3)
$$t_{1/2}=\frac{0.693}{k}=\frac{0.693}{1.57\times10^{-2}\ \mathrm{d}^{-1}}=44.1\ \mathrm{d}$$

27. 物质 A 的分解反应 $A \longrightarrow 3B + C$,为一级反应。A 的起始浓度为 $0.015\ \mathrm{mol\cdot L^{-1}}$,反应 3.0 min 后 B 的浓度为 $0.020\ \mathrm{mol\cdot L^{-1}}$。问:

(1) 反应的速率常数为多少?

(2) 若要 B 浓度增加到 $0.040\ \mathrm{mol\cdot L^{-1}}$,反应还需继续多长时间?

解:(1) $k=\dfrac{1}{t}\ln\dfrac{c_0}{c}=\dfrac{1}{3.0\ \mathrm{min}}\ln\dfrac{0.015\ \mathrm{mol\cdot L^{-1}}}{\left(0.015-\dfrac{0.020}{3}\right)\mathrm{mol\cdot L^{-1}}}=0.20\ \mathrm{min^{-1}}$

(2) $t=\dfrac{1}{k}\ln\dfrac{c_0}{c}=\dfrac{1}{0.20\ \mathrm{min^{-1}}}\ln\dfrac{\left(0.015-\dfrac{0.020}{3}\right)\mathrm{mol\cdot L^{-1}}}{\left(0.015-\dfrac{0.040}{3}\right)\mathrm{mol\cdot L^{-1}}}=8.0\ \mathrm{min}$

28. 反应

$$SiH_4(g) \xlongequal{} Si(s) + 2H_2(g)$$

在不同温度下的速率常数为

T/K	773	873	973	1073
$k/\mathrm{s^{-1}}$	0.048	2.3	49	590

试用作图法求该反应的活化能。

解:根据题中的数据计算 $\ln(k/[k])$ 和 $\dfrac{1}{T}$,得到有关数据列于下表:

$\ln(k/[k])$	-0.304	0.833	3.89	6.38
$\dfrac{1}{T}/(10^{-3}\ \mathrm{K^{-1}})$	1.29	1.15	1.03	0.931

以 $\ln(k/[k])$ 对 $\dfrac{1}{T}$ 作图,得一直线(如下图所示),其斜率为

$$\text{斜率}=\frac{-4.50}{0.17\times10^{-3}\ \mathrm{K^{-1}}}=-2.6\times10^{4}\ \mathrm{K}$$

$E_a = -(\text{斜率}) \times R = -(-2.6 \times 10^4\ \text{K}) \times 8.315\ \text{J} \cdot \text{mol}^{-1} \cdot \text{K}^{-1} = 216\ \text{kJ} \cdot \text{mol}^{-1}$

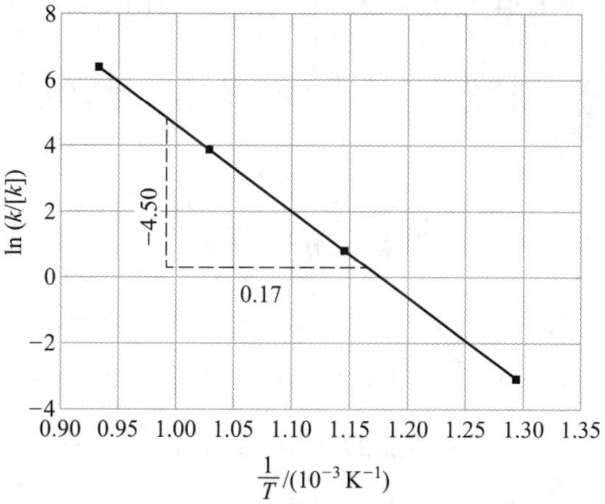

29. 室温(25 ℃)下对于许多反应来说,温度升高 10 ℃,反应速率增大到原来的 2~4 倍。试问遵循此规则的反应活化能应在什么范围内?升高温度对活化能高的反应还是活化能低的反应的反应速率影响更大些?

解:

$$E_a = \frac{RT_1T_2}{T_2 - T_1}\ln\frac{k_2}{k_1}$$

$T_1 = 298\ \text{K}, T_2 = 308\ \text{K}$,分别将 $\frac{k_2}{k_1} = 2$ 和 4 代入,得

$$E_a = \frac{8.315\ \text{J} \cdot \text{mol}^{-1} \cdot \text{K}^{-1} \times 298\ \text{K} \times 308\ \text{K} \times 10^{-3}\ \text{kJ} \cdot \text{J}^{-1}}{10\ \text{K}}\ln 2 = 52.9\ \text{kJ} \cdot \text{mol}^{-1}$$

$$E'_a = \frac{8.315\ \text{J} \cdot \text{mol}^{-1} \cdot \text{K}^{-1} \times 298\ \text{K} \times 308\ \text{K} \times 10^{-3}\ \text{kJ} \cdot \text{J}^{-1}}{10\ \text{K}}\ln 4 = 105.8\ \text{kJ} \cdot \text{mol}^{-1}$$

E_a 所在范围为 $52.9 \sim 105.8\ \text{kJ} \cdot \text{mol}^{-1}$。

E_a 越高,升高温度对反应速率影响越大。

30. H_2O_2 分解成 H_2O 和 O_2 的反应 $E_a = 700\ \text{kJ} \cdot \text{mol}^{-1}$ 。如果在 20 ℃时加入催化剂 E_a 可降低为 $420\ \text{kJ} \cdot \text{mol}^{-1}$,假设指前因子 A 保持不变,H_2O_2 起始浓度也相同,问无催化剂时 H_2O_2 需加热至多高温度才使其反应速率与加催化剂时相同?

解:v 相同,意味着 k 相同,因 $k = Ae^{-E_a/RT}$,A 保持不变,故有

$$\frac{E_{a,\text{催}}}{RT_1} = \frac{E_{a,\text{无催}}}{RT_2}$$

$$\frac{420}{293\ \text{K}} = \frac{700}{T_2}$$

$$T_2 = 488\ \text{K}$$

31. 反应

$$C_2H_5Br(g) \xlongequal{\quad} C_2H_4(g) + HBr(g)$$

在 650 K 时 k 为 $2.0\times10^{-5}\ s^{-1}$,在 670 K 时 k 为 $7.0\times10^{-5}\ s^{-1}$。求 690 K 时的 k。

解:

$$\ln\frac{k_2}{k_1} = \frac{E_a}{R}\cdot\frac{T_2 - T_1}{T_1T_2}$$

$$\ln\frac{7.0\times10^{-5}\ s^{-1}}{2.0\times10^{-5}\ s^{-1}} = \frac{E_a}{8.315\ J\cdot mol^{-1}\cdot K^{-1}}\times\frac{670\ K - 650\ K}{650\ K\times670\ K}$$

$$E_a = 2.27\times10^5\ J\cdot mol^{-1}$$

$$\ln\frac{k}{7.0\times10^{-5}} = \frac{2.27\times10^5}{8.315}\times\frac{20}{670\times690} = 1.181$$

$$k = 2.3\times10^{-4}\ s^{-1}$$

32. 在 301 K 时鲜牛奶大约 4.0 h 变酸,但在 278 K 的冰箱中可保持 48 h。假定反应速率与变酸时间成反比,求牛奶变酸反应的活化能。

解: 牛奶变酸反应的速率常数与变酸的时间成正比,所以

$$\ln\frac{k_2}{k_1} = \ln\frac{48\ h}{4.0\ h} = \frac{E_a}{8.315\ J\cdot mol^{-1}\cdot K^{-1}}\times\frac{301\ K - 278\ K}{301\ K\times278\ K}$$

$$\begin{aligned}E_a &= \ln\frac{48\ h}{4.0\ h}\times\frac{8.315\ J\cdot mol^{-1}\cdot K^{-1}\times301\ K\times278\ K}{301\ K - 278\ K}\\ &= 7.5\times10^4\ J\cdot mol^{-1}\\ &= 75\ kJ\cdot mol^{-1}\end{aligned}$$

33. 大气上层的 O_3 被分解的一些反应及其活化能为

(1) $O_3(g) + O(g) \xlongequal{\quad} 2O_2(g)$　　$E_a(1) = 14.0\ kJ\cdot mol^{-1}$

(2) 如果大气上层存在 NO,它可催化 O_3 分解:

$$O_3(g) + NO(g) \xlongequal{\quad} NO_2(g) + O_2(g)$$

$$NO_2(g) + O(g) \xlongequal{\quad} NO(g) + O_2(g)$$

总反应　$O_3(g) + O(g) \xlongequal{NO\ 催化} 2O_2(g)$　　$E_a(2) = 11.9\ kJ\cdot mol^{-1}$

(3) 如果大气上层存在 CCl_2F_2,光照下它可分解产生 Cl:

$$CCl_2F_2(g) \xlongequal{h\nu} CClF_2(g) + Cl(g)$$

Cl 可催化 O_3 分解:

$$\begin{array}{l} O_3(g) + Cl(g) \xlongequal{\quad} ClO(g) + O_2(g) \\ ClO(g) + O(g) \xlongequal{\quad} Cl(g) + O_2(g) \\ \hline \text{总反应} \quad O_3(g) + O(g) \xlongequal{Cl\text{催化}} 2O_2(g) \qquad E_a(3) = 2.1\ \text{kJ} \cdot \text{mol}^{-1} \end{array}$$

大气上层富含 O_3 的平流层温度约为 230 K。问 NO 和 Cl 在此处对 O_3 层破坏各增大多少倍？假设指前因子 A 保持不变。

解：由

$$k_1 = Ae^{-E_a(1)/RT}$$

$$k_2 = Ae^{-E_a(2)/RT}$$

得

$$\ln\frac{k_2}{k_1} = \frac{E_a(1) - E_a(2)}{RT}$$

$$= \frac{(14.0 - 11.9) \times 10^3\ \text{J} \cdot \text{mol}^{-1}}{8.315\ \text{J} \cdot \text{mol}^{-1} \cdot \text{K}^{-1} \times 230\ \text{K}} = 1.10$$

$$\frac{k_2}{k_1} = 3.0$$

$$\ln\frac{k_3}{k_1} = \frac{(14.0 - 2.1) \times 10^3\ \text{J} \cdot \text{mol}^{-1}}{8.315\ \text{J} \cdot \text{mol}^{-1} \cdot \text{K}^{-1} \times 230\ \text{K}} = 6.22$$

$$\frac{k_3}{k_1} = 5.0 \times 10^2$$

所以，NO 对 O_3 层破坏增大 3 倍，而 Cl 对 O_3 破坏增大 500 倍。Cl 对 O_3 层破坏更严重。

34. 已知基元反应 $2A \longrightarrow B$ 的反应热为 $\Delta_r H^\ominus$，活化能为 E_a，而 $B \longrightarrow 2A$ 的活化能为 E'_a。问：

(1) E_a 和 E'_a 有什么关系？

(2) 加催化剂，E_a 和 E'_a 各有何变化？

(3) 提高温度，E_a 和 E'_a 各有何变化？

(4) 增加 A 的起始浓度，E_a 和 E'_a 各有何变化？

解：(1) $E_a - E'_a = \Delta_r H^\ominus$。

(2) 都降低，且降低值相同。

(3) 基本不变。

(4) 不变。

35. 下列说法是否正确？对错误的说法给予说明。

(1) 正催化剂加快了正反应速率，负催化剂加快了逆反应速率。

(2) 升高温度可使反应速率加快，其主要原因是分子运动速度加快，分子间碰撞频率增加。

(3) 在一定条件下，某反应的 $\Delta G > 0$，故要寻找合适的催化剂促使反应正向进行。

(4) 在一般情况下,不管是放热反应还是吸热反应,温度升高反应速率都是加快的。

(5) 催化剂能加快反应速率,所以能改变平衡系统中生成物和反应物的相对含量。

(6) 任何反应随着反应时间增加,由于反应物不断消耗,故反应速率总是逐渐减小的。

答:(1) 错。正催化剂同时加快了正、逆反应速率,负催化剂同时减慢了正、逆反应速率。

(2) 错。升高温度可使反应速率加快的主要原因是,升高温度使活化分子所占分数增大,从而使有效碰撞次数增多。

(3) 错。催化剂只能加快反应速率而不能改变反应的 ΔG。

(4) 对。

(5) 错。催化剂只能加快化学平衡的到达,而不能改变化学平衡的位置。

(6) 错。零级反应速率不随时间改变,有些反应如链式反应、自催化反应等随时间增加而反应速率加快。

第四章　解离平衡

内容提要

1. 酸碱质子论

（1）该理论认为：凡能释放 H^+ 的物质即为酸，凡能接受 H^+ 的物质即为碱。

（2）共轭酸碱对：酸给出质子后余下的部分就是该酸的共轭碱，碱接受质子后就转变为该碱的共轭酸。彼此合称为共轭酸碱对。

（3）两性物质：既可作为酸也可作为碱的物质。

（4）解离常数：对于反应 $HAc + H_2O \rightleftharpoons H_3O^+ + Ac^-$，标准解离常数 $K_a^\ominus$ 的表达式为

$$K_a^\ominus = \frac{[H_3O^+][Ac^-]}{[HAc]}$$

$K_a^\ominus$ 值越大，酸越强，其共轭碱的碱性就越弱；$K_a^\ominus$ 值越小，酸越弱，其共轭碱的碱性就越强。

同理，对于反应 $Ac^- + H_2O \rightleftharpoons HAc + OH^-$，标准解离常数 $K_b^\ominus$ 的表达式为

$$K_b^\ominus = \frac{[HAc][OH^-]}{[Ac^-]}$$

可见，酸的 $K_a^\ominus$ 和其共轭碱的 $K_b^\ominus$ 之间满足：$K_a^\ominus \cdot K_b^\ominus = K_w$

2. 酸碱电子论

酸碱电子论又称为 Lewis 酸碱理论。该理论认为：凡能提供电子对的物质即为碱；凡能接受外来电子对的物质即为酸。酸碱反应可视为碱性物质提供电子对与酸性物质生成配位共价键的反应。

3. 弱酸、弱碱的解离平衡

（1）一元弱酸、弱碱的解离平衡：对于反应 $HA + H_2O \rightleftharpoons H_3O^+ + A^-$，解离常数 $K_a^\ominus$ 的表达式为

$$K_a^\ominus = \frac{[H_3O^+][A^-]}{[HA]} = \frac{[H_3O^+]^2}{c - [H_3O^+]}$$

当 $c/K_a^\ominus \geq 380$ 时，有

$$[H_3O^+] = \sqrt{K_a^\ominus c}$$

（2）多元弱酸、弱碱的解离平衡：通常，二元弱酸的解离常数 $K_{a1}^\ominus \gg K_{a2}^\ominus$，所以在计算多元弱

酸的[H_3O^+]时，可以忽略多元酸的第二步及其后的解离。

(3) 两性物质溶液：两性物质在水溶液中可以进行酸式解离，也可以进行碱式解离。判断两性物质水溶液的酸碱性，要看其 $K_a^\ominus$ 和 $K_b^\ominus$ 哪个更大，大者占优。

(4) 同离子效应：由于在弱电解质溶液中加入含有相同离子的强电解质，而使弱电解质解离度降低的效应称为同离子效应。

(5) 盐效应：在弱电解质溶液中加入与弱电解质不相同的盐类，使弱电解质的解离度稍稍增大的效应称为盐效应。

4. 缓冲溶液

(1) 缓冲溶液：含有“共轭酸碱对”(如 HAc 和 Ac^-)的混合溶液能缓解外加少量酸、碱或水的影响，而保持溶液 pH 不发生显著变化的效应叫缓冲作用，该溶液称为缓冲溶液。缓冲作用的原理与同离子效应有密切关系。

缓冲溶液的缓冲能力有一定的限度。

(2) 对同一种缓冲溶液来说，其 pH 取决于共轭酸碱对的浓度比。

(3) 提高缓冲能力的基本方法：

① 适当提高共轭酸碱对的浓度。当共轭酸碱对的浓度比约为 1∶1 时，共轭酸碱对的浓度在 0.1 ~ 1 $mol \cdot L^{-1}$。

② 共轭酸碱对的浓度尽量接近，一般以 1∶1 或相近比例配制的缓冲溶液的缓冲能力最大。

③ 常用缓冲溶液的有效缓冲范围在 pH 为$pK_a^\ominus \pm 1$ 的范围。

(4) 缓冲溶液的配制：选择缓冲对的原则如下。

① $pK_a^\ominus$ 接近于所需 pH，$pK_b^\ominus$ 接近于所需 pOH；

② 总浓度大；

③ 缓冲比为 1 时，缓冲容量最大；

所选的缓冲溶液不能与反应体系发生作用，药用缓冲溶液还必须考虑是否有毒。

5. 溶度积与溶度积规则

(1) 溶度积：任何难溶电解质的溶解和沉淀过程都是可逆的。当溶解速率和沉淀速率相等时，便建立了一种动态的多相平衡。

对于 $A_mB_n(s) \rightleftharpoons mA^{n+}(aq) + nB^{m-}(aq)$，其溶度积常数为

$$K_{sp}^\ominus = [A^{n+}]^m [B^{m-}]^n$$

(2) 溶度积规则：当 $Q < K_{sp}^\ominus$ 时，为不饱和溶液，若有沉淀存在，沉淀将会溶解；当 $Q = K_{sp}^\ominus$ 时，为饱和溶液，沉淀溶解达平衡；当 $Q > K_{sp}^\ominus$ 时，为过饱和溶液，将有沉淀析出。

6. 分步沉淀和沉淀的转化

(1) 由一种沉淀转化为另一种沉淀的过程称为沉淀的转化。同时存在两种以上的沉淀溶解平衡，$K_{sp}^\ominus$较大的沉淀向 $K_{sp}^\ominus$较小的沉淀转化。

(2) 若溶液中存在多种离子，在一定条件下使某一种离子先沉淀，其他离子在另一条件下沉淀，从而达到分离的目的，这就是分步沉淀。

习题解答

1. 指出下列碱的共轭酸：SO_4^{2-}，S^{2-}，$H_2PO_4^-$，HSO_4^-，NH_3；指出下列酸的共轭碱：NH_4^+，HCl，$HClO_4$，HCN，H_2O_2。

解：见下表。

碱	SO_4^{2-}	S^{2-}	$H_2PO_4^-$	HSO_4^-	NH_3
共轭酸	HSO_4^-	HS^-	H_3PO_4	H_2SO_4	NH_4^+
酸	NH_4^+	HCl	$HClO_4$	HCN	H_2O_2
共轭碱	NH_3	Cl^-	ClO_4^-	CN^-	HO_2^-

2. 氨基酸是重要的生物化学物质，最简单的为甘氨酸（$H_2N—CH_2—COOH$）。每个甘氨酸中有一个弱酸基—COOH和一个弱碱基—NH_2，且 $K_a^\ominus$ 和 $K_b^\ominus$ 几乎相等。试用酸碱质子论判断在强酸性溶液中甘氨酸将变成何种离子，在强碱性溶液中它将变成什么离子，在纯水溶液中将存在怎样的两性离子。

解：

强酸性溶液中：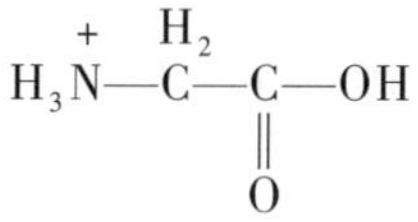

强碱性溶液中：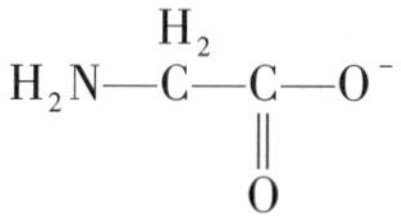

纯水溶液中：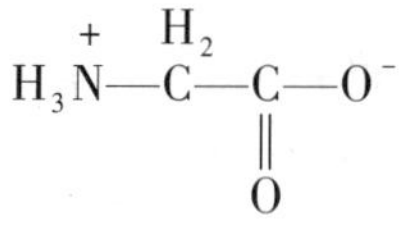

3. 氨基钠遇水可发生如下反应：

$$NaNH_2(s) + H_2O(l) \xlongequal{} Na^+(aq) + OH^-(aq) + NH_3(aq)$$

试比较氨基 NH_2^- 和 OH^- 何者碱性较强。

解：反应实质为

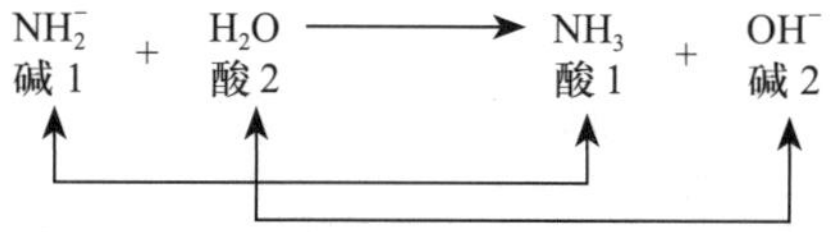

反应的方向总是较强的碱与较强的酸反应生成较弱的酸和较弱的碱，故碱性 $NH_2^- > OH^-$。

4. 0.010 mol · L^{-1} HAc 溶液的解离度为 0.042,求 HAc 的解离常数和该溶液的[H$^+$]。

解:

$$K_a^\ominus = \frac{c^2\alpha^2}{c(1-\alpha)} = \frac{0.010 \times 0.042^2}{1-0.042} = 1.8 \times 10^{-5}$$

$$[H^+] = c\alpha = 0.010\ \text{mol} \cdot \text{L}^{-1} \times 0.042 = 4.2 \times 10^{-4}\ \text{mol} \cdot \text{L}^{-1}$$

5. 求算 0.050 mol · L^{-1} HClO 溶液中的[ClO$^-$]、[H$^+$]及解离度。

解:查表得 HClO 的解离常数为 $K_a^\ominus = 2.9 \times 10^{-8}$。

$$HClO \rightleftharpoons H^+ + ClO^-$$

$$\frac{c}{K_a^\ominus} = \frac{0.050}{2.9 \times 10^{-8}} > 380$$

$$[H^+] = [ClO^-] = \sqrt{K_a^\ominus \cdot c} = \sqrt{2.9 \times 10^{-8} \times 0.050}\ \text{mol} \cdot \text{L}^{-1} = 3.8 \times 10^{-5}\ \text{mol} \cdot \text{L}^{-1}$$

$$\alpha = \frac{[H^+]}{c} = \frac{3.8 \times 10^{-5}}{0.050} = 7.6 \times 10^{-4}$$

6. 奶油腐败后的分解产物之一为丁酸(C_3H_7COOH),有恶臭。今有一含 0.20 mol 丁酸的 0. 40 L 溶液,pH 为 2.50。求丁酸的 $K_a^\ominus$。

解:由 pH = 2.50 得

$$[H^+] = 10^{-2.50}\ \text{mol} \cdot \text{L}^{-1} = 3.2 \times 10^{-3}\text{mol} \cdot \text{L}^{-1}$$

所以

$$K_a^\ominus = \frac{(3.2 \times 10^{-3})^2}{\dfrac{0.20}{0.40}} = 2.0 \times 10^{-5}$$

7. 每片维生素 C 含抗坏血酸($H_2C_6H_6O_6$)500 mg。现将一片维生素 C 溶于水并稀释至 200 mL,试求溶液的 pH(抗坏血酸 $K_{a_1}^\ominus = 7.9 \times 10^{-5}$,$K_{a_2}^\ominus = 1.6 \times 10^{-12}$)。

解:$c = \dfrac{\dfrac{0.500}{176.1}}{0.200}\ \text{mol} \cdot \text{L}^{-1} = 0.0142\ \text{mol} \cdot \text{L}^{-1}$

$$\frac{c}{K_a^\ominus} = \frac{0.0142}{7.9 \times 10^{-5}} = 180 < 380$$

则

$$[H^+] = \frac{-K_a^\ominus + \sqrt{(K_a^\ominus)^2 + 4K_a^\ominus c}}{2}$$

$$= \frac{-7.9 \times 10^{-5} + \sqrt{(7.9 \times 10^{-5})^2 + 4 \times 7.9 \times 10^{-5} \times 0.0142}}{2}\ \text{mol} \cdot \text{L}^{-1}$$

$$= 1.0 \times 10^{-3}\ \text{mol} \cdot \text{L}^{-1}$$

$$pH = -\lg(1.0 \times 10^{-3}) = 3.00$$

8. 对于下列溶液:0.1 mol · L^{-1} HCl 溶液,0.01 mol · L^{-1} HCl 溶液,0.1 mol · L^{-1} HF 溶液,0.01 mol · L^{-1} HF 溶液,问:

(1) 哪一种具有最高的[H^+]?

(2) 哪一种具有最低的[H^+]?

(3) 哪一种具有最低的解离度?

(4) 哪两种具有相似的解离度?

解:(1) 0.1 mol · L^{-1} HCl 溶液(该溶液浓度最大,且完全解离)。

(2) 0.01 mol · L^{-1} HF 溶液(该溶液浓度最小,且不完全解离)。

(3) 0.1 mol · L^{-1} HF 溶液(弱电解质浓度越大,解离度越小,解离常数不变)。

(4) 0.1 mol · L^{-1} HCl 溶液和 0.01 mol · L^{-1} HCl 溶液(HCl 在这两种溶液中均完全解离)。

9. 用 0.1 mol · L^{-1} NaOH 溶液中和 pH 为 2 的 HCl 溶液和 HAc 溶液各 20 mL,所消耗 NaOH 溶液体积是否相同?为什么?若用此 NaOH 溶液中和 0.1 mol · L^{-1} HCl 溶液和 HAc 溶液各 20 mL,所消耗 NaOH 溶液的体积是否相同?为什么?

答:(1) 不同,因为 HAc 为弱酸,随中和反应进行会不断地解离出 H^+;

(2) 相同,因为两种酸的物质的量相同。

10. 已知 0.30 mol · L^{-1} NaB 溶液的 pH 为 9.50,计算弱酸 HB 的 $K_a^\ominus$。

解:由 pH = 9.5 得

$$[OH^-] = \frac{K_w}{[H^+]} = \frac{1.0 \times 10^{-14}}{1.0 \times 10^{-9.5}}\ \text{mol} \cdot \text{L}^{-1}$$
$$= 1.0 \times 10^{-4.5}\ \text{mol} \cdot \text{L}^{-1} = 3.2 \times 10^{-5}\ \text{mol} \cdot \text{L}^{-1}$$

对于解离平衡:

	B^- + H_2O $\rightleftharpoons$	HB +	OH^-
初始浓度/(mol · L^{-1})	0.30	0	0
平衡浓度/(mol · L^{-1})	$0.30 - 3.2 \times 10^{-5}$	3.2×10^{-5}	3.2×10^{-5}

$$K_b^\ominus = \frac{[HB][OH^-]}{[B^-]} = \frac{(3.2 \times 10^{-5})^2}{0.30 - 3.2 \times 10^{-5}} = 3.4 \times 10^{-9}$$

$$K_a^\ominus = \frac{K_w^\ominus}{K_b^\ominus} = \frac{1.0 \times 10^{-14}}{3.4 \times 10^{-9}} = 2.9 \times 10^{-6}$$

11. 已知 0.10 mol · L^{-1}HB 溶液的 pH=3.00。试计算 0.10 mol · L^{-1}NaB 溶液的 pH。

解:由 pH = 3.00 得

$$[H^+] = 10^{-3.00}\ \text{mol} \cdot \text{L}^{-1} = 1.0 \times 10^{-3}\ \text{mol} \cdot \text{L}^{-1}$$

对于解离平衡:

	HB +	$H_2O \rightleftharpoons H^+$ +	B^-
初始浓度/$(mol \cdot L^{-1})$	0.10	0	0
平衡浓度/$(mol \cdot L^{-1})$	$0.10-1.0\times10^{-3}$	1.0×10^{-3}	1.0×10^{-3}

$$K_a^{\ominus} = \frac{[H^+][B^-]}{[HB]} = \frac{(1.0\times10^{-3})^2}{0.1-1.0\times10^{-3}} = 1.0\times10^{-5}$$

$$K_b^{\ominus} = \frac{K_w^{\ominus}}{K_a^{\ominus}} = \frac{1.0\times10^{-14}}{1.0\times10^{-5}} = 1.0\times10^{-9}$$

因为

$$\frac{c}{K_b^{\ominus}} = \frac{0.10}{1.0\times10^{-9}} > 380$$

所以

$$[OH^-] = \sqrt{K_b^{\ominus}\cdot c} = \sqrt{1.0\times10^{-9}\times0.10}\ mol\cdot L^{-1} = 1.0\times10^{-5} mol\cdot L^{-1}$$
$$pH = 14.00 - pOH = 14.00 - 5.00 = 9.00$$

12. 计算 0.10 $mol\cdot L^{-1}$ $H_2C_2O_4$ 溶液的$[H^+]$、$[HC_2O_4^-]$和$[C_2O_4^{2-}]$。

解:$H_2C_2O_4$ 在水中分两步解离,即

$$H_2C_2O_4 + H_2O \rightleftharpoons H^+ + HC_2O_4^-$$

$$K_{a_1}^{\ominus} = \frac{[H^+][HC_2O_4^-]}{[H_2C_2O_4]} = 5.4\times10^{-2}\ mol\cdot L^{-1}$$

$$HC_2O_4^- + H_2O \rightleftharpoons H^+ + C_2O_4^{2-}$$

$$K_{a_2}^{\ominus} = \frac{[H^+][C_2O_4^{2-}]}{[HC_2O_4^-]} = 5.4\times10^{-5}\ mol\cdot L^{-1}$$

因为 $K_{a_1}^{\ominus} \gg K_{a_2}^{\ominus}$,溶液中的$[H^+]$和$[HC_2O_4^-]$主要来自第一步解离,又因为

$$\frac{c}{K_a^{\ominus}} = \frac{0.10}{5.4\times10^{-2}} = 1.8 < 380$$

所以

$$[H^+] = [HC_2O_4^-] = \frac{-K_{a_1}^{\ominus} + \sqrt{(K_{a_1}^{\ominus})^2 + 4K_{a_1}^{\ominus}\cdot c}}{2}$$
$$= \frac{-5.4\times10^{-2} + \sqrt{(5.4\times10^{-2})^2 + 4\times5.4\times10^{-2}\times0.10}}{2}\ mol\cdot L^{-1}$$
$$= 0.051\ mol\cdot L^{-1}$$

$[C_2O_4^{2-}]$则需要从第二级解离平衡中求得,由于 $K_{a_2}^{\ominus}$很小,$[H^+]\approx[HC_2O_4^-]$,所以

$$[C_2O_4^{2-}] = K_{a_2}^{\ominus}\frac{[HC_2O_4^-]}{[H^+]} = K_{a_2}^{\ominus} = 5.4\times10^{-5}\ \text{mol}\cdot\text{L}^{-1}$$

13. 计算 0.10 $\text{mol}\cdot\text{L}^{-1}$ H_2S 溶液的$[H^+]$和$[S^{2-}]$。

解:H_2S 在水中分两步解离,即

$$H_2S \rightleftharpoons H^+ + HS^-$$

$$K_{a_1}^{\ominus} = \frac{[H^+][HS^-]}{[H_2S]} = 1.1\times10^{-7}\ \text{mol}\cdot\text{L}^{-1}$$

$$HS^- \rightleftharpoons H^+ + S^{2-}$$

$$K_{a_2}^{\ominus} = \frac{[H^+][S^{2-}]}{[HS^-]} = 1.3\times10^{-13}\ \text{mol}\cdot\text{L}^{-1}$$

因为 $K_{a_1}^{\ominus} \gg K_{a_2}^{\ominus}$,溶液中的$[H^+]$和$[HS^-]$主要来自第一步解离,又因为

$$\frac{c}{K_{a_1}^{\ominus}} = \frac{0.10}{1.1\times10^{-7}} > 380$$

所以

$$[H^+] = \sqrt{K_{a_1}^{\ominus}\cdot c} = \sqrt{1.1\times10^{-7}\times0.10}\ \text{mol}\cdot\text{L}^{-1} = 1.0\times10^{-4}\ \text{mol}\cdot\text{L}^{-1}$$

$[S^{2-}]$则需要从第二级解离平衡中求得,由于 $K_{a_2}^{\ominus}$很小,$[H^+] \approx [HS^-]$,所以

$$[S^{2-}] = K_{a_2}^{\ominus}\cdot\frac{[HS^-]}{[H^+]} = K_{a_2}^{\ominus} = 1.3\times10^{-13}\ \text{mol}\cdot\text{L}^{-1}$$

14. 按照质子论,$HC_2O_4^-$ 既可作为酸又可作为碱,试求其 $K_a^{\ominus}$ 和 $K_b^{\ominus}$。

解:$HC_2O_4^-$为酸时,解离平衡式为

$$HC_2O_4^- \rightleftharpoons H^+ + C_2O_4^{2-}$$

$$K_a^{\ominus} = K_{a_2}^{\ominus}(H_2C_2O_4) = 5.4\times10^{-5}$$

$HC_2O_4^-$为碱时,解离平衡式为

$$HC_2O_4^- + H_2O \rightleftharpoons H_2C_2O_4 + OH^-$$

$$K_b^{\ominus} = \frac{K_w^{\ominus}}{K_{a_1}^{\ominus}(H_2C_2O_4)} = \frac{1.0\times10^{-14}}{5.4\times10^{-2}} = 1.9\times10^{-13}$$

15. 按照酸性、中性、碱性,将下列盐分类:

K_2CO_3	$CuCl_2$	Na_2S	NH_4NO_3	Na_3PO_4
KNO_3	$NaHCO_3$	NaH_2PO_4	NH_4CN	NH_4Ac

解:盐的酸碱性由水解能力弱的离子对应的酸或碱决定。判断口诀是:“谁弱谁水解,谁强显谁性,都强显中性,都弱具体定。”所以上述盐分类如下:

酸性：$CuCl_2$、NH_4NO_3、NaH_2PO_4（$CuCl_2$ 和 NH_4NO_3 都是弱碱与强酸中和生成的盐，弱碱离子水解显酸性；NaH_2PO_4 为两性物质，但其 $K_a^\ominus$ 远大于 $K_b^\ominus$，所以显酸性）；

中性：KNO_3、NH_4Ac（KNO_3为强酸与强碱中和生成的盐，所以显中性；NH_4Ac 为弱碱与弱酸中和生成的盐，而NH_3 的 $K_b^\ominus$ 与 HAc 的 $K_a^\ominus$ 几乎相等，所以显中性）；

碱性：K_2CO_3、Na_2S、Na_3PO_4、$NaHCO_3$、NH_4CN（K_2CO_3、Na_2S、Na_3PO_4 和$NaHCO_3$ 均为强碱与弱酸中和生成的盐，弱酸离子水解显碱性；NH_4CN 为弱碱与弱酸中和生成的盐，但NH_3 的 $K_b^\ominus$ 远大于 HCN 的 $K_a^\ominus$，所以显碱性）。

16. 求下列盐溶液的 pH：

（1）$0.20\ mol \cdot L^{-1}$ NaAc 溶液；

（2）$0.20\ mol \cdot L^{-1}$ NH_4Cl 溶液；

（3）$0.20\ mol \cdot L^{-1}$ Na_2CO_3 溶液；

（4）$0.20\ mol \cdot L^{-1}$ NH_4Ac 溶液。

解：（1）

$$Ac^- + H_2O \rightleftharpoons HAc + OH^-$$

$$K_b^\ominus = \frac{K_w^\ominus}{K_a^\ominus(HAc)} = \frac{1.0\times10^{-14}}{1.75\times10^{-5}} = 5.7\times10^{-10}$$

因为

$$\frac{c}{K_b^\ominus} = \frac{0.20}{5.7\times10^{-10}} > 380$$

所以

$$\begin{aligned}[OH^-] &= \sqrt{K_b^\ominus \cdot c} = \sqrt{5.7\times10^{-10}\times0.20}\ mol\cdot L^{-1} \\ &= 1.07\times10^{-5}\ mol\cdot L^{-1}\end{aligned}$$

$$pH = 14.00 - pOH = 14.00 - 4.97 = 9.03$$

（2）

$$NH_4^+ + H_2O \rightleftharpoons NH_3\cdot H_2O + H^+$$

$$K_a^\ominus = \frac{K_w^\ominus}{K_b^\ominus(NH_3)} = \frac{1.0\times10^{-14}}{1.76\times10^{-5}} = 5.7\times10^{-10}$$

因为

$$\frac{c}{K_a^\ominus} = \frac{0.20}{5.7\times10^{-10}} > 380$$

所以

$$\begin{aligned}[H^+] &= \sqrt{K_a^\ominus \cdot c} = \sqrt{5.7\times10^{-10}\times0.20}\ mol\cdot L^{-1} \\ &= 1.07\times10^{-5}\ mol\cdot L^{-1}\end{aligned}$$

$$pH = 4.97$$

(3)
$$CO_3^{2-} + H_2O \rightleftharpoons HCO_3^- + OH^-$$

$$K_b^\ominus = \frac{K_w^\ominus}{K_{a_2}^\ominus(H_2CO_3)} = \frac{1.0\times10^{-14}}{4.69\times10^{-11}} = 2.1\times10^{-4}$$

因为

$$\frac{c}{K_b^\ominus} = \frac{0.20}{2.1\times10^{-4}} > 380$$

所以

$$[OH^-] = \sqrt{K_b^\ominus \cdot c} = \sqrt{\frac{1.0\times10^{-14}}{4.69\times10^{-11}}\times0.20}\ \text{mol}\cdot\text{L}^{-1}$$
$$= 6.53\times10^{-3}\ \text{mol}\cdot\text{L}^{-1}$$
$$\text{pH} = 14.00 - \text{pOH} = 14.00 - 2.19 = 11.81$$

(4) NH_4Ac 溶液存在酸式和碱式两种解离平衡:

$$NH_4^+ + H_2O \rightleftharpoons NH_3\cdot H_2O + H^+$$
$$Ac^- + H_2O \rightleftharpoons HAc + OH^-$$

$$[H^+] = \sqrt{K_{a_1}^\ominus \cdot K_{a_2}^\ominus} = \sqrt{\frac{K_w^\ominus}{K_b^\ominus(NH_3)}\cdot K_a^\ominus(HAc)}$$
$$= \sqrt{\frac{1.0\times10^{-14}}{1.76\times10^{-5}}\times1.75\times10^{-5}}\ \text{mol}\cdot\text{L}^{-1}$$
$$= 1.00\times10^{-7}\ \text{mol}\cdot\text{L}^{-1}$$
$$\text{pH} = 7.00$$

17. 一种 NaAc 溶液的 pH 为 8.52,求 1.0 L 此溶液中含多少无水 NaAc。

解:由 pH = 8.52 得

$$\text{pOH} = 14.00 - 8.52 = 5.48$$

$$[OH^-] = 10^{-5.48}\ \text{mol}\cdot\text{L}^{-1} = 3.31\times10^{-6}\ \text{mol}\cdot\text{L}^{-1}$$

对于解离平衡,设 NaAc 起始浓度为 c,则

	Ac^- + H_2O	$\rightleftharpoons$ HAc +	OH^-
初始浓度/($\text{mol}\cdot\text{L}^{-1}$)	c	0	0
平衡浓度/($\text{mol}\cdot\text{L}^{-1}$)	$c-3.31\times10^{-6}$	3.31×10^{-6}	3.31×10^{-6}

$$K_b^\ominus = \frac{[HAc][OH^-]}{[Ac^-]} = \frac{(3.31\times10^{-6})^2}{c-3.31\times10^{-6}} = \frac{(3.31\times10^{-6})^2}{c}$$

又因为

$$K_b^{\ominus} = \frac{K_a^{\ominus}(\mathrm{HAc})}{K_w^{\ominus}}$$

所以

$$c = \frac{(3.31 \times 10^{-6})^2 \times 1.75 \times 10^{-5}}{1.0 \times 10^{-14}}\ \mathrm{mol \cdot L^{-1}}$$
$$= 1.92 \times 10^{-2}\ \mathrm{mol \cdot L^{-1}}$$
$$m = 1.92 \times 10^{-2}\ \mathrm{mol \cdot L^{-1}} \times 1.0\ \mathrm{L} \times 82\ \mathrm{g \cdot mol^{-1}} = 1.6\ \mathrm{g}$$

18. 将 0.20 mol NaOH 和 0.20 mol NH_4NO_3 配成 1.0 L 混合溶液，求此混合溶液的 pH。

解：0.20 mol NaOH 与 0.20 mol NH_4NO_3完全反应，根据反应式：

$$\mathrm{NaOH + NH_4NO_3 \longrightarrow NaNO_3 + NH_3 \cdot H_2O}$$

可知生成 $NH_3 \cdot H_2O$ 的物质的量为 0.20 mol。再根据 $NH_3 \cdot H_2O$ 的解离平衡计算溶液的 pH。

对于解离平衡：

$$\mathrm{NH_3 \cdot H_2O \rightleftharpoons NH_4^+ + OH^-}$$
$$K_b^{\ominus} = 1.76 \times 10^{-5}$$

因为

$$\frac{c}{K_b^{\ominus}} = \frac{0.20}{1.76 \times 10^{-5}} > 380$$

所以

$$[\mathrm{OH^-}] = \sqrt{K_b^{\ominus} \cdot c} = \sqrt{1.76 \times 10^{-5} \times 0.20}\ \mathrm{mol \cdot L^{-1}} = 1.88 \times 10^{-3}\ \mathrm{mol \cdot L^{-1}}$$
$$\mathrm{pH} = 14.00 - \mathrm{pOH} = 14.00 - 2.73 = 11.27$$

19. 在 1.0 L 0.20 $\mathrm{mol \cdot L^{-1}}$ HAc 溶液中，加多少固体 NaAc 才能使$[\mathrm{H^+}]$为 $6.5\times10^{-5}\ \mathrm{mol \cdot L^{-1}}$？

解：对于解离平衡：

$$\mathrm{HAc \rightleftharpoons H^+ + Ac^-}$$
$$K_a^{\ominus} = \frac{[\mathrm{H^+}][\mathrm{Ac^-}]}{[\mathrm{HAc}]} = 1.75 \times 10^{-5}$$

当 $[\mathrm{H^+}] = 6.5 \times 10^{-5}\ \mathrm{mol \cdot L^{-1}}$ 时，

$$[\mathrm{Ac^-}] = K_a^{\ominus}\frac{[\mathrm{HAc}]}{[\mathrm{H^+}]} = \left(1.75 \times 10^{-5} \times \frac{0.20}{6.5 \times 10^{-5}}\right)\ \mathrm{mol \cdot L^{-1}}$$
$$= 0.0538\ \mathrm{mol \cdot L^{-1}}$$
$$m = 0.0538\ \mathrm{mol \cdot L^{-1}} \times 1.0\ \mathrm{L} \times 82\ \mathrm{g \cdot mol^{-1}} = 4.4\ \mathrm{g}$$

20. 计算 0.40 mol · L^{-1} H_2SO_4 溶液中各离子的浓度。

解:H_2SO_4 是二元酸,一级解离平衡式为

$$H_2SO_4 \rightleftharpoons H^+ + HSO_4^-$$

由于平衡常数很大,可认为完全解离,所以由一级解离产生的$[H^+]$和 $[HSO_4^-]$为

$$[H^+] = [HSO_4^-] = 0.40\ \text{mol} \cdot L^{-1}$$

二级解离平衡式为

$$HSO_4^- \rightleftharpoons H^+ + SO_4^{2-}$$

该二级解离平衡常数 $K_{a_2}^{\ominus} = 1.02 \times 10^{-2}$, 设有 x mol · $L^{-1}HSO_4^-$ 发生解离,则

	HSO_4^-	$\rightleftharpoons$ H^+	+ SO_4^{2-}
初始浓度/(mol · L^{-1})	0.40	0.40	0
平衡浓度/(mol · L^{-1})	$0.40 - x$	$0.40 + x$	x

$$\frac{x(0.40 + x)}{0.40 - x} = K_{a_2}^{\ominus} = 1.02 \times 10^{-2}$$

$$x = 9.7 \times 10^{-3}\ \text{mol} \cdot L^{-1}$$

$$[H^+] = (0.40 + 9.7 \times 10^{-3})\text{mol} \cdot L^{-1} = 0.41\ \text{mol} \cdot L^{-1}$$

$$[HSO_4^-] = (0.40 - 9.7 \times 10^{-3})\text{mol} \cdot L^{-1} = 0.39\ \text{mol} \cdot L^{-1}$$

$$[SO_4^{2-}] = 9.7 \times 10^{-3}\ \text{mol} \cdot L^{-1}$$

21. 欲配制 250 mL pH 为 5.00 的缓冲溶液,问在 125 mL 1.0 mol · L^{-1} NaAc 溶液中应加多少 6.0 mol · L^{-1} HAc 溶液和多少水?

解:

$$\text{pH} = \text{p}K_a^{\ominus} + \lg \frac{c(\text{共轭碱})}{c(\text{弱酸})}$$

所以

$$\lg \frac{c(A^-)}{c(\text{HAc})} = \text{pH} - \text{p}K_a^{\ominus}(\text{HAc}) = 5.00 - 4.76 = 0.24$$

$$\frac{c(A^-)}{c(\text{HAc})} = 1.74$$

设加入的 HAc 和水的体积分别为 $V(\text{HAc})$和 $V(H_2O)$,则

$$\frac{\dfrac{1.0\ \text{mol} \cdot L^{-1} \times 125 \times 10^{-3}\ L}{250 \times 10^{-3}\ L}}{\dfrac{6.0\ \text{mol} \cdot L^{-1} \times V(\text{HAc})}{250 \times 10^{-3}\ L}} = 1.74$$

$$V(HAc) = 12 \times 10^{-3}\ L = 12\ mL$$

$$V(H_2O) = (250 - 125 - 12)\ mL = 113\ mL$$

22. 欲配制 pH 为 9.50 的缓冲溶液，问需取多少固体 NH_4Cl 溶解在 500 mL 0.20 $mol \cdot L^{-1}$ $NH_3 \cdot H_2O$ 中？

解：

$$pH = pK_a^{\ominus} + \lg \frac{c(共轭碱)}{c(弱酸)}$$

所以

$$\lg \frac{c(NH_3)}{c(NH_4Cl)} = pH - pK_a^{\ominus}(NH_4Cl) = 9.50 - 9.25 = 0.25$$

$$\frac{c(NH_3)}{c(NH_4Cl)} = 1.78$$

$$c(NH_4Cl) = \frac{c(NH_3)}{1.78}$$

$$m\ (NH_4Cl) = \frac{0.50 \times c(NH_3)}{1.78} \times M(NH_4Cl)$$

$$= \left(\frac{0.50 \times 0.20}{1.78} \times 53.5\right) g = 3.0\ g$$

23. 今有三种酸 $(CH_3)_2AsO_2H$、$ClCH_2COOH$、CH_3COOH，它们的标准解离常数分别为 6.4×10^{-7}、1.4×10^{-5}、1.75×10^{-5}。试问：

（1）欲配制 pH 为 6.50 的缓冲溶液，用哪种酸最好？

（2）需要多少克这种酸和多少克 NaOH 以配制 1.00 L 缓冲溶液？要求酸和它的共轭碱总浓度为 1.00 $mol \cdot L^{-1}$。

解：（1）由三种酸的标准解离常数得

$$pK_a^{\ominus}[(CH_3)_2AsO_2H] = 6.19$$

$$pK_a^{\ominus}(ClCH_2COOH) = 4.85$$

$$pK_a^{\ominus}(CH_3COOH) = 4.75$$

因为其 $pK_a^{\ominus}[(CH_3)_2AsO_2H]$ 与欲配制缓冲溶液 pH 最为接近，所以 $(CH_3)_2AsO_2H$ 最好。

（2）

$$pH = pK_a^{\ominus} + \lg \frac{c(共轭碱)}{c(弱酸)}$$

所以

$$\lg \frac{c[(CH_3)_2AsO_2^-]}{c[(CH_3)_2AsO_2H]} = 6.50 - 6.19 = 0.31$$

$$\frac{c[(CH_3)_2AsO_2^-]}{c[(CH_3)_2AsO_2H]} = 2.04$$

又

$$c[(CH_3)_2AsO_2^-] + c[(CH_3)_2AsO_2H] = 1.00\ mol \cdot L^{-1}$$

解得

$$c[(CH_3)_2AsO_2H] = 0.329\ mol \cdot L^{-1}$$

$$c[(CH_3)_2AsO_2^-] = 0.671\ mol \cdot L^{-1}$$

需

$$m[(CH_3)_2AsO_2H] = 1.0\ mol \cdot L^{-1} \times 1.00\ L \times 138\ g \cdot mol^{-1} = 138\ g$$

$$m(NaOH) = 0.671\ mol \cdot L^{-1} \times 1.00\ L \times 40\ g \cdot mol^{-1} = 26.8\ g$$

24. 若要将 1.00 L 1.00 $mol \cdot L^{-1}$ HAc 溶液的 pH 升高 1 倍，应加入多少固体 NaOH？

解：首先计算 1.00 L 1.00 $mol \cdot L^{-1}$ HAc 溶液的 pH。

$$[H^+] = \sqrt{K_a^\ominus \cdot c} = \sqrt{1.75 \times 10^{-5} \times 1.00}\ mol \cdot L^{-1} = 4.18 \times 10^{-3}\ mol \cdot L^{-1}$$

$$pH = -\lg(4.18 \times 10^{-3}) = 2.38$$

pH 升高 1 倍，即 pH = 4.76，将此代入下式：

$$pH = pK_a^\ominus + \lg\frac{c(Ac^-)}{c(HAc)}$$

得

$$\lg\frac{c(Ac^-)}{c(HAc)} = 0$$

即

$$\frac{c(Ac^-)}{c(HAc)} = 1.0$$

又

$$c(Ac^-) + c(HAc) = 1.00\ mol \cdot L^{-1}$$

解得

$$c(Ac^-) = 0.50\ mol \cdot L^{-1}$$

$$m(NaOH) = 0.50\ mol \cdot L^{-1} \times 1.00\ L \times 40\ g \cdot mol^{-1} = 20\ g$$

25. 25 ℃时，在 2.50 L 0.105 $mol \cdot L^{-1}$ Na_2CO_3 溶液中通入 3.00 L 压力为 110 kPa 的 CO_2，求此溶液的 pH。

解：首先求出通入 CO_2 后得到的 H_2CO_3 的浓度。

$$n(CO_2) = \frac{pV}{RT} = \frac{110\ kPa \times 3.00\ L}{8.315\ kPa \cdot L \cdot mol^{-1} \cdot K^{-1} \times 298\ K} = 0.133\ mol$$

$$c(H_2CO_3) = c(CO_2) = \frac{0.133\ \text{mol}}{2.50\ \text{L}} = 0.0532\ \text{mol} \cdot \text{L}^{-1}$$

由于 Na_2CO_3 过量,设 H_2CO_3 全部与 Na_2CO_3 反应生成 $NaHCO_3$,则根据

$$CO_3^{2-} + H_2CO_3 \rightleftharpoons 2HCO_3^-$$

可知,反应后溶液中

$$c(CO_3^{2-}) = (0.105 - 0.0532)\ \text{mol} \cdot \text{L}^{-1} = 0.0518\ \text{mol} \cdot \text{L}^{-1}$$

$$c(HCO_3^-) = (2 \times 0.0532)\ \text{mol} \cdot \text{L}^{-1} = 0.106\ \text{mol} \cdot \text{L}^{-1}$$

代入

$$\text{pH} = \text{p}K_a^{\ominus} + \lg \frac{c(\text{共轭碱})}{c(\text{弱酸})}$$

得

$$\begin{aligned}\text{pH} &= \text{p}K_{a_2}^{\ominus}(H_2CO_3) + \lg \frac{c(CO_3^{2-})}{c(HCO_3^-)} \\ &= 10.33 + \lg \frac{0.0518}{0.106} \\ &= 10.33 - 0.31 = 10.02\end{aligned}$$

26. 某 HB−B 缓冲溶液,已知 HB($\text{p}K_a^{\ominus} = 5.30$)的浓度为 0.25 $\text{mol} \cdot \text{L}^{-1}$。在 100 mL 此缓冲溶液中加入 0.20 g NaOH 后,pH 变为 5.60。求该缓冲溶液原来的 pH。

解:设加入 NaOH 之前和之后的 pH 分别为 pH_1 和 pH_2。

根据

$$\text{pH} = \text{p}K_a^{\ominus} + \lg \frac{n(\text{共轭碱})}{n(\text{弱酸})}$$

得

$$\text{pH}_2 = \text{p}K_a^{\ominus}(\text{HB}) + \lg \frac{n(\text{B}^-)}{n(\text{HB})}$$

$$\lg \frac{n(\text{B}^-)}{n(\text{HB})} = \text{pH}_2 - \text{p}K_a^{\ominus}(\text{HB}) = 5.60 - 5.30 = 0.30$$

$$\frac{n(\text{B}^-)}{n(\text{HB})} = 2.0$$

设原溶液中 $n(\text{B}^-)$ 为 x mol。由于

$$n(\text{NaOH}) = \frac{0.20}{40}\ \text{mol} = 0.0050\ \text{mol}$$

则

$$\frac{x+0.0050}{0.100\times0.25-0.0050}=2.0$$

$$x=0.035$$

$$pH_1=pK_a^{\ominus}(HB)+\lg\frac{0.035}{0.025}=5.30+0.15=5.45$$

27. 试计算将 0.020 mol HCl(g)通入 1.00 L 下列溶液后的 pH。

(1) 0.100 $mol\cdot L^{-1}$ CH_3CH_2COOH 溶液;

(2) 0.100 $mol\cdot L^{-1}$ CH_3CH_2COONa 溶液;

(3) 0.100 $mol\cdot L^{-1}$ CH_3CH_2COOH 和 0.100 $mol\cdot L^{-1}$ CH_3CH_2COONa 的混合溶液。

解:(1) 由于 HCl 为强酸,CH_3CH_2COOH 为弱酸,所以溶液中 H^+主要由 HCl 提供。

$$[H^+]=\frac{0.020}{1.00}mol\cdot L^{-1}=0.020\ mol\cdot L^{-1}$$

$$pH=1.70$$

(2) 通入 HCl(g)与 $CH_3CH_2COO^-$反应:

	$CH_3CH_2COO^-$	+ H^+ $\rightleftharpoons$	CH_3CH_2COOH
反应前/($mol\cdot L^{-1}$)	0.100	0.020	
反应后/($mol\cdot L^{-1}$)	0.080	0	0.020

$$pH=pK_a^{\ominus}(CH_3CH_2COOH)+\lg\frac{c(CH_3CH_2COO^-)}{c(CH_3CH_2COOH)}$$

$$=4.89+\lg\frac{0.080}{0.020}=5.49$$

(3) 由(2)可知,通入的 HCl(g)与 $CH_3CH_2COO^-$完全反应变为 CH_3CH_2COOH。则

$$c(CH_3CH_2COOH)=(0.100+0.020)mol\cdot L^{-1}=0.120\ mol\cdot L^{-1}$$

$$c(CH_3CH_2COO^-)=(0.100-0.020)mol\cdot L^{-1}=0.080\ mol\cdot L^{-1}$$

$$pH=pK_a^{\ominus}(CH_3CH_2COOH)+\lg\frac{c(CH_3CH_2COO^-)}{c(CH_3CH_2COOH)}$$

$$=4.89+\lg\frac{0.080}{0.120}=4.71$$

28. 100 mL 0.20 $mol\cdot L^{-1}$ HCl 溶液和 100 mL 0.50 $mol\cdot L^{-1}$ NaAc 溶液混合后,计算:

(1) 溶液的 pH;

(2) 在混合溶液中加入 10 mL 0.50 $mol\cdot L^{-1}$ NaOH 溶液后,溶液的 pH;

(3) 在混合溶液中加入 10 mL 0.50 $mol\cdot L^{-1}$ HCl 溶液后,溶液的 pH。

解:(1) HCl 与 NaAc 反应前:

$$n(\text{HCl}) = 0.020\ \text{mol}$$

$$n(\text{NaAc}) = 0.050\ \text{mol}$$

HCl 与 NaAc 反应后:

$$n(\text{HAc}) = 0.020\ \text{mol}$$

$$n(\text{Ac}^-) = (0.050 - 0.020)\ \text{mol} = 0.030\ \text{mol}$$

$$\text{pH} = \text{p}K_a^\ominus(\text{HAc}) + \lg\frac{n(\text{Ac}^-)}{n(\text{HAc})}$$

$$= 4.76 + \lg\frac{0.030}{0.020} = 4.94$$

(2) 加入 10 mL 0.50 mol · L^{-1} NaOH 溶液后:

$$n(\text{HAc}) = 0.020\ \text{mol} - 10\times10^{-3}\ \text{L}\times0.50\ \text{mol}\cdot\text{L}^{-1} = 0.015\ \text{mol}$$

$$n(\text{Ac}^-) = 0.030\ \text{mol} + 10\times10^{-3}\ \text{L}\times0.50\ \text{mol}\cdot\text{L}^{-1} = 0.035\ \text{mol}$$

$$\text{pH} = \text{p}K_a^\ominus(\text{HAc}) + \lg\frac{n(\text{Ac}^-)}{n(\text{HAc})}$$

$$= 4.76 + \lg\frac{0.035}{0.015} = 5.13$$

(3) 加入 10 mL 0.50 mol · L^{-1} HCl 溶液后:

$$n(\text{HAc}) = 0.020\ \text{mol} + 10\times10^{-3}\ \text{L}\times0.50\ \text{mol}\cdot\text{L}^{-1} = 0.025\ \text{mol}$$

$$n(\text{Ac}^-) = 0.030\ \text{mol} - 10\times10^{-3}\ \text{L}\times0.50\ \text{mol}\cdot\text{L}^{-1} = 0.025\ \text{mol}$$

$$\text{pH} = \text{p}K_a^\ominus(\text{HAc}) + \lg\frac{n(\text{Ac}^-)}{n(\text{HAc})}$$

$$= 4.76 + \lg\frac{0.025}{0.025} = 4.76$$

29. $BaSO_4$ 在 25 ℃时的 $K_{sp}^\ominus$ 为 1.08×10^{-10},试求 $BaSO_4$ 饱和溶液的质量浓度(g · L^{-1})。

解:

$$s = \sqrt{K_{sp}^\ominus} = \sqrt{1.08\times10^{-10}}\ \text{mol}\cdot\text{L}^{-1} = 1.04\times10^{-5}\ \text{mol}\cdot\text{L}^{-1}$$

$$b(\text{BaSO}_4) = 1.04\times10^{-5}\ \text{mol}\cdot\text{L}^{-1}\times233\ \text{g}\cdot\text{mol}^{-1} = 2.42\times10^{-3}\ \text{g}\cdot\text{L}^{-1}$$

30. 取 0.1 mol · L^{-1} $BaCl_2$ 溶液 5 mL,稀释至 1000 mL,加入 0.1 mol · L^{-1} K_2SO_4 溶液0.5 mL,有无沉淀析出?

解:最终溶液的体积可近似为 1000 mL,则

$$c(\text{Ba}^{2+}) = \frac{0.1\ \text{mol}\cdot\text{L}^{-1}\times5\ \text{mL}}{1000\ \text{mL}} = 5\times10^{-4}\ \text{mol}\cdot\text{L}^{-1}$$

$$c(SO_4^{2-}) = \frac{0.1\ mol \cdot L^{-1} \times 0.5\ mL}{1000\ mL} = 5 \times 10^{-5}\ mol \cdot L^{-1}$$

$$Q = c(Ba^{2+}) \cdot c(SO_4^{2-}) = 5 \times 10^{-4} \times 5 \times 10^{-5} = 2.5 \times 10^{-8}$$

由于

$$K_{sp}^{\ominus} = 1.08 \times 10^{-10}$$

$$Q > K_{sp}^{\ominus}$$

所以有沉淀生成。

31. 在 1.0 L AgBr 饱和溶液中加入 0.119 g KBr,有多少 AgBr 沉淀出来?

解:在原 AgBr 的饱和溶液中

$$[Ag^+] = [Br^-] = \sqrt{K_{sp}^{\ominus}}$$
$$= \sqrt{5.35 \times 10^{-13}}\ mol \cdot L^{-1} = 7.31 \times 10^{-7}\ mol \cdot L^{-1}$$

加入 KBr 后,由于原溶液中$[Br^-]$极小,可近似认为

$$[Br^-] = [KBr] = \frac{0.119}{119}\ mol \cdot L^{-1} = 1.00 \times 10^{-3}\ mol \cdot L^{-1}$$

由 $K_{sp}^{\ominus}(AgBr) = [Ag^+][Br^-]$ 得

$$[Ag^+] = \frac{K_{sp}^{\ominus}(AgBr)}{[Br^-]}$$
$$= \frac{5.35 \times 10^{-13}}{1.00 \times 10^{-3}}\ mol \cdot L^{-1} = 5.35 \times 10^{-10}\ mol \cdot L^{-1}$$

则沉淀出 AgBr 的物质的量为

$$n(AgCl) = (7.31 \times 10^{-7} - 5.35 \times 10^{-10})\ mol \cdot L^{-1} \times 1\ L = 7.31 \times 10^{-7} mol$$

$$m(AgCl) = 7.31 \times 10^{-7}\ mol \times 188\ g \cdot mol^{-1} = 1.37 \times 10^{-4}\ g$$

32. 在 100 mL 0.20 mol · L^{-1} $AgNO_3$ 溶液中加入 100 mL 0.20 mol · L^{-1} HAc 溶液。问:

(1) 是否有 AgAc 沉淀生成?

(2) 若在上述溶液中再加入 1.7 g NaAc,有何现象(忽略 NaAc 加入对溶液体积的影响)?

已知 AgAc 的 $K_{sp}^{\ominus}$为 4.4×10^{-3}。

解:(1) 混合后,有

$$c(Ag^+) = 0.10\ mol \cdot L^{-1}$$

$$c(HAc) = 0.10\ mol \cdot L^{-1}$$

$$[Ac^-] = [H^+] = \sqrt{K_a^{\ominus}(HAc) \cdot c(HAc)}$$
$$= \sqrt{1.75 \times 10^{-5} \times 0.10}\ mol \cdot L^{-1} = 1.3 \times 10^{-3}\ mol \cdot L^{-1}$$

$$c(Ag^+)c(HAc) = 1.3 \times 10^{-4} < K_{sp}^{\ominus}(AgAc)$$

所以无沉淀生成。

(2) 加入 1.7g NaAc 后,原溶液中 HAc 解离产生的 Ac^-可以忽略,1.7 g NaAc 完全解离产生的 Ac^-浓度为

$$c(Ac^-) = \frac{1.7\ g}{82\ g \cdot mol^{-1} \times 200 \times 10^{-3}\ L} = 0.10\ mol \cdot L^{-1}$$

$$c(Ag^+)c(HAc) = 0.10 \times 0.10 = 1.0 \times 10^{-2} > K_{sp}^{\ominus}(AgAc)$$

所以有 AgAc 沉淀生成。

33. 将 0.10 L 0.20 $mol \cdot L^{-1}$ K_2CrO_4 溶液加入 0.15 L 0.25 $mol \cdot L^{-1}$ $BaBr_2$ 溶液中,求混合液中 K^+,CrO_4^{2-},Ba^{2+}和 Br^-的浓度。

解:反应后CrO_4^{2-} 几乎完全转化为沉淀,因为反应前

$$n(K_2CrO_4) = 0.10\ L \times 0.20\ mol \cdot L^{-1} = 0.020\ mol$$

$$n(BaBr_2) = 0.15\ L \times 0.25\ mol \cdot L^{-1} = 0.0375\ mol$$

	$BaBr_2$ +	K_2CrO_4 $\rightleftharpoons$	$BaCrO_4$ +	$2KBr$
反应前/mol	0.0375	0.020		
反应后/mol	0.0175	0	0.020	0.040

所以

$$c(K^+) = \frac{0.040}{0.10 + 0.15}\ mol \cdot L^{-1} = 0.16\ mol \cdot L^{-1}$$

$$c(Br^-) = \frac{0.0175 \times 2 + 0.040}{0.10 + 0.15}\ mol \cdot L^{-1} = 0.30\ mol \cdot L^{-1}$$

$$c(Ba^{2+}) = \frac{0.0175}{0.10 + 0.15}\ mol \cdot L^{-1} = 0.070\ mol \cdot L^{-1}$$

设有 x $mol \cdot L^{-1}$ $BaCrO_4$ 溶解,则

$$BaCrO_4 \rightleftharpoons Ba^{2+} + CrO_4^{2-}$$

$$0.070 + x \qquad\qquad x$$

$$K_{sp}^{\ominus}(BaCrO_4) = (0.070 + x)x = 1.17 \times 10^{-10}$$

由于 $K_{sp}^{\ominus}(BaCrO_4)$很小, $0.070 + x \approx 0.070$, 得

$$x = \frac{1.17 \times 10^{-10}}{0.070} = 1.7 \times 10^{-9}$$

所以

$$[CrO_4^{2-}] = 1.7 \times 10^{-9}\ mol \cdot L^{-1}$$

34. 假设 $Mg(OH)_2$ 在饱和溶液中完全解离,试计算:

(1) $Mg(OH)_2$ 在水中的溶解度($mol \cdot L^{-1}$);

(2) $Mg(OH)_2$ 饱和溶液中[Mg^{2+}];

(3) $Mg(OH)_2$ 饱和溶液中[OH^-];

(4) $Mg(OH)_2$ 在 0.010 $mol \cdot L^{-1}$ NaOH 饱和溶液中[Mg^{2+}];

(5) $Mg(OH)_2$ 在 0.010 $mol \cdot L^{-1}$ $MgCl_2$ 溶液中的溶解度($mol \cdot L^{-1}$)。

解:查得 $K_{sp}^{\ominus}[Mg(OH)_2] = 5.61 \times 10^{-12}$, 由

$$Mg(OH)_2 \rightleftharpoons Mg^{2+} + 2OH^-$$

可得

(1) $s = \sqrt[3]{\dfrac{K_{sp}^{\ominus}}{4}} = \sqrt[3]{\dfrac{5.61 \times 10^{-12}}{4}}\ mol \cdot L^{-1} = 1.1 \times 10^{-4}\ mol \cdot L^{-1}$

(2) $[Mg^{2+}] = s = 1.1 \times 10^{-4}\ mol \cdot L^{-1}$

(3) $[OH^-] = 2s = 2.2 \times 10^{-4}\ mol \cdot L^{-1}$

(4) 当溶液中含有 0.010 $mol \cdot L^{-1} OH^-$时:

$$[Mg^{2+}] = \frac{K_{sp}^{\ominus}[Mg(OH)_2]}{[OH^-]^2} = \frac{5.61 \times 10^{-12}}{0.010^2}\ mol \cdot L^{-1} = 5.61 \times 10^{-8}\ mol \cdot L^{-1}$$

(5) 当溶液中含有 0.010 $mol \cdot L^{-1} Mg^{2+}$时:

$$[OH^-] = \sqrt{\frac{K_{sp}^{\ominus}[Mg(OH)_2]}{[Mg^{2+}]}} = \sqrt{\frac{5.61 \times 10^{-12}}{0.010}}\ mol \cdot L^{-1} = 2.37 \times 10^{-5}\ mol \cdot L^{-1}$$

$$s = \frac{1}{2} \times [OH^-] = 1.2 \times 10^{-5}\ mol \cdot L^{-1}$$

35. 在 0.10 $mol \cdot L^{-1}$ $FeCl_2$ 溶液中通 H_2S,欲使 Fe^{2+}不生成 FeS 沉淀,溶液的 pH 最高为多少?已知在常温、常压下,H_2S 饱和溶液浓度为 0.10 $mol \cdot L^{-1}$。

解:对于平衡反应

$$Fe^{2+} + H_2S \rightleftharpoons FeS + 2H^+$$

$$K^{\ominus} = \frac{[H^+]^2}{[Fe^{2+}][H_2S]} = \frac{[H^+]^2[S^{2-}]}{[Fe^{2+}][H_2S][S^{2-}]} = \frac{K_{a_1}^{\ominus}(H_2S)K_{a_2}^{\ominus}(H_2S)}{K_{sp}^{\ominus}(FeS)}$$

$$= \frac{1.1 \times 10^{-7} \times 1.3 \times 10^{-13}}{6.3 \times 10^{-18}} = 2.3 \times 10^{-3}$$

则

$$[H^+] = \sqrt{K^\ominus[Fe^{2+}][H_2S]}$$
$$= \sqrt{2.3 \times 10^{-3} \times 0.10 \times 0.10} \text{ mol} \cdot L^{-1} = 4.8 \times 10^{-3} \text{mol} \cdot L^{-1}$$
$$pH = 2.32$$

36. 某溶液中 $BaCl_2$ 和 $SrCl_2$ 的浓度各为 0.010 mol · L^{-1},将 Na_2SO_4 溶液滴入时,何种离子先沉淀出来?当第二种离子开始沉淀时,第一种离子浓度为多少?

解:查得 $K_{sp}^\ominus(SrSO_4) = 3.44 \times 10^{-7}$, $K_{sp}^\ominus(BaSO_4) = 1.08 \times 10^{-10}$, 则 $SrSO_4$ 开始沉淀时需 $[SO_4^{2-}]$为

$$[SO_4^{2-}] = \frac{K_{sp}^\ominus(SrSO_4)}{0.010}$$
$$= \frac{3.44 \times 10^{-7}}{0.010} \text{ mol} \cdot L^{-1} = 3.44 \times 10^{-5} \text{ mol} \cdot L^{-1}$$

$BaSO_4$ 开始沉淀时需$[SO_4^{2-}]$为

$$[SO_4^{2-}] = \frac{K_{sp}^\ominus(BaSO_4)}{0.010}$$
$$= \frac{1.08 \times 10^{-10}}{0.010} \text{ mol} \cdot L^{-1} = 1.08 \times 10^{-8} \text{ mol} \cdot L^{-1}$$

所以,$BaSO_4$ 先沉淀。

当 $SrSO_4$ 开始沉淀时,由于

$$[SO_4^{2-}] = 3.44 \times 10^{-5} \text{ mol} \cdot L^{-1}$$

则

$$[Ba^{2+}] = \frac{K_{sp}^\ominus(BaSO_4)}{[SO_4^{2-}]}$$
$$= \frac{1.08 \times 10^{-10}}{3.44 \times 10^{-5}} \text{ mol} \cdot L^{-1} = 3.1 \times 10^{-6} \text{ mol} \cdot L^{-1}$$

37. 有一 Mn^{2+}和 Fe^{3+}的混合溶液,两者浓度均为 0.10 mol · L^{-1},欲用控制酸度的方法使两者分离,试求应控制的 pH 范围(设离子沉淀完全时浓度≤1.0×10^{-6}mol · L^{-1})。

解:查得 $K_{sp}^\ominus[Mg(OH)_2] = 5.61 \times 10^{-12}$, $K_{sp}^\ominus[Fe(OH)_3] = 2.79 \times 10^{-39}$, 根据沉淀溶解平衡式:

$$Mn(OH)_2 \rightleftharpoons Mn^{2+} + 2OH^-$$
$$Fe(OH)_3 \rightleftharpoons Fe^{3+} + 3OH^-$$

可得,Fe^{3+}除净需最低 pH 为

$$[OH^-] = \sqrt[3]{\frac{K_{sp}^{\ominus}[Fe(OH)_3]}{[Fe^{3+}]}} = \sqrt[3]{\frac{2.79 \times 10^{-39}}{1.0 \times 10^{-6}}}\ mol \cdot L^{-1} = 1.41 \times 10^{-11}\ mol \cdot L^{-1}$$

$$pH = 14.00 - pOH = 14.00 - 10.85 = 3.15$$

Mn^{2+}不生成沉淀允许的最高 pH 为

$$[OH^-] = \sqrt{\frac{K_{sp}^{\ominus}(Mn(OH)_2)}{[Mn^{2+}]}} = \sqrt{\frac{5.61 \times 10^{-12}}{0.10}}\ mol \cdot L^{-1} = 7.49 \times 10^{-6}\ mol \cdot L^{-1}$$

$$pH = 14.00 - pOH = 14.00 - 5.13 = 8.87$$

所以,pH 应在 3.15~8.87。

38. 有 0.10 mol $BaSO_4$ 沉淀,每次用 1.0 L 1.0 $mol \cdot L^{-1}$的 Na_2CO_3 溶液来处理,若使 $BaSO_4$ 沉淀中的 SO_4^{2-} 全部转移到溶液中去,需要反复处理多少次?

解:$BaSO_4$ 与 $BaCO_3$ 的反应式为

$$BaSO_4 + CO_3^{2-} \longrightarrow BaCO_3 + SO_4^{2-}$$

$$K^{\ominus} = \frac{[SO_4^{2-}]}{[CO_3^{2-}]} = \frac{[SO_4^{2-}][Ba^{2+}]}{[CO_3^{2-}][Ba^{2+}]} = \frac{K_{sp}^{\ominus}(BaSO_4)}{K_{sp}^{\ominus}(BaCO_3)} = \frac{1.08 \times 10^{-10}}{2.58 \times 10^{-9}} = 0.042$$

设每次处理后溶液中的SO_4^{2-}浓度为 x $mol \cdot L^{-1}$,则CO_3^{2-} 浓度为$(1.0-x)\ mol \cdot L^{-1}$,所以

$$K^{\ominus} = \frac{[SO_4^{2-}]}{[CO_3^{2-}]} = \frac{x}{1.0 - x} = 0.042$$

解得

$$x = 0.040$$

$$\frac{0.10}{0.040} = 2.5 \approx 3$$

所以,需要反复处理 3 次。

39. 计算下列反应的 $K^{\ominus}$,并讨论反应进行的方向。

(1) $2Ag^+(aq) + H_2S(aq) \rightleftharpoons Ag_2S(s) + 2H^+(aq)$

(2) $2AgI(s) + S^{2-}(aq) \rightleftharpoons Ag_2S(s) + 2I^-(aq)$

(3) $PbS(s) + 2HAc(aq) \rightleftharpoons Pb^{2+}(aq) + 2Ac^-(aq) + H_2S(aq)$

解:(1) $2Ag^+ + H_2S \rightleftharpoons Ag_2S \downarrow + 2H^+$

$$K^{\ominus} = \frac{[H^+]^2}{[Ag^+][H_2S]} = \frac{[H^+]^2}{[Ag^+][H_2S]} \cdot \frac{[S^{2-}]}{[S^{2-}]}$$

$$= \frac{K_{a_1}^{\ominus}(H_2S)K_{a_2}^{\ominus}(H_2S)}{K_{sp}^{\ominus}(Ag_2S)}$$

$$= \frac{1.35 \times 10^{-20}}{6.3 \times 10^{-50}} = 2.1 \times 10^{29}$$

$K^{\ominus}$ 很大,反应向右进行。

(2)
$$2AgI + S^{2-} \rightleftharpoons Ag_2S\downarrow + 2I^-$$

$$K^{\ominus} = \frac{[I^-]^2}{[S^{2-}]} = \frac{[I^-]^2}{[S^{2-}]} \cdot \frac{[Ag^+]^2}{[Ag^+]^2} = \frac{[K_{sp}^{\ominus}(AgI)]^2}{K_{sp}^{\ominus}(Ag_2S)}$$
$$= \frac{(8.52\times10^{-17})^2}{6.3\times10^{-50}} = 1.2\times10^{17}$$

$K^{\ominus}$ 很大,反应向右进行。

(3)
$$PbS + 2HAc \rightleftharpoons Pb^{2+} + 2Ac^- + H_2S$$

$$K^{\ominus} = \frac{[Pb^{2+}][Ac^-]^2[H_2S]}{[HAc]^2} = \frac{[Pb^{2+}][Ac^-]^2[H_2S]}{[HAc]^2} \cdot \frac{[H^+]^2[S^{2-}]}{[H^+]^2[S^{2-}]}$$
$$= \frac{K_a^{\ominus}(HAc)^2K_{sp}^{\ominus}(PbS)}{K_{a_1}^{\ominus}(H_2S)K_{a_2}^{\ominus}(H_2S)}$$
$$= \frac{(1.75\times10^{-5})^2\times8.0\times10^{-28}}{1.07\times10^{-7}\times1.26\times10^{-13}} = 1.8\times10^{-17}$$

$K^{\ominus}$ 很小,反应向左进行。

40. 下列说法是否正确? 说明理由。

(1) 凡是盐都是强电解质。

(2) $BaSO_4$、AgCl 难溶于水,水溶液导电不显著,故为弱电解质。

(3) 氨水稀释一倍,溶液中$[OH^-]$就减为原来的 1/2。

(4) 由公式 $\alpha=\sqrt{K_a^{\ominus}/c}$ 可推得,溶液越稀,α 就越大,即解离出来的离子浓度就越大。

(5) 溶度积大的沉淀都容易转化为溶度积小的沉淀。

(6) 两种难溶盐比较,$K_{sp}^{\ominus}$较大者其溶解度也较大。

答:(1) 错,有些盐(如 $HgCl_2$ 等)为弱电解质。

(2) 错,$BaSO_4$、AgCl 等溶于水的部分全部解离。

(3) 错,$[OH^-]=\sqrt{K_b^{\ominus}\cdot c}$。

(4) 错,离子浓度$=\alpha\cdot c$,α 增大,但 c 减小,解离出来的离子浓度变小。

(5) 错,沉淀类型相同才正确;沉淀类型不同时应计算溶解度并进一步来判断。

(6) 错,沉淀类型相同才正确。

第五章　氧化还原反应

内容提要

1. 氧化还原反应的基本概念

氧化数是指某元素一个原子的形式电荷数。它是假设把分子中的共用电子划归电负性较大的原子而得到的电荷数。氧化数可以由从经验中总结出来的几条规则来确定。

氧化数与化合价既有联系又有区别。近代化学中化合价已演变为与"键"相联系。根据化学键的类型不同,将其分为电价(用于离子键)和共价(用于共价键)。电价是指离子所带的电荷数,通常与氧化数相同。共价则是指共用电子对的数目,与氧化数是不同的概念。

2. 电极电势

(1) 原电池:将化学能直接变成电能的装置称原电池。在原电池中,负极失去电子发生氧化反应,正极得到电子发生还原反应。原电池常用电池符号表示,习惯上把负极写在左边,正极写在右边,用"‖"表示盐桥,"|"表示两相间的界面,必要时注明溶液的浓度和气体的压力。例如,标准氢电极和标准锌电极组成的原电池符号为

$$(-)Zn|Zn^{2+}(1\ mol\cdot L^{-1})\ \|\ H^{+}(1\ mol\cdot L^{-1})\ |H_2(100\ kPa)\ |Pt(+)$$

原电池的电动势 E 是正极的电极电势 φ_+ 与负极的电极电势 φ_- 之差,即

$$E=\varphi_+-\varphi_-$$

(2) 电极电势:将金属置于它的盐溶液中,金属有以离子形式溶解的趋势,溶液中的金属离子有在金属表面上沉积的趋势。当两者达平衡时,金属和盐溶液之间便形成了双电层,从而产生电势差,该电势差称为电极电势。

电极电势高低除取决于参与电极反应的物质本性外,还与浓度、温度、气体分压有关。在指定温度下(一般指定为 25 ℃),电极反应物质都处于标准状态时的电极电势称该温度下的标准电极电势,用 $\varphi^\ominus$ 表示。$\varphi^\ominus$ 的数值是将标准氢电极的电极电势定为零而测得的。

(3) 能斯特方程:能斯特方程有两种形式。

① 电极电势的能斯特方程:设电极反应为

$$Ox+ze^-\rightleftharpoons Red$$

其能斯特方程为

$$\varphi=\varphi^\ominus-\frac{0.0592\ V}{z}\lg\frac{a(Red)}{a(Ox)}$$

② 电池电动势的能斯特方程：设原电池反应为

$$Red_1 + Ox_2 \rightleftharpoons Ox_1 + Red_2$$

式中 Red_1 和 Ox_1 分别代表电池反应中的还原剂及其氧化产物；Ox_2 和 Red_2 分别代表电池反应中的氧化剂及其还原产物。该电池反应的能斯特方程式为

$$E = E^{\ominus} - \frac{0.0592\ \text{V}}{z}\lg\frac{a(\text{Ox}_1) \cdot a(\text{Red}_2)}{a(\text{Red}_1) \cdot a(\text{Ox}_2)}$$

式中 E 和 $E^{\ominus}$ 分别为该原电池的电动势和标准电动势；z 为电池反应得失电子数。

注意：以上公式都假设反应式中 Ox 和 Red 的化学计量数为 1。若不为 1，则该物质活度的指数为相应的化学计量数。

(4) 原电池电动势与 $\Delta_r G$ 的关系：在等温、等压条件下，体系吉布斯自由能的减小应等于体系对外所做的最大有用功，对电池反应来说就是最大电功（W_E）。则

$$-\Delta_r G = W_E = zFE$$

式中 z 为电池反应得失电子数；F 为法拉第常数。

若反应在标准状态下进行，则

$$\Delta_r G^{\ominus} = -zFE^{\ominus}$$

对于一个等温、等压下的自发变化，$\Delta_r G < 0$，必定 $E > 0$。所以将某反应排成原电池，若 $E > 0$（即 $\varphi_+ > \varphi_-$），则该反应可自发进行。

3. 电极电势的应用

(1) 判断氧化剂或还原剂的相对强弱：电极电势可用来标度水溶液中氧化剂或还原剂的相对强弱。φ 值越高，电对的氧化态是越强的氧化剂；φ 值越低，电对的还原态是越强的还原剂。

(2) 判断氧化还原反应进行的方向：

方法一：将氧化还原反应排成原电池，并计算其电动势。如果 $E > 0$，说明反应可正向进行；如果 $E < 0$，说明反应只能逆向进行。

方法二：将氧化还原反应有关的电对从上到下按电极电势从低到高的次序排列，左下方的氧化态物质能和右上方的还原态物质起反应，左上方的氧化态物质和右下方的还原态物质则不能起反应。

(3) 选择氧化剂和还原剂：在混合体系中，当需要对其中某一组分进行选择性氧化（或还原）时，可通过电极电势的高低选择合适的氧化剂或还原剂。

(4) 判断氧化还原进行的次序：一种氧化剂若能氧化几种还原剂时，总是首先氧化最强的还原剂；同样，一种还原剂若能还原几种氧化剂时，总是首先还原最强的氧化剂。以上规律只有在所涉及的反应其速率都足够快时才成立。

(5) 判断氧化还原反应进行的程度：氧化还原反应进行的程度可用标准平衡常数 $K^{\ominus}$ 来判断。$K^{\ominus}$ 和 $E^{\ominus}$ 的关系为

$$\ln K^{\ominus} = \frac{zFE^{\ominus}}{RT}$$

（6）测定和计算某些化学常数：沉淀、弱电解质、配合物等的形成，会造成溶液中离子浓度的降低。若将此体系组成电对，测定其电极电势，即可计算该体系中有关离子的浓度，从而可计算出难溶盐的溶度积常数、弱酸弱碱的解离常数、配合物的稳定常数等。

4. 元素电势图及其应用

如果某元素具有几种氧化态，可将它们按照从高氧化态到低氧化态的顺序排列，并在两个氧化态的连线上注明该电对的 $\varphi^{\ominus}$ 值。这种表明元素各种氧化态之间标准电极电势的关系图称为元素电势图。

元素电势图的应用主要有以下几方面：

（1）比较元素不同氧化态的氧化还原能力。

（2）判断元素某氧化态能否发生歧化反应。

（3）计算某电对的标准电极电势。

习题解答

1. 指出下列物质中画线原子的氧化数：

（1）$\underline{Cr}_2O_7^{2-}$　（2）$\underline{N}_2O$　（3）$\underline{N}H_3$　（4）$H\underline{N}_3$　（5）$\underline{S}_8$　（6）$\underline{S}_2O_3^{2-}$

解：（1）+6；（2）+1；（3）-3；（4）-1/3；（5）0；（6）+2。

2. 用氧化数法或离子电子法配平下列方程式：

（1）$As_2O_3 + HNO_3 + H_2O \longrightarrow H_3AsO_4 + NO$

（2）$K_2Cr_2O_7 + H_2S + H_2SO_4 \longrightarrow K_2SO_4 + Cr_2(SO_4)_3 + S + H_2O$

（3）$KOH + Br_2 \longrightarrow KBrO_3 + KBr + H_2O$

（4）$K_2MnO_4 + H_2O \longrightarrow KMnO_4 + MnO_2 + KOH$

（5）$Zn + HNO_3 \longrightarrow Zn(NO_3)_2 + NH_4NO_3 + H_2O$

（6）$I_2 + Cl_2 + H_2O \longrightarrow HCl + HIO_3$

（7）$MnO_4^- + H_2O_2 + H^+ \longrightarrow Mn^{2+} + O_2 + H_2O$

（8）$MnO_4^- + SO_3^{2-} + OH^- \longrightarrow MnO_4^{2-} + SO_4^{2-} + H_2O$

解：方法一（氧化数法）

（1）
$$\begin{array}{lll|l} 2As(As_2O_3): & 2(+3 \rightarrow +5) & \uparrow 4 & \times 3 \\ N(HNO_3): & +5 \rightarrow +2 & \downarrow 3 & \times 4 \end{array}$$

$$3As_2O_3 + 4HNO_3 + H_2O \longrightarrow 6H_3AsO_4 + 4NO$$

配平 H、O：
$$3As_2O_3 + 4HNO_3 + 7H_2O = 6H_3AsO_4 + 4NO$$

（2）
$$\begin{array}{lll|l} S(H_2S): & -2 \rightarrow 0 & \uparrow 2 & \times 3 \\ 2Cr(K_2Cr_2O_7): & 2(+6 \rightarrow +3) & \downarrow 6 & \times 1 \end{array}$$

$$K_2Cr_2O_7 + 3H_2S + H_2SO_4 \longrightarrow K_2SO_4 + Cr_2(SO_4)_3 + 3S + H_2O$$

配平SO_4^{2-}：
$$K_2Cr_2O_7 + 3H_2S + 4H_2SO_4 \longrightarrow K_2SO_4 + Cr_2(SO_4)_3 + 3S + H_2O$$

配平 H、O：　$K_2Cr_2O_7 + 3H_2S + 4H_2SO_4 = K_2SO_4 + Cr_2(SO_4)_3 + 3S + 7H_2O$

(3) 该反应为歧化反应，从逆反应着手配平比较方便。

$Br(KBrO_3)$：$+5 \rightarrow 0$　$\downarrow 5$	$\times 1$
$Br(KBr)$：$-1 \rightarrow 0$　$\uparrow 1$	$\times 5$

$KOH + 3Br_2 \longrightarrow KBrO_3 + 5KBr + H_2O$

配平 K：　$6KOH + 3Br_2 \longrightarrow KBrO_3 + 5KBr + H_2O$

配平 H、O：　$6KOH + 3Br_2 = KBrO_3 + 5KBr + 3H_2O$

(4) 该反应为歧化反应，从逆反应着手配平比较方便。

$Mn(KMnO_4)$：$+7 \rightarrow +6$　$\downarrow 1$	$\times 2$
$Mn(MnO_2)$：$+4 \rightarrow +6$　$\uparrow 2$	$\times 1$

$3K_2MnO_4 + H_2O \longrightarrow 2KMnO_4 + MnO_2 + KOH$

配平 K：　$3K_2MnO_4 + H_2O \longrightarrow 2KMnO_4 + MnO_2 + 4KOH$

配平 H、O：　$3K_2MnO_4 + 2H_2O = 2KMnO_4 + MnO_2 + 4KOH$

(5) Zn：$0 \rightarrow +2$　$\uparrow 2$	$\times 4$
$N(HNO_3)$：$+5 \rightarrow -3$　$\downarrow 8$	$\times 1$

$4Zn + HNO_3 \longrightarrow 4Zn(NO_3)_2 + NH_4NO_3 + H_2O$

配平 N：　$4Zn + 10HNO_3 \longrightarrow 4Zn(NO_3)_2 + NH_4NO_3 + H_2O$

配平 H、O：　$4Zn + 10HNO_3 = 4Zn(NO_3)_2 + NH_4NO_3 + 3H_2O$

(6) $2I(I_2)$：$2(0 \rightarrow +5)$　$\uparrow 10$	$\times 1$
$2Cl(Cl_2)$：$2(0 \rightarrow -1)$　$\downarrow 2$	$\times 5$

$I_2 + 5Cl_2 + H_2O \longrightarrow 10HCl + 2HIO_3$

配平 H、O：　$I_2 + 5Cl_2 + 6H_2O = 10HCl + 2HIO_3$

(7) $Mn(MnO_4^-)$：$+7 \rightarrow +2$　$\downarrow 5$	$\times 2$
$2O(H_2O_2)$：$2(-1 \rightarrow 0)$　$\uparrow 2$	$\times 5$

$2MnO_4^- + 5H_2O_2 + H^+ \longrightarrow 2Mn^{2+} + 5O_2 + H_2O$

配平 H、O：　$2MnO_4^- + 5H_2O_2 + 6H^+ = 2Mn^{2+} + 5O_2 + 8H_2O$

(8) $Mn(MnO_4^-)$：$+7 \rightarrow +6$　$\downarrow 1$	$\times 2$
$S(SO_3^{2-})$：$+4 \rightarrow +6$　$\uparrow 2$	$\times 1$

$$2MnO_4^- + SO_3^{2-} + OH^- \longrightarrow 2MnO_4^{2-} + SO_4^{2-} + H_2O$$

配平 H、O：　$2MnO_4^- + SO_3^{2-} + 2OH^- \xlongequal{} 2MnO_4^{2-} + SO_4^{2-} + H_2O$

方法二(离子电子法)

(1) 该反应的离子反应式为　$As_2O_3 + NO_3^- \longrightarrow AsO_4^{3-} + NO$

半反应为　$As_2O_3 \longrightarrow AsO_4^{3-}$

$$NO_3^- + H_2O \longrightarrow NO$$

配平原子数：　$As_2O_3 + 5H_2O \longrightarrow 2AsO_4^{3-} + 10H^+$

$$NO_3^- + 4H^+ \longrightarrow NO + 2H_2O$$

配平电荷数：　$As_2O_3 + 5H_2O \longrightarrow 2AsO_4^{3-} + 10H^+ + 4e^-$

$$NO_3^- + 4H^+ + 3e^- \longrightarrow NO + 2H_2O$$

两个半反应分别乘以适当系数使得失电子数相等，然后两式相加并消去电子和同类项，得

$$3As_2O_3 + 4NO_3^- + 7H_2O \longrightarrow 6AsO_4^{3-} + 14H^+ + 4NO$$

根据反应条件，写成分子反应式：

$$3As_2O_3 + 4HNO_3 + 7H_2O \xlongequal{} 6H_3AsO_4 + 4NO$$

(2) 该反应的离子反应式为　$Cr_2O_7^{2-} + H_2S \longrightarrow Cr^{3+} + S$

半反应为　$Cr_2O_7^{2-} \longrightarrow Cr^{3+}$

$$H_2S \longrightarrow S$$

配平原子数：　$Cr_2O_7^{2-} + 14H^+ \longrightarrow 2Cr^{3+} + 7H_2O$

$$H_2S \longrightarrow S + 2H^+$$

配平电荷数：　$Cr_2O_7^{2-} + 14H^+ + 6e^- \longrightarrow 2Cr^{3+} + 7H_2O$

$$H_2S \longrightarrow S + 2H^+ + 2e^-$$

两个半反应分别乘以适当系数使得失电子数相等，然后两式相加并消去电子和同类项，得

$$Cr_2O_7^{2-} + 3H_2S + 8H^+ \longrightarrow 2Cr^{3+} + 7H_2O + 4S$$

根据反应条件，写成分子反应式：

$$K_2Cr_2O_7 + 3H_2S + 4H_2SO_4 \xlongequal{} K_2SO_4 + Cr_2(SO_4)_3 + 3S + 7H_2O$$

(3) 该反应的离子反应式为　$Br_2 \longrightarrow BrO_3^- + Br^-$

半反应为　$Br_2 \longrightarrow BrO_3^-$

$$Br_2 \longrightarrow Br^-$$

配平原子数： $Br_2 + 12OH^- \longrightarrow 2BrO_3^- + 6H_2O$

$Br_2 \longrightarrow 2Br^-$

配平电荷数： $Br_2 + 12OH^- \longrightarrow 2BrO_3^- + 6H_2O + 10e^-$

$Br_2 + 2e^- \longrightarrow 2Br^-$

两个半反应分别乘以适当系数使得失电子数相等,然后两式相加并消去电子和同类项,得

$$6OH^- + 3Br_2 \longrightarrow BrO_3^- + 5Br^- + 3H_2O$$

根据反应条件,写成分子反应式：

$$6KOH + 3Br_2 = KBrO_3 + 5KBr + 3H_2O$$

(4) 该反应的离子反应式为 $MnO_4^{2-} \longrightarrow MnO_4^- + MnO_2$

半反应为 $MnO_4^{2-} \longrightarrow MnO_4^-$

$MnO_4^{2-} \longrightarrow MnO_2$

配平原子数： $MnO_4^{2-} \longrightarrow MnO_4^-$

$MnO_4^{2-} + 2H_2O \longrightarrow MnO_2 + 4OH^-$

配平电荷数： $MnO_4^{2-} \longrightarrow MnO_4^- + e^-$

$MnO_4^{2-} + 2H_2O + 2e^- \longrightarrow MnO_2 + 4OH^-$

两个半反应分别乘以适当系数使得失电子数相等,然后两式相加并消去电子和同类项,得

$$3MnO_4^{2-} + 2H_2O \longrightarrow 2MnO_4^- + MnO_2 + 4OH^-$$

根据反应条件,写成分子反应式：

$$3K_2MnO_4 + 2H_2O = 2KMnO_4 + MnO_2 + 4KOH$$

(5) 该反应的离子反应式为 $Zn + NO_3^- \longrightarrow Zn^{2+} + NH_4^+$

半反应为 $Zn \longrightarrow Zn^{2+}$

$NO_3^- \longrightarrow NH_4^+$

配平原子数： $Zn \longrightarrow Zn^{2+}$

$NO_3^- + 10H^+ \longrightarrow NH_4^+ + 3H_2O$

配平电荷数： $Zn \longrightarrow Zn^{2+} + 2e^-$

$NO_3^- + 10H^+ + 8e^- \longrightarrow NH_4^+ + 3H_2O$

两个半反应分别乘以适当系数使得失电子数相等,然后两式相加并消去电子和同类项,得

$$4Zn + NO_3^- + 10H^+ \longrightarrow 4Zn^{2+} + NH_4^+ + 3H_2O$$

根据反应条件,写成分子反应式:

$$4Zn + 10HNO_3 \xlongequal{} 4Zn(NO_3)_2 + NH_4NO_3 + 3H_2O$$

(6) 该反应的离子反应式为 $I_2 + Cl_2 \longrightarrow Cl^- + IO_3^-$

半反应为 $I_2 \longrightarrow IO_3^-$

$Cl_2 \longrightarrow Cl^-$

配平原子数: $I_2 + 6H_2O \longrightarrow 2IO_3^- + 12H^+$

$Br_2 \longrightarrow 2Br^-$

配平电荷数: $I_2 + 6H_2O \longrightarrow 2IO_3^- + 12H^+ + 10e^-$

$Cl_2 + 2e^- \longrightarrow 2Cl^-$

两个半反应分别乘以适当系数使得失电子数相等,然后两式相加并消去电子和同类项,得

$$I_2 + 6H_2O + 5Cl_2 \longrightarrow 2IO_3^- + 12H^+ + 10Cl^-$$

根据反应条件,写成分子反应式:

$$I_2 + 5Cl_2 + 6H_2O \xlongequal{} 10HCl + 2HIO_3$$

(7) 该反应的离子反应式为 $MnO_4^- + H_2O_2 \longrightarrow Mn^{2+} + O_2$

半反应为 $MnO_4^- \longrightarrow Mn^{2+}$

$H_2O_2 \longrightarrow O_2$

配平原子数: $MnO_4^- + 8H^+ \longrightarrow Mn^{2+} + 4H_2O$

$H_2O_2 \longrightarrow O_2 + 2H^+$

配平电荷数: $MnO_4^- + 8H^+ + 5e^- \longrightarrow Mn^{2+} + 4H_2O$

$H_2O_2 \longrightarrow O_2 + 2H^+ + 2e^-$

两个半反应分别乘以适当系数使得失电子数相等,然后两式相加并消去电子和同类项,得

$$2MnO_4^- + 5H_2O_2 + 6H^+ \xlongequal{} 2Mn^{2+} + 5O_2 + 8H_2O$$

(8) 该反应的离子反应式为 $MnO_4^- + SO_3^{2-} \longrightarrow MnO_4^{2-} + SO_4^{2-}$

半反应为 $MnO_4^- \longrightarrow MnO_4^{2-}$

$SO_3^{2-} \longrightarrow SO_4^{2-}$

配平原子数: $MnO_4^- \longrightarrow MnO_4^{2-}$

$SO_3^{2-} + 2OH^- \longrightarrow SO_4^{2-} + H_2O$

配平电荷数: $MnO_4^- + e^- \longrightarrow MnO_4^{2-}$

$$SO_3^{2-} + 2OH^- \longrightarrow SO_4^{2-} + H_2O + 2e^-$$

两个半反应分别乘以适当系数使得失电子数相等,然后两式相加并消去电子和同类项,得

$$2MnO_4^- + SO_3^{2-} + 2OH^- = 2MnO_4^{2-} + SO_4^{2-} + H_2O$$

3. 写出下列电极反应的离子电子式:

(1) $Cr_2O_7^{2-} \longrightarrow Cr^{3+}$ (酸性介质)

(2) $I_2 \longrightarrow IO_3^-$ (酸性介质)

(3) $MnO_2 \longrightarrow Mn(OH)_2$ (碱性介质)

(4) $Cl_2 \longrightarrow ClO_3^-$ (碱性介质)

解:根据反应式左右两边氧原子数目和溶液酸碱性的不同,应采取不同的配平方法,具体见下表:

介质	反应式左边比右边多一个氧原子	反应式左边比右边少一个氧原子
酸性	$2H^+ + O^{2-} \longrightarrow H_2O$	$H_2O \longrightarrow 2H^+ + O^{2-}$
碱性	$H_2O + O^{2-} \longrightarrow 2OH^-$	$2OH^- \longrightarrow H_2O + O^{2-}$
中性	$H_2O + O^{2-} \longrightarrow 2OH^-$	$H_2O \longrightarrow 2H^+ + O^{2-}$

(1) $Cr_2O_7^{2-} + 14H^+ + 6e^- \longrightarrow 2Cr^{3+} + 7H_2O$

(2) $I_2 + 6H_2O \longrightarrow 2IO_3^- + 12H^+ + 10e^-$

(3) $MnO_2 + 2H_2O + 2e^- \longrightarrow Mn(OH)_2 + 2OH^-$

(4) $Cl_2 + 12OH^- \longrightarrow 2ClO_3^- + 6H_2O + 10e^-$

4. 下列物质:$KMnO_4$,$K_2Cr_2O_7$,$CuCl_2$,$FeCl_3$,I_2 和 Cl_2,在酸性介质中它们都能作为氧化剂。试把这些物质按氧化能力的大小排列,并注明它们的还原产物。

解:根据标准电极电势数据,$KMnO_4$, $K_2Cr_2O_7$, $CuCl_2$, $FeCl_3$, I_2, Cl_2 在酸性介质中的电极电势分别为

$MnO_4^- + 8H^+ + 5e^- \rightleftharpoons Mn^{2+} + 4H_2O$ $\varphi^\ominus = 1.51\ V$

$Cr_2O_7^{2-} + 14H^+ + 6e^- \rightleftharpoons 2Cr^{3+} + 7H_2O$ $\varphi^\ominus = 1.36\ V$

$Cu^{2+} + 2e^- \rightleftharpoons Cu$ $\varphi^\ominus = 0.340\ V$

$Fe^{3+} + e^- \rightleftharpoons Fe^{2+}$ $\varphi^\ominus = 0.771\ V$

$I_2 + 2e^- \rightleftharpoons 2I^-$ $\varphi^\ominus = 0.536\ V$

$Cl_2 + 2e^- \rightleftharpoons 2Cl^-$ $\varphi^\ominus = 1.396\ V$

$\varphi^\ominus$ 越大,电对中的氧化态就是越强的氧化剂,所以上述氧化剂的氧化能力由强到弱为 $KMnO_4 > Cl_2 > K_2Cr_2O_7 > FeCl_3 > I_2 > CuCl_2$。还原产物依次为 Mn^{2+},Cl^-,Cr^{3+},Fe^{2+},I^-,Cu。

5. 下列物质:$FeCl_2$,$SnCl_2$,H_2,KI,Li 和 Al,在酸性介质中它们都能作为还原剂。试把这些物质按还原能力的大小排列,并注明它们的氧化产物。

解:根据标准电极电势数据,$FeCl_2$, $SnCl_2$, H_2, KI, Li, Al 在酸性介质中的电极电势分别为

$Fe^{3+} + e^- \rightleftharpoons Fe^{2+}$ $\varphi^\ominus = 0.771\ V$

$Sn^{4+} + 2e^- \rightleftharpoons Sn^{2+}$ $\varphi^\ominus = 0.151\ V$

$2H^+ + 2e^- \rightleftharpoons H_2$ $\varphi^\ominus = 0.00\ V$

$I_2 + 2e^- \rightleftharpoons 2I^-$ $\varphi^\ominus = 0.536\ V$

$Li^+ + e^- \rightleftharpoons Li$ $\varphi^\ominus = -3.045\ V$

$Al^{3+} + 3e^- \rightleftharpoons Al$ $\varphi^\ominus = -1.67\ V$

$\varphi^\ominus$ 越小,电对中的还原态就是越强的还原剂,还原能力由强到弱依次为 $Li > Al > H_2 > SnCl_2 > KI > FeCl_2$。氧化产物依次为 Li^+,Al^{3+},H^+,Sn^{4+},I_2,Fe^{3+}。

6. 当溶液中 $c(H^+)$ 增大时,下列氧化剂的氧化能力是增强、减弱还是不变?

(1) Cl_2 (2) $Cr_2O_7^{2-}$ (3) Fe^{3+} (4) MnO_4^-

解:(1) $Cl_2 + 2e^- \rightleftharpoons 2Cl^-$, 因为 H^+不参与反应,所以当$c(H^+)$增大时,氧化剂的氧化能力不变。

(2) $Cr_2O_7^{2-} + 14H^+ + 6e^- \rightleftharpoons 2Cr^{3+} + 7H_2O$, 由电极反应可知,当 $c(H^+)$ 增大时,平衡向右侧移动,氧化剂的氧化能力增强。

(3) $Fe^{3+} + e^- \rightleftharpoons Fe^{2+}$,因为 H^+不参与反应,所以当 $c(H^+)$增大时,氧化剂的氧化能力不变。

(4) $MnO_4^- + 8H^+ + 5e^- \rightleftharpoons Mn^{2+} + 4H_2O$, 由电极反应可知,当 $c(H^+)$增大时,平衡向右侧移动,氧化剂的氧化能力增强;

7. 计算下列电极在 298 K 时的电极电势:

(1) $Pt|H^+(1.0\times10^{-2}\ mol\cdot L^{-1}),Mn^{2+}(1.0\times10^{-4}\ mol\cdot L^{-1}),MnO_4^-(0.10\ mol\cdot L^{-1})$

(2) $Ag,AgCl(s)|Cl^-(1.0\times10^{-2}\ mol\cdot l^{-1})$

[提示:电极反应为 $AgCl(s) + e^- \rightleftharpoons Ag(s) + Cl^-$]

(3) $Pt,O_2(10.0\ kPa)|OH^-(1.0\times10^{-2}\ moL\cdot L^{-1})$

解:(1) 电极反应式为

$$MnO_4^- + 8H^+ + 5e^- \rightleftharpoons Mn^{2+} + 4H_2O \qquad \varphi^\ominus = 1.51\ V$$

$$\begin{aligned}\varphi &= \varphi^\ominus - \frac{0.0592\ V}{z}\lg\frac{a(\text{还原态})}{a(\text{氧化态})}\\ &= \varphi^\ominus - \frac{0.0592\ V}{5}\lg\frac{c(Mn^{2+})}{c(MnO_4^-)c^8(H^+)}\\ &= 1.51\ V - \frac{0.0592\ V}{5}\lg\frac{1.0\times10^{-4}}{0.10\times(1.0\times10^{-2})^8} = 1.36\ V\end{aligned}$$

(2) 电极反应式为

$$AgCl + e^- \rightleftharpoons Ag + Cl^- \qquad \varphi^\ominus = 0.2223\ V$$

$$\begin{aligned}\varphi &= \varphi^\ominus - \frac{0.0592\ V}{z}\lg\frac{a(\text{还原态})}{a(\text{氧化态})}\\ &= \varphi^\ominus - \frac{0.0592\ V}{1}\lg\frac{c(Cl^-)}{1}\\ &= 0.2223\ V - 0.0592\ V\times\lg(1.0\times10^{-2}) = 0.340\ V\end{aligned}$$

(3)电极反应式为

$$O_2 + 2H_2O + 4e^- \rightleftharpoons 4OH^- \qquad \varphi^\ominus = 0.401\ V$$

$$\varphi = \varphi^\ominus - \frac{0.0592\ V}{z}\lg\frac{a(\text{还原态})}{a(\text{氧化态})}$$

$$= 0.401\ V - \frac{0.0592\ V}{4}\lg\frac{c^4(OH^-)}{\dfrac{p(O_2)}{p^\ominus}}$$

$$= 0.401\ V - \frac{0.0592\ V}{4}\times\lg\frac{(1.0\times10^{-2})^4}{\dfrac{10.0\ kPa}{100\ kPa}} = 0.505\ V$$

8. 写出下列原电池的电极反应式和电池反应式，并计算原电池的电动势(298 K)：

(1) $Fe|Fe^{2+}(1.0\ mol\cdot L^{-1})\ \|\ Cl^-(1.0\ mol\cdot L^{-1})|Cl_2(100\ kPa),Pt$

(2) $Pt|Fe^{2+}(1.0\ mol\cdot L^{-1}),Fe^{3+}(1.0\ mol\cdot L^{-1})\ \|\ Ce^{4+}(1.0\ mol\cdot L^{-1}),Ce^{3+}(1.0\ mol\cdot L^{-1})|Pt$

(3) $Pt,H_2(100\ kPa)|H^+(1.0\ mol\cdot L^{-1})\ \|\ Cr_2O_7^{2-}(1.0\ mol\cdot L^{-1}),Cr^{3+}(1.0\ mol\cdot L^{-1}),H^+(1.0\times10^{-2}\ mol\cdot L^{-1})|Pt$

(4) $Pt|Fe^{2+}(1.0\ mol\cdot L^{-1}),Fe^{3+}(0.10\ mol\cdot L^{-1})\ \|\ NO_3^-(1.0\ mol\cdot L^{-1}),HNO_2(0.010\ mol\cdot L^{-1}),H^+(1.0\ mol\cdot L^{-1})|Pt$

解：方法一(先计算非标准状态下的电极电势，再计算原电池电动势)

(1) 负极反应：$Fe \rightleftharpoons Fe^{2+} + 2e^- \qquad \varphi^\ominus_{负} = -0.440\ V$

该电极处于标准状态，$\varphi_{负} = \varphi^\ominus_{负} = -0.440\ V$。

正极反应：$Cl_2 + 2e^- \rightleftharpoons 2Cl^- \qquad \varphi^\ominus_{正} = 1.396\ V$

该电极处于标准状态，$\varphi_{正} = \varphi^\ominus_{正} = 1.396\ V$。

$$E = \varphi_{正} - \varphi_{负}$$
$$= 1.396\ V - (-0.440\ V) = 1.836\ V$$

(2) 负极反应：$Fe^{2+} \rightleftharpoons Fe^{3+} + e^- \qquad \varphi^\ominus_{负} = 0.771\ V$

该电极处于标准状态，$\varphi_{负} = \varphi^\ominus_{负} = 0.771\ V$。

正极反应：$Ce^{4+} + e^- \rightleftharpoons Ce^{3+} \qquad \varphi^\ominus_{正} = 1.61\ V$

该电极处于标准状态，$\varphi_{正} = \varphi^\ominus_{正} = 1.61\ V$。

$$E = \varphi_{正} - \varphi_{负}$$
$$= 1.61\ V - 0.771\ V = 0.84\ V$$

(3) 负极反应：$H_2 \rightleftharpoons 2H^+ + 2e^- \qquad \varphi^\ominus_{负} = 0\ V$

该电极处于标准状态，$\varphi_{负} = \varphi^\ominus_{负} = 0\ V$。

正极反应：$Cr_2O_7^{2-} + 14H^+ + 6e^- \rightleftharpoons 2Cr^{3+} + 7H_2O \qquad \varphi^\ominus_{正} = 1.36\ V$

该电极处于非标准状态，则

$$\varphi_{正} = \varphi^{\ominus}_{正} - \frac{0.0592\ \mathrm{V}}{z}\lg\frac{a(还原态)}{a(氧化态)}$$

$$= 1.36\ \mathrm{V} - \frac{0.0592\ \mathrm{V}}{6}\lg\frac{c^2(\mathrm{Cr}^{3+})}{c^{14}(\mathrm{H}^+_{正})}$$

$$= 1.36\ \mathrm{V} - \frac{0.0592\ \mathrm{V}}{6}\lg\frac{1.0^2}{(1.0\times10^{-2})^{14}}$$

$$= 1.08\ \mathrm{V}$$

$$E = \varphi_{正} - \varphi_{负}$$

$$= 1.08\ \mathrm{V} - 0\ \mathrm{V} = 1.08\ \mathrm{V}$$

(4) 负极反应：$\mathrm{Fe}^{2+} \rightleftharpoons \mathrm{Fe}^{3+} + 2\mathrm{e}^-$　　$\varphi^{\ominus}_{负} = 0.771\ \mathrm{V}$

该电极处于非标准状态，则

$$\varphi_{负} = \varphi^{\ominus}_{负} - \frac{0.0592\ \mathrm{V}}{z}\lg\frac{a(还原态)}{a(氧化态)}$$

$$= 0.771\ \mathrm{V} - \frac{0.0592\ \mathrm{V}}{1}\lg\frac{c(\mathrm{Fe}^{2+})}{c(\mathrm{Fe}^{3+})}$$

$$= 0.771\ \mathrm{V} - 0.0592\ \mathrm{V}\ \lg\frac{1.0}{0.10} = 0.712\ \mathrm{V}$$

正极反应：$\mathrm{NO}_3^- + 3\mathrm{H}^+ + 2\mathrm{e}^- \rightleftharpoons \mathrm{HNO}_2 + \mathrm{H}_2\mathrm{O}$　　$\varphi^{\ominus}_{正} = 0.94\ \mathrm{V}$

该电极处于非标准状态，则

$$\varphi_{正} = \varphi^{\ominus}_{正} - \frac{0.0592\ \mathrm{V}}{z}\lg\frac{a(还原态)}{a(氧化态)}$$

$$= 0.94\ \mathrm{V} - \frac{0.0592\ \mathrm{V}}{2}\lg\frac{c(\mathrm{HNO}_2)}{c(\mathrm{NO}_3^-)c^3(\mathrm{H}^+)}$$

$$= 0.94\ \mathrm{V} - \frac{0.0592\ \mathrm{V}}{2}\lg\frac{\frac{0.010}{1.0\times1.0^3}}{1}$$

$$= 1.00\ \mathrm{V}$$

$$E = \varphi_{正} - \varphi_{负}$$

$$= 1.00\ \mathrm{V} - 0.71\ \mathrm{V} = 0.29\ \mathrm{V}$$

方法二(直接计算非标准状态下的原电池电动势)

(1) 负极反应：$\mathrm{Fe} \rightleftharpoons \mathrm{Fe}^{2+} + 2\mathrm{e}^-$　　$\varphi^{\ominus}_{负} = -0.440\ \mathrm{V}$

正极反应：$\mathrm{Cl}_2 + 2\mathrm{e}^- \rightleftharpoons 2\mathrm{Cl}^-$　　$\varphi^{\ominus}_{正} = 1.396\ \mathrm{V}$

电池反应：$\mathrm{Fe} + \mathrm{Cl}_2 \rightleftharpoons \mathrm{Fe}^{2+} + 2\mathrm{Cl}^-$

$$E = E^{\ominus} - \frac{0.0592\ \mathrm{V}}{z}\lg Q$$

该原电池中所有物质都处于标准状态，$\lg Q=0$，所以

$$E=\varphi^{\ominus}_{正}-\varphi^{\ominus}_{负}$$
$$=1.396\ \mathrm{V}-(-0.440\ \mathrm{V})=1.836\ \mathrm{V}$$

(2) 负极反应：$Fe^{2+} \rightleftharpoons Fe^{3+}+e^-$ $\varphi^{\ominus}_{负}=0.771\ \mathrm{V}$

正极反应：$Ce^{4+}+e^- \rightleftharpoons Ce^{3+}$ $\varphi^{\ominus}_{正}=1.61\ \mathrm{V}$

电池反应：$Ce^{4+}+Fe^{2+} \rightleftharpoons Ce^{3+}+Fe^{3+}$

$$E=E^{\ominus}-\frac{0.0592\ \mathrm{V}}{z}\lg Q$$

该原电池中所有物质都处于标准状态，$\lg Q=0$，所以

$$E=\varphi^{\ominus}_{正}-\varphi^{\ominus}_{负}$$
$$=1.61\ \mathrm{V}-0.771\ \mathrm{V}=0.84\ \mathrm{V}$$

(3) 负极反应：$H_2 \rightleftharpoons 2H^++2e^-$ $\varphi^{\ominus}_{负}=0\ \mathrm{V}$

正极反应：$Cr_2O_7^{2-}+14H^++6e^- \rightleftharpoons 2Cr^{3+}+7H_2O$ $\varphi^{\ominus}_{正}=1.36\ \mathrm{V}$

电池反应：$3H_2+Cr_2O_7^{2-}+14H^+$(正极) $\rightleftharpoons 2Cr^{3+}+6H^+$(负极) $+7H_2O$

$$E=E^{\ominus}-\frac{0.0592\ \mathrm{V}}{z}\lg Q$$
$$=\varphi^{\ominus}_{正}-\varphi^{\ominus}_{负}-\frac{0.0592\ \mathrm{V}}{6}\lg\frac{c^2(Cr^{3+})c^6(H^+_{负})}{c(Cr_2O_7^{2-})c^{14}(H^+_{正})}$$
$$=1.36\ \mathrm{V}-0\ \mathrm{V}-\frac{0.0592\ \mathrm{V}}{6}\lg\frac{1.0^2\times1.0^6}{(1.0\times10^{-2})^{14}}$$
$$=1.08\ \mathrm{V}$$

(注：由于正、负极都有 H^+，因此电池反应式中有两种 H^+浓度，不能相互抵消。但“正极”和“负极”不是表明反应物与生成物的计量关系，因此该电池反应式不是严格意义上的化学反应式。本方法仅供参考！)

(4) 负极反应：$Fe^{2+} \rightleftharpoons Fe^{3+}+2e^-$ $\varphi^{\ominus}_{负}=0.771\ \mathrm{V}$

正极反应：$NO_3^-+3H^++2e^- \rightleftharpoons HNO_2+H_2O$ $\varphi^{\ominus}_{正}=0.94\ \mathrm{V}$

电池反应：$2Fe^{2+}+NO_3^-+3H^+ \rightleftharpoons 2Fe^{3+}+HNO_2+H_2O$

$$E=E^{\ominus}-\frac{0.0592\ \mathrm{V}}{z}\lg Q$$
$$=\varphi^{\ominus}_{正}-\varphi^{\ominus}_{负}-\frac{0.0592\ \mathrm{V}}{2}\lg\frac{c^2(Fe^{3+})c(HNO_2)}{c^2(Fe^{2+})c(NO_3^-)c^3(H^+)}$$
$$=0.94\ \mathrm{V}-0.771\ \mathrm{V}-\frac{0.0592\ \mathrm{V}}{2}\lg\frac{0.10^2\times0.010}{1.0^2\times1.0\times1.0^3}$$
$$=0.29\ \mathrm{V}$$

9. 根据标准电极电势,判断下列反应在水溶液中能否进行。

(1) $Zn + Pb^{2+} \longrightarrow Pb + Zn^{2+}$

(2) $Fe^{3+} + Cu \longrightarrow Cu^{2+} + Fe^{2+}$

(3) $I_2 + Fe^{2+} \longrightarrow Fe^{3+} + I^-$

(4) $Zn + OH^- \longrightarrow Zn(OH)_4^{2-} + H_2$

解:方法一

将氧化还原反应排成原电池,并计算其电动势。如果 $E > 0$,说明反应可正向进行;如果 $E < 0$,说明反应只能逆向进行。

(1) $\varphi^\ominus_{正} = \varphi^\ominus(Pb^{2+}/Pb) = -0.125\ V$, $\varphi^\ominus_{负} = \varphi^\ominus(Zn^{2+}/Zn) = -0.7626\ V$

$E^\ominus = \varphi^\ominus_{正} - \varphi^\ominus_{负} = \varphi^\ominus(Pb^{2+}/Pb) - \varphi^\ominus(Zn^{2+}/Zn) > 0$,所以反应能发生;

(2) $\varphi^\ominus_{正} = \varphi^\ominus(Fe^{3+}/Fe^{2+}) = 0.771\ V$, $\varphi^\ominus_{负} = \varphi^\ominus(Cu^{2+}/Cu) = 0.340\ V$

$E^\ominus = \varphi^\ominus_{正} - \varphi^\ominus_{负} = \varphi^\ominus(Fe^{3+}/Fe^{2+}) - \varphi^\ominus(Cu^{2+}/Cu) > 0$,所以反应能发生;

(3) $\varphi^\ominus_{正} = \varphi^\ominus(I_2/I^-) = 0.536\ V$, $\varphi^\ominus_{负} = \varphi^\ominus(Fe^{3+}/Fe^{2+}) = 0.771\ V$

$E^\ominus = \varphi^\ominus_{正} - \varphi^\ominus_{负} = \varphi^\ominus(I_2/I^-) - \varphi^\ominus(Fe^{3+}/Fe^{2+}) < 0$,所以反应不能发生;

(4) $\varphi^\ominus_{正} = \varphi^\ominus(OH^-/H_2) = -0.828\ V$,$\varphi^\ominus_{负} = \varphi^\ominus[Zn(OH)_4^{2-}/Zn] = -1.285\ V$

$E^\ominus = \varphi^\ominus(OH^-/H_2) - \varphi^\ominus[Zn(OH)_4^{2-}/Zn] > 0$,所以反应能发生。

方法二

将氧化还原反应有关的电对从上到下按电极电势从低到高的次序排列,左下方的氧化态物质能和右上方的还原态物质起反应,左上方的氧化态物质和右下方的还原态物质则不能起反应。

(1) $Zn^{2+} + 2e^- \rightleftharpoons Zn$　　$\varphi^\ominus = -0.7626\ V$

$Pb^{2+} + 2e^- \rightleftharpoons Pb$　　$\varphi^\ominus = -0.125\ V$

故 Pb^{2+} 可以和 Zn 发生氧化还原反应。

(2) $Cu^{2+} + 2e^- \rightleftharpoons Cu$　　$\varphi^\ominus = 0.340\ V$

$Fe^{3+} + e^- \rightleftharpoons Fe^{2+}$　　$\varphi^\ominus = 0.771\ V$

故 Fe^{3+} 可以和 Cu 发生氧化还原反应。

(3) $I_2 + 2e^- \rightleftharpoons 2I^-$　　$\varphi^\ominus = 0.536\ V$

$Fe^{3+} + e^- \rightleftharpoons Fe^{2+}$　　$\varphi^\ominus = 0.771\ V$

故 I_2 不可以和 Fe^{2+} 发生氧化还原反应。

(4) $Zn(OH)_4^{2-} + 2e^- \rightleftharpoons Zn + 4OH^-$　　$\varphi^\ominus = -1.285\ V$

$2H_2O + 2e^- \rightleftharpoons H_2 + 4OH^-$　　$\varphi^\ominus = -0.828\ V$

故 H_2O 可以和 Zn 在 OH^- 存在的条件下发生氧化还原反应。

10. 应用电极电势表,完成并配平下列方程式:

(1) $H_2O_2 + Fe^{2+} + H^+ \longrightarrow$

(2) $I^- + IO_3^- + H^+ \longrightarrow$

(3) $MnO_4^- + Br^- + H^+ \longrightarrow$

解:(1) 查电极电势表得

$$Fe^{3+} + e^- \rightleftharpoons Fe^{2+} \qquad \varphi^\ominus = 0.771\ V \quad ①$$

$$H_2O_2 + 2H^+ + 2e^- \rightleftharpoons 2H_2O \qquad \varphi^\ominus = 1.763\ V \quad ②$$

② - ① × 2 得　$H_2O_2 + 2Fe^{2+} + 2H^+ \xlongequal{} 2Fe^{3+} + 2H_2O$

(2) 查电极电势表得

$$I_2 + 2e^- \rightleftharpoons 2I^- \qquad \varphi^\ominus = 0.536\ V \quad ①$$

$$2IO_3^- + 12H^+ + 10e^- \rightleftharpoons I_2 + 6H_2O \qquad \varphi^\ominus = 1.195\ V \quad ②$$

②-①×5 得　$10I^- + 2IO_3^- + 12H^+ \longrightarrow 6I_2 + 6H_2O$

各化学计量数除以 2 得　$5I^- + IO_3^- + 6H^+ \xlongequal{} 3I_2 + 3H_2O$

(3) 查电极电势表得

$$Br_2 + 2e^- \rightleftharpoons 2Br^- \qquad \varphi^\ominus = 1.087\ V \quad ①$$

$$MnO_4^- + 8H^+ + 5e^- \rightleftharpoons Mn^{2+} + 4H_2O \qquad \varphi^\ominus = 1.51\ V \quad ②$$

② × 2 - ① × 5 得　$2MnO_4^- + 10Br^- + 16H^+ \xlongequal{} 2Mn^{2+} + 5Br_2 + 8H_2O$

11. 应用电极电势表,判断下列反应中哪些能进行。若能进行,写出反应式。

(1) $Cd + HCl$

(2) $Ag + Cu(NO_3)_2$

(3) $Cu + Hg(NO_3)_2$

(4) $H_2SO_3 + O_2$

解:(1) 查电极电势表得

$$Cd^{2+} + 2e^- \rightleftharpoons Cd \qquad \varphi^\ominus = -0.4025\ V$$

$$2H^+ + 2e^- \rightleftharpoons H_2 \qquad \varphi^\ominus = 0\ V$$

故 H^+可以和 Cd 发生氧化还原反应,反应式为

$$Cd + 2HCl \xlongequal{} CdCl_2 + H_2$$

(2) 查电极电势表得

$$Cu^{2+} + 2e^- \rightleftharpoons Cu \qquad \varphi^\ominus = 0.340\ V$$

$$Ag^+ + e^- \rightleftharpoons Ag \qquad \varphi^\ominus = 0.7991\ V$$

故 Ag 和 Cu^{2+}不能发生反应。

(3) 查电极电势表得

$$Cu^{2+} + 2e^- \rightleftharpoons Cu \qquad \varphi^\ominus = 0.340\ V$$

$$Hg_2^{2+} + 2e^- \rightleftharpoons 2Hg \qquad \varphi^\ominus = 0.796\ V$$

$$2Hg^{2+} + 2e^- \rightleftharpoons Hg_2^{2+} \qquad \varphi^\ominus = 0.911\ V$$

故 Hg^{2+}可以和 Cu 发生氧化还原反应生成Hg_2^{2+},Hg_2^{2+} 再和 Cu 发生氧化还原反应生成 Hg。反应式为

$$Cu + Hg(NO_3)_2 \xlongequal{\quad} Hg + Cu(NO_3)_2$$

(4) 查电极电势表得

$$SO_4^{2-} + 4H^+ + 2e^- \rightleftharpoons H_2SO_3 + H_2O \qquad \varphi^\ominus = 0.158\ V$$

$$O_2 + 4H^+ + 4e^- \rightleftharpoons H_2O \qquad \varphi^\ominus = 1.229\ V$$

故 O_2 可以和 H_2SO_3 发生氧化还原反应,反应式为

$$2H_2SO_3 + O_2 \xlongequal{\quad} 2H_2SO_4$$

12. 试分别判断 MnO_4^- 在 pH=0 和 pH=4 时能否把 Cl^-氧化成 Cl_2(设除 H^+外其他物质均处于标准状态)。

解:查电极电势表得

$$Cl_2 + 2e^- \rightleftharpoons 2Cl^- \qquad \varphi^\ominus(Cl_2/Cl^-) = 1.396\ V$$

$$MnO_4^- + 8H^+ + 5e^- \rightleftharpoons Mn^{2+} + 4H_2O \qquad \varphi^\ominus(MnO_4^-/Mn^{2+}) = 1.51\ V$$

pH = 0 时:$\varphi(MnO_4^-/Mn^{2+}) = \varphi^\ominus(MnO_4^-/Mn^{2+}) = 1.51$ V,则

$$\varphi(MnO_4^-/Mn^{2+}) > \varphi^\ominus(Cl_2/Cl^-)$$

所以 MnO_4^- 能将 Cl^-氧化成 Cl_2。

pH = 4 时,$[H^+] = 10^{-4}$ mol · L, 则

$$\varphi(MnO_4^-/Mn^{2+}) = \varphi^\ominus(MnO_4^-/Mn^{2+}) - \frac{0.0592\ V}{5}\lg\frac{1}{c^8(H^+)}$$

$$= 1.51\ V - \frac{0.0592\ V}{5}\lg\frac{1}{(10^{-4})^8} = 1.13\ V$$

$\varphi(MnO_4^-/Mn^{2+}) < \varphi^\ominus(Cl_2/Cl^-)$, 所以 MnO_4^- 不能将 Cl^-氧化成 Cl_2。

13. 先查出下列电极反应的 $\varphi^\ominus$:

$$MnO_4^- + 8H^+ + 5e^- \rightleftharpoons Mn^{2+} + 4H_2O$$

$$Ce^{4+} + e^- \rightleftharpoons Ce^{3+}$$

$$Fe^{2+} + 2e^- \rightleftharpoons Fe$$

$$Ag^+ + e^- \rightleftharpoons Ag$$

假设有关物质都处于标准状态,试回答:

(1) 上列物质中,哪一个是最强的还原剂? 哪一个是最强的氧化剂?

(2) 上列物质中,哪些可把 Fe^{2+}还原成 Fe?

(3) 上列物质中,哪些可把 Ag 氧化成 Ag^+?

解:查电极电势表得

$$MnO_4^- + 8H^+ + 5e^- \rightleftharpoons Mn^{2+} + 4H_2O \qquad \varphi^\ominus(MnO_4^-/Mn^{2+}) = 1.51\ V$$

$$Ce^{4+} + e^- \rightleftharpoons Ce^{3+} \qquad \varphi^\ominus(Ce^{4+}/Ce^{3+}) = 1.61\ V$$

$$Fe^{2+} + 2e^- \rightleftharpoons Fe \qquad \varphi^\ominus(Fe^{2+}/Fe) = -0.440\ V$$

$$Ag^+ + e^- \rightleftharpoons Ag \qquad \varphi^\ominus(Ag^+/Ag) = 0.7991\ V$$

(1) 根据上述电极电势数据可知,$\varphi^\ominus(Fe^{2+}/Fe)$最小,$\varphi^\ominus(Ce^{4+}/Ce^{3+}) = 1.61$ V,所以最强还原剂是 Fe,最强氧化剂是 Ce^{4+};

(2) 要将 Fe^{2+}还原为 Fe,必须满足 $E^\ominus = \varphi^\ominus(Fe^{2+}/Fe) - \varphi^\ominus_负 > 0$,而 $\varphi^\ominus(Fe^{2+}/Fe)$ 最小,所以上述物质都不能将 Fe^{2+}还原;

(3) 要将 Ag 氧化成 Ag^+,必须满足 $E^\ominus = \varphi^\ominus_正 - \varphi^\ominus(Ag^+/Ag) > 0$。因为 $\varphi^\ominus(MnO_4^-/Mn^{2+})$和 $\varphi^\ominus(Ce^{4+}/Ce^{3+})$均大于 $\varphi^\ominus(Ag^+/Ag)$,故 MnO_4^-(在酸性溶液中)和 Ce^{4+}都满足要求。

14. 对照电极电势表:

(1) 选择一种合适的氧化剂,它能使 Sn^{2+}变成 Sn^{4+},Fe^{2+}变成 Fe^{3+},而不能使 Cl^-变成 Cl_2。

(2) 选择一种合适的还原剂,它能使 Cu^{2+}变成 Cu,Ag^+变成 Ag,而不能使 Fe^{2+}变成 Fe。

解:(1) $Sn^{4+} + 2e^- \rightleftharpoons Sn^{2+}$　$\varphi^\ominus = 0.144$ V

$Fe^{3+} + e^- \rightleftharpoons Fe^{2+}$　$\varphi^\ominus = 0.771$ V

$Cl_2 + 2e^- \rightleftharpoons 2Cl^-$　$\varphi^\ominus = 1.396$ V

根据电极电势可知,氧化剂的 $\varphi^\ominus$ 需在 0.771 ~ 1.396 V,如 HNO_3, HNO_2, Br_2 等。

(2) $Fe^{2+} + 2e^- \rightleftharpoons Fe$　$\varphi^\ominus = -0.440$ V

$Cu^{2+} + 2e^- \rightleftharpoons Cu$　$\varphi^\ominus = 0.340$ V

$Ag^+ + e^- \rightleftharpoons Ag$　$\varphi^\ominus = 0.7791$ V

根据电极电势可知,还原剂的 $\varphi^\ominus$ 需在-0.440 ~ 0.340 V,如 Sn,Pb,H_2,Sn^{2+}等。

15. 某原电池由标准银电极和标准氯电极组成。如果分别进行如下操作,试判断电池电动势如何变化。并说明原因。

(1) 在氯电极一方增大 Cl_2 分压;

(2) 在氯电极溶液中加入一些 KCl;

(3) 在银电极溶液中加入一些 KCl;

(4) 加水稀释,使两电极溶液的体积各增大一倍。

解:该原电池的电极反应式和电池反应式分别为

正极:$Cl_2 + 2e^- \rightleftharpoons 2Cl^-$

负极:$Ag^+ + e^- \rightleftharpoons Ag$

电池反应:$2Ag + Cl_2 \rightleftharpoons 2Ag^+ + 2Cl^-$

$$\varphi_正 = \varphi^\ominus_正 - \frac{0.0592\ V}{z}\lg\frac{a(还原态)}{a(氧化态)} = \varphi^\ominus_正 - \frac{0.0592\ V}{1}\lg\frac{c^2(Cl^-)}{\dfrac{p(Cl_2)}{p^\ominus}}$$

$$\varphi_{负} = \varphi_{负}^{\ominus} - \frac{0.0592\ \mathrm{V}}{z}\lg\frac{a(还原态)}{a(氧化态)} = \varphi_{负}^{\ominus} - \frac{0.0592\ \mathrm{V}}{1}\lg\frac{1}{c^2(\mathrm{Ag}^+)}$$

$$E = \varphi_{正} - \varphi_{负}$$

(1) $p(Cl_2)$增大,则 $\varphi_{正}$ 增大,所以 E 增大;

(2) 氯电极加 KCl,则$[Cl^-]$增大,$\varphi_{正}$ 减小,所以 E 减小;

(3) 银电极加 KCl,由于$[Cl^-]$增大使$[Ag^+]$减小,$\varphi_{负}$ 减小,所以 E 增大;

(4) 加水稀释,导致$[Cl^-]$和$[Ag^+]$都减小,使 $\varphi_{正}$ 增大,$\varphi_{负}$ 减小,所以 E 增大。

16. 利用电极电势表,计算下列反应在 298 K 时的 $\Delta_r G^{\ominus}$。

(1) $Cl_2 + 2Br^- = 2Cl^- + Br_2$

(2) $I_2 + Sn^{2+} = 2I^- + Sn^{4+}$

(3) $MnO_2 + 4H^+ + 2Cl^- = Mn^{2+} + Cl_2 + 2H_2O$

解:(1) 查电极电势表得

$$Br_2 + 2e^- \rightleftharpoons 2Br^- \qquad \varphi^{\ominus}(Br_2/Br^-) = 1.087\ \mathrm{V}$$

$$Cl_2 + 2e^- \rightleftharpoons 2Cl^- \qquad \varphi^{\ominus}(Cl_2/Cl^-) = 1.396\ \mathrm{V}$$

则对于反应 $Cl_2 + 2Br^- = 2Cl^- + Br_2$

$$\begin{aligned}\Delta_r G^{\ominus} &= -nE^{\ominus}F = -nF(\varphi_{正}^{\ominus} - \varphi_{负}^{\ominus})\\ &= -nF[\varphi^{\ominus}(Cl_2/Cl^-) - \varphi^{\ominus}(Br_2/Br^-)]\\ &= -2\times 96500\ \mathrm{C\cdot mol^{-1}}\times(1.396\ \mathrm{V} - 1.087\ \mathrm{V})\\ &= -59.6\ \mathrm{kJ\cdot mol^{-1}}\end{aligned}$$

(2) 查电极电势表得

$$Sn^{4+} + 2e^- \rightleftharpoons Sn^{2+} \qquad \varphi^{\ominus}(Sn^{4+}/Sn^{2+}) = 0.151\ \mathrm{V}$$

$$I_2 + 2e^- \rightleftharpoons 2I^- \qquad \varphi^{\ominus}(I_2/I^-) = 0.536\ \mathrm{V}$$

则对于反应 $I_2 + Sn^{2+} = 2I^- + Sn^{4+}$

$$\begin{aligned}\Delta_r G^{\ominus} &= -nE^{\ominus}F = -nF(\varphi_{正}^{\ominus} - \varphi_{负}^{\ominus})\\ &= -nF[\varphi^{\ominus}(I_2/I^-) - \varphi^{\ominus}(Sn^{4+}/Sn^{2+})]\\ &= -2\times 96500\ \mathrm{C\cdot mol^{-1}}\times(0.536\ \mathrm{V} - 0.151\ \mathrm{V})\\ &= -74.3\ \mathrm{kJ\cdot mol^{-1}}\end{aligned}$$

(3) 查电极电势表得

$$Cl_2 + 2e^- \rightleftharpoons 2Cl^- \qquad \varphi^{\ominus}(Cl_2/Cl^-) = 1.396\ \mathrm{V}$$

$$MnO_2 + 4H^+ + 2e^- \rightleftharpoons Mn^{2+} + 2H_2O \qquad \varphi^{\ominus}(MnO_2/Mn^{2+}) = 1.23\ \mathrm{V}$$

则对于反应 $MnO_2 + 4H^+ + 2Cl^- = Mn^{2+} + Cl_2 + 2H_2O$

$$\begin{aligned}\Delta_r G^{\ominus} &= -nE^{\ominus}F = -nF(\varphi^{\ominus}_{正} - \varphi^{\ominus}_{负})\\ &= -nF[\varphi^{\ominus}(MnO_2/Mn^{2+}) - \varphi^{\ominus}(Cl_2/Cl^-)]\\ &= -2\times 96500\ C\cdot mol^{-1}\times(1.23\ V - 1.396\ V)\\ &= 32\ kJ\cdot mol^{-1}\end{aligned}$$

17. 如果下列反应：

(1) $H_2 + \frac{1}{2}O_2 \rlap{=}{=\!=} H_2O \qquad \Delta_r G^{\ominus} = -237\ kJ\cdot mol^{-1}$

(2) $C + O_2 \rlap{=}{=\!=} CO_2 \qquad \Delta_r G^{\ominus} = -394\ kJ\cdot mol^{-1}$

都可以设计成原电池，试计算它们的电动势 $E^{\ominus}$。

解：(1) 该反应中电子转移数目 $z=2$，所以

$$E^{\ominus} = -\frac{\Delta_r G^{\ominus}}{zF} = -\frac{-237\times 10^3\ J\cdot mol^{-1}}{2\times 96500\ C\cdot mol^{-1}} = 1.23\ J\cdot C^{-1} = 1.23\ V$$

(2) 该反应中电子转移数目 $z=4$，所以

$$E^{\ominus} = -\frac{\Delta_r G^{\ominus}}{zF} = -\frac{-394\times 1000\ J\cdot mol^{-1}}{4\times 96500\ C\cdot mol^{-1}} = 1.02\ J\cdot C^{-1} = 1.02\ V$$

18. 利用电极电势表，计算下列反应在 298 K 时的标准平衡常数。

(1) $Zn + Fe^{2+} = Zn^{2+} + Fe$

(2) $2Fe^{3+} + 2Br^- = 2Fe^{2+} + Br_2$

解：(1) 正极反应：$Fe^{2+} + 2e^- \rightleftharpoons Fe \qquad \varphi^{\ominus}(Fe^{2+}/Fe) = -0.440\ V$

负极反应：$Zn^{2+} + 2e^- \rightleftharpoons Zn \qquad \varphi^{\ominus}(Zn^{2+}/Zn) = -0.7626\ V$

$$\begin{aligned}\lg K^{\ominus} &= \frac{zE^{\ominus}}{0.0592\ V} = \frac{z[\varphi^{\ominus}(Fe^{2+}/Fe) - \varphi^{\ominus}(Zn^{2+}/Zn)]}{0.0592\ V}\\ &= \frac{2\times[-0.440\ V - (-0.7626\ V)]}{0.0592\ V} = 10.9\end{aligned}$$

$$K^{\ominus} = 8\times 10^{10}$$

(2) 正极反应：$Fe^{3+} + e^- \rightleftharpoons Fe^{2+} \qquad \varphi^{\ominus}(Fe^{3+}/Fe^{2+}) = 0.771\ V$

负极反应：$Br_2 + 2e^- \rightleftharpoons 2Br^- \qquad \varphi^{\ominus}(Br_2/Br^-) = 1.087\ V$

$$\begin{aligned}\lg K^{\ominus} &= \frac{zE^{\ominus}}{0.0592\ V} = \frac{z[\varphi^{\ominus}(Fe^{3+}/Fe^{2+}) - \varphi^{\ominus}(Br_2/Br^-)]}{0.0592\ V}\\ &= \frac{2\times(0.771\ V - 1.087\ V)}{0.0592\ V} = -10.7\end{aligned}$$

$$K^{\ominus} = 2\times 10^{-11}$$

19. 过量的铁屑置于 $0.050\ mol\cdot L^{-1}\ Cd^{2+}$ 溶液中，平衡后 Cd^{2+} 的浓度是多少？

解：方法一（根据平衡时 $E=0$ 进行计算）

查电极电势表得

$$Fe^{2+} + 2e^- \rightleftharpoons Fe \qquad \varphi^\ominus(Fe^{2+}/Fe) = -0.440\ V$$
$$Cd^{2+} + 2e^- \rightleftharpoons Cd \qquad \varphi^\ominus(Cd^{2+}/Cd) = -0.4025\ V$$

所以，Fe 与 Cd^{2+} 发生氧化还原反应生成 Fe^{2+}，反应式为

$$Fe + Cd^{2+} \rightleftharpoons Fe^{2+} + Cd$$

设平衡后 Cd^{2+} 的浓度为 x mol · L^{-1}，则生成的 Fe^{2+} 的浓度为 $(0.050 - x)$ mol · L^{-1}，反应达到平衡时：

$$E = \varphi(Cd^{2+}/Cd) - \varphi(Fe^{2+}/Fe) = 0$$

即

$$\varphi(Fe^{2+}/Fe) = \varphi(Cd^{2+}/Cd)$$

$$\varphi^\ominus(Fe^{2+}/Fe) + \frac{0.0592\ V}{2}\lg c(Fe^{2+}) = \varphi^\ominus(Cd^{2+}/Cd) + \frac{0.0592\ V}{2}\lg c(Cd^{2+})$$

$$-0.440\ V + \frac{0.0592\ V}{2}\lg(0.050 - x) = -0.4025\ V + \frac{0.0592\ V}{2}\lg x$$

$$x = 2.6 \times 10^{-3}$$

$$c(Cd^{2+}) = 2.6 \times 10^{-3}\ mol \cdot L^{-1}$$

方法二（利用平衡常数进行计算）

查电极电势表得

$$Fe^{2+} + 2e^- \rightleftharpoons Fe \qquad \varphi^\ominus(Fe^{2+}/Fe) = -0.440\ V$$
$$Cd^{2+} + 2e^- \rightleftharpoons Cd \qquad \varphi^\ominus(Cd^{2+}/Cd) = -0.4025\ V$$

所以，Fe 与 Cd^{2+} 发生氧化还原反应生成 Fe^{2+}，反应式为

$$Fe + Cd^{2+} \rightleftharpoons Fe^{2+} + Cd$$

该反应的平衡常数为

$$\lg K^\ominus = \frac{zE^\ominus}{0.0592\ V} = \frac{n[\varphi(Cd^{2+}/Cd) - \varphi^\ominus(Fe^{2+}/Fe)]}{0.0592\ V}$$
$$= \frac{2 \times [-0.4025\ V - (-0.440\ V)]}{0.0592\ V} = 1.267$$

$$K^\ominus = 18.5$$

设平衡后 Cd^{2+} 的浓度为 x mol · L^{-1}，则生成的 Fe^{2+} 的浓度为 $(0.050 - x)$ mol · L^{-1}，反应达到平衡时：

$$\frac{0.050-x}{x}=18.5$$

$$x=2.6\times10^{-3}$$

$$c(Cd^{2+})=2.6\times10^{-3}\ mol\cdot L^{-1}$$

20. 一原电池由 Ni 和 1.0 mol · L^{-1} Ni^{2+} 与 Ag 和 1.0 mol · L^{-1} Ag^+组成，当原电池耗尽(即 $E=0$)时，求 Ag^+和 Ni^{2+}浓度。

解：该电池的电极反应为

正极：　$Ag^+ + e^- \rightleftharpoons Ag$　　$\varphi^\ominus(Ag^+/Ag)=0.7991\ V$

负极：　$Ni^{2+}+2e^- \rightleftharpoons Ni$　　$\varphi^\ominus(Ni^{2+}/Ni)=-0.257\ V$

电池反应式为　$2Ag^+ + Ni \rightleftharpoons 2Ag + Ni^{2+}$

$$E=E^\ominus-\frac{0.0592\ V}{z}\lg Q$$

$$=[\varphi^\ominus(Ag^+/Ag)-\varphi^\ominus(Ni^{2+}/Ni)]-\frac{0.0592\ V}{2}\lg\frac{c(Ni^{2+})}{c^2(Ag^+)}$$

$$=[0.7991\ V-(-0.257\ V)]-\frac{0.0592\ V}{2}\lg\frac{c(Ni^{2+})}{c^2(Ag^+)}$$

当原电池耗尽时 $E=0$，代入解得

$$\frac{c(Ni^{2+})}{c^2(Ag^+)}=4.8\times10^{35}$$

由于反应进行很完全，而 1.0 mol · L^{-1}的 Ag^+与 Ni 反应将生成 0.5 mol · L^{-1}的 Ni^{2+}，则终点时 $c(Ni^{2+})=1.5\ mol\cdot L^{-1}$。所以

$$c(Ag^+)=\sqrt{\frac{c(Ni^{2+})}{4.8\times10^{35}}}\ mol\cdot L^{-1}=\sqrt{\frac{1.5}{4.8\times10^{35}}}\ mol\cdot L^{-1}=1.8\times10^{-18}\ mol\cdot L^{-1}$$

21. 求下列原电池的以下各项：

$(-)Pt|Fe^{2+}(0.1\ mol\cdot L^{-1}),Fe^{3+}(1\times10^{-5}\ mol\cdot L^{-1})\ \vdots\vdots\ Cr_2O_7^{2-}(0.1\ mol\cdot L^{-1}),$ $Cr^{3+}(1\times10^{-5}\ mol\cdot L^{-1}),H^+(1\ mol\cdot L^{-1})|Pt(+)$

(1) 电极反应式；

(2) 电池反应式；

(3) 电池电动势；

(4) 电池反应的 $K^\ominus$；

(5) 电池反应的 Δ_rG。

解：(1) 电极反应式为

负极：　$Fe^{3+}+e^- \rightleftharpoons Fe^{2+}$　　$\varphi^\ominus(Fe^{3+}/Fe^{2+})=0.771\ V$

正极：　$Cr_2O_7^{2-}+14H^++6e^- \rightleftharpoons 2Cr^{3+}+7H_2O$　　$\varphi^\ominus(Cr_2O_7^{2-}/Cr^{3+})=1.36\ V$

(2) 电池反应式为

$$Cr_2O_7^{2-} + 14H^+ + 6Fe^{2+} \rightleftharpoons 2Cr^{3+} + 7H_2O + 6Fe^{3+}$$

（3）方法一

$$\varphi(Cr_2O_7^{2-}/Cr^{3+}) = \varphi^\ominus(Cr_2O_7^{2-}/Cr^{3+}) - \frac{0.0592\ V}{z}\lg\frac{c^2(Cr^{3+})}{c(Cr_2O_7^{2-})c^{14}(H^+)}$$
$$= 1.36\ V - \frac{0.0592\ V}{6}\lg\frac{(1\times10^{-5})^2}{0.1\times1^{14}}$$
$$= 1.36\ V + 0.09\ V = 1.45\ V$$

$$\varphi(Fe^{3+}/Fe^{2+}) = \varphi^\ominus(Fe^{3+}/Fe^{2+}) - \frac{0.0592\ V}{z}\lg\frac{c(Fe^{3+})}{c(Fe^{2+})}$$
$$= 0.771\ V - \frac{0.0592\ V}{1}\lg\frac{0.1}{1\times10^{-5}}$$
$$= 0.771\ V - 0.24\ V = 0.53\ V$$

$$E = \varphi(Cr_2O_7^{2-}/Cr^{3+}) - \varphi(Fe^{3+}/Fe^{2+}) = 1.45\ V - 0.53\ V = 0.92\ V$$

方法二

$$E = E^\ominus - \frac{0.0592\ V}{z}\lg Q$$
$$= [\varphi^\ominus(Cr_2O_7^{2-}/Cr^{3+}) - \varphi^\ominus(Fe^{3+}/Fe^{2+})] - \frac{0.0592\ V}{6}\lg\frac{c^2(Cr^{3+})c^6(Fe^{3+})}{c(Cr_2O_7^{2-})c^{14}(H^+)c^6(Fe^{2+})}$$
$$= (1.36\ V - 1.45\ V) - \frac{0.0592\ V}{6}\lg\frac{(1\times10^{-5})^2\ (1\times10^{-5})^6}{0.1\times1^{14}\times0.1^6}$$
$$= 0.589\ V - (-0.326\ V) = 0.92\ V$$

（4）$\lg K^\ominus = \dfrac{zE^\ominus}{0.0592\ V} = \dfrac{6\times(1.36\ V - 0.771\ V)}{0.0592\ V} = 59.8$

$K^\ominus = 6\times10^{59}$

（5）$\Delta_r G^\ominus = -zE^\ominus F = -6\times96500\ C\cdot mol^{-1}\times0.92\ V = -5.3\times10^5\ J\cdot mol^{-1}$

22. 如果下列原电池的电动势为 0.500 V(298 K)：

$$Pt, H_2(100\ kPa)\,|\,H^+(?\ mol\cdot L^{-1})\ ⦙⦙\ Cu^{2+}(1.0\ mol\cdot L^{-1})\,|\,Cu$$

则溶液的 H^+浓度应是多少？

解：方法一

该电池的电极反应为

正极：　$Cu^{2+} + 2e^- \rightleftharpoons Cu$　　$\varphi^\ominus(Cu^{2+}/Cu) = 0.340\ V$

$$[Cu^{2+}] = 1.0\ mol\cdot L^{-1}$$
$$\varphi(Cu^{2+}/Cu) = \varphi^\ominus(Cu^{2+}/Cu) = 0.340\ V$$

负极： $2H^+ + 2e^- \rightleftharpoons H_2$ $\varphi^\ominus(H^+/H_2) = 0\ V$

$$\varphi(H^+/H_2) = \varphi^\ominus(H^+/H_2) - \frac{0.0592\ V}{2}\lg\frac{\frac{p(H_2)}{p^\ominus}}{c^2(H^+)}$$

由于

$$E = \varphi(Cu^{2+}/Cu) - \varphi(H^+/H_2) = 0.500\ V$$

所以

$$\varphi(H^+/H_2) = \varphi(Cu^{2+}/Cu) - 0.500\ V = 0.340\ V - 0.500\ V = -0.160\ V$$

则

$$\frac{0.0592\ V}{2}\lg\frac{\frac{p(H_2)}{p^\ominus}}{c^2(H^+)} = 0.160\ V$$

将 $p(H_2) = 100$ kPa 代入，解得

$$c(H^+) = 2.0 \times 10^{-3}\ mol \cdot L^{-1}$$

方法二

该电池的电极反应为

正极： $Cu^{2+} + 2e^- \rightleftharpoons Cu$ $\varphi^\ominus(Cu^{2+}/Cu) = 0.340\ V$

负极： $2H^+ + 2e^- \rightleftharpoons H_2$ $\varphi^\ominus(H^+/H_2) = 0\ V$

电池反应式为 $Cu^{2+} + H_2 \rightleftharpoons Cu + 2H^+$

$$E = E^\ominus - \frac{0.0592\ V}{z}\lg Q$$

$$= [\varphi^\ominus(Cu^{2+}/Cu) - \varphi^\ominus(H^+/H_2)] - \frac{0.0592\ V}{2}\lg\frac{c^2(H^+)}{c(Cu^{2+})\frac{p(H_2)}{p^\ominus}}$$

把相关数据代入，解得

$$c(H^+) = 2.0 \times 10^{-3}\ mol \cdot L^{-1}$$

23. 已知

$PbSO_4 + 2e^- \rightleftharpoons Pb + SO_4^{2-}$ $\varphi^\ominus = -0.355\ 3\ V$

$Pb^{2+} + 2e^- \rightleftharpoons Pb$ $\varphi^\ominus = -0.126\ V$

求 $PbSO_4$ 的溶度积。

解：根据电极反应式

(1) $PbSO_4 + 2e^- \rightleftharpoons Pb + SO_4^{2-}$ $\varphi^\ominus = -0.356\ V$

(2) $Pb^{2+} + 2e^- \rightleftharpoons Pb$ $\varphi^\ominus = -0.125\ V$

可知，(1)、(2)两电极可组成原电池，(2)-(1)即为该原电池的电池反应式：

$$Pb^{2+} + SO_4^{2-} \rightleftharpoons PbSO_4$$

则

$$E^{\ominus} = \varphi^{\ominus}_{正} - \varphi^{\ominus}_{负} = -0.125\ V - (-0.356\ V) = 0.231\ V$$

$$\lg K^{\ominus} = \frac{zE^{\ominus}}{0.0592\ V} = \frac{2 \times 0.231\ V}{0.0592\ V} = 7.80$$

$$K^{\ominus} = 6.4 \times 10^{7}$$

$$K^{\ominus}_{sp} = \frac{1}{K^{\ominus}} = \frac{1}{6.4 \times 10^{7}} = 1.6 \times 10^{-8}$$

24. 某原电池，正极为 Ag 棒插在 Ag_2SO_4 饱和溶液中，负极为 Pb 棒插在 1.8 $mol \cdot L^{-1}$ Pb^{2+}溶液中，测得电动势为 0.827 V。求 Ag_2SO_4 的 $K^{\ominus}_{sp}$。

解：方法一

该原电池的电极反应式为

正极：　$Ag^{+} + e^{-} \rightleftharpoons Ag$　　　$\varphi^{\ominus}(Ag^{+}/Ag) = 0.7991\ V$

$$\varphi(Ag^{+}/Ag) = \varphi^{\ominus}(Ag^{+}/Ag) - \frac{0.0592\ V}{1}\lg\frac{1}{c(Ag^{+})}$$

负极：　$Pb^{2+} + 2e^{-} \rightleftharpoons Pb$　　　$\varphi^{\ominus}(Pb^{2+}/Pb) = -0.125\ V$

$$\varphi(Pb^{2+}/Pb) = \varphi^{\ominus}(Pb^{2+}/Pb) - \frac{0.0592\ V}{2}\lg\frac{1}{c(Pb^{2+})}$$

$$E = \varphi(Ag^{+}/Ag) - \varphi(Pb^{2+}/Pb) = 0.827\ V$$

则

$$\left[\varphi^{\ominus}(Ag^{+}/Ag) - \frac{0.0592\ V}{1}\lg\frac{1}{c(Ag^{+})}\right] - \left[\varphi^{\ominus}(Pb^{2+}/Pb) - \frac{0.0592\ V}{2}\lg\frac{1}{c(Pb^{2+})}\right] = 0.827\ V$$

将各数值代入，解得

$$c(Ag^{+}) = 3.09 \times 10^{-2}\ mol \cdot L^{-1}$$

$$c(SO_4^{2-}) = \frac{c(Ag^{+})}{2}$$

所以

$$K^{\ominus}_{sp} = c^{2}(Ag^{+})c(SO_4^{2-}) = \frac{1}{2}c^{3}(Ag^{+}) = \frac{(3.09 \times 10^{-2})^{3}}{2} = 1.5 \times 10^{-5}$$

方法二

该原电池的电极反应式为

正极：　$Ag^+ + e^- \rightleftharpoons Ag$　　$\varphi^{\ominus}(Ag^+/Ag) = 0.7991\ V$

负极：　$Pb^{2+} + 2e^- \rightleftharpoons Pb$　　$\varphi^{\ominus}(Pb^{2+}/Pb) = -0.125\ V$

电池反应式为　$2Ag^+ + Pb \rightleftharpoons 2Ag + Pb^{2+}$

$$E = E^{\ominus} - \frac{0.0592\ V}{z}\lg Q$$

$$= [\varphi^{\ominus}(Ag^+/Ag) - \varphi^{\ominus}(Pb^{2+}/Pb)] - \frac{0.0592\ V}{2}\lg\frac{c(Pb^{2+})}{c^2(Ag^+)}$$

$$= 0.827\ V$$

将各数值代入，解得

$$c(Ag^+) = 3.09 \times 10^{-2}\ mol \cdot L^{-1}$$

$$c(SO_4^{2-}) = \frac{c(Ag^+)}{2}$$

所以

$$K_{sp}^{\ominus} = c^2(Ag^+)c(SO_4^{2-}) = \frac{1}{2}c^3(Ag^+) = \frac{(3.09 \times 10^{-2})^3}{2} = 1.5 \times 10^{-5}$$

25. In 和 Tl 在酸性介质中的电势图分别为

$$In^{3+} \xrightarrow{-0.43\ V} In^+ \xrightarrow{-0.15\ V} In$$

$$Tl^{3+} \xrightarrow{+1.25\ V} Tl^+ \xrightarrow{-0.34\ V} Tl$$

试回答：

(1) In^+,Tl^+能否发生歧化反应？

(2) In,Tl 与 1 $mol \cdot L^{-1}$ HCl 溶液反应各得到什么产物？

(3) In,Tl 与 1 $mol \cdot L^{-1}$ Ce^{4+}溶液反应各得到什么产物？

已知 $\varphi^{\ominus}(Ce^{4+}/Ce^{3+}) = 1.61\ V$ 。

解：(1) 对于 In^+，由于 $\varphi_{右} > \varphi_{左}$，可以发生歧化反应；对于 Tl^+，由于 $\varphi_{右} < \varphi_{左}$，不能发生歧化反应。

(2) 因为 $\varphi^{\ominus}(In^{3+}/In^+) < \varphi^{\ominus}(In^+/In) < \varphi^{\ominus}(H^+/H_2)$，而 $\varphi^{\ominus}(Tl^{3+}/Tl^+) > \varphi^{\ominus}(H^+/H_2) > \varphi^{\ominus}(Tl^+/Tl)$，所以 In 将被氧化为 In^{3+}，而 Tl 将被氧化为 Tl^+，反应式为

$$2In + 6HCl \rightleftharpoons 2InCl_3 + 3H_2$$

$$2Tl + 2HCl \rightleftharpoons 2TlCl + H_2$$

(3) $\varphi^{\ominus}(In^{3+}/In^+) < \varphi^{\ominus}(In^+/In) < \varphi^{\ominus}(Ce^{4+}/Ce^{3+})$，$\varphi^{\ominus}(Tl^+/Tl) < \varphi^{\ominus}(Tl^{3+}/Tl^+) < \varphi^{\ominus}(Ce^{4+}/Ce^{3+})$，所以 In 和 Tl 都将被氧化为 +3 价，反应式为

$$In + 3Ce^{4+} \rightleftharpoons In^{3+} + 3Ce^{3+}$$

$$Tl + 3Ce^{4+} \rightleftharpoons Tl^{3+} + 3Ce^{3+}$$

26. 已知氯在碱性介质中的电势图($\varphi_B^\ominus$/V)为

$$ClO_4^- \xrightarrow{0.36\ V} ClO_3^- \xrightarrow{0.33\ V} ClO_2^- \xrightarrow{\varphi_1^\ominus} ClO^- \xrightarrow{0.42\ V} Cl_2 \xrightarrow{1.36\ V} Cl^-$$

$$ClO_3^- \xrightarrow{0.50\ V} ClO^- \qquad ClO^- \xrightarrow{\varphi_2^\ominus} Cl^-$$

(1) 试求 $\varphi_1^\ominus$ 和 $\varphi_2^\ominus$;

(2) 哪些氧化态能歧化?

(3) 试求 $2ClO_2^- \rightleftharpoons ClO_4^- + Cl^-$ 的 $\Delta_r G^\ominus$(298 K)。

解:(1) $0.50\ V = \dfrac{0.33\ V \times 2 + \varphi_1^\ominus \times 2}{4}$

$$\varphi_1^\ominus = 0.67\ V$$

$$\varphi_2^\ominus = \frac{0.42\ V \times 1 + 1.36\ V \times 1}{2} = 0.89\ V$$

(2) 能歧化的有 ClO_3^-, ClO_2^-, ClO^-, Cl_2。

(3) 对于反应 $2ClO_2^- \longrightarrow ClO_4^- + Cl^-$

由于 $$\varphi^\ominus(ClO_2^-/Cl^-) = \frac{2 \times 0.67\ V + 2 \times 0.89\ V}{4} = 0.78\ V$$

$$\varphi^\ominus(ClO_4^-/ClO_2^-) = \frac{2 \times 0.36\ V + 2 \times 0.33\ V}{4} = 0.345\ V$$

$$E^\ominus = \varphi^\ominus(ClO_2^-/Cl^-) - \varphi^\ominus(ClO_4^-/ClO_2^-) = 0.78\ V - 0.345\ V = 0.435\ V$$

$$\Delta G^\ominus = -zFE^\ominus = -4 \times 96500\ C \cdot mol^{-1} \times 0.435\ V = -1.7 \times 10^5\ J \cdot mol^{-1}$$

27. 根据电极电势解释下列现象。

(1) 金属铁能置换 Cu^{2+},而 $FeCl_3$ 溶液又能溶解铜。

(2) H_2S 溶液久置会变混浊。

(3) H_2O_2 溶液不稳定,易分解。

(4) 分别用 $NaNO_3$ 溶液和稀 H_2SO_4 溶液均不能把 Fe^{2+} 氧化,但两者混合后就可将 Fe^{2+} 氧化。

(5) Ag 不能置换 1 mol · L^{-1} HCl 溶液中的氢,但可置换 1 mol · L^{-1} HI 溶液中的氢。

解:(1) 因为

$$Fe^{2+} + 2e^- \rightleftharpoons Fe \qquad \varphi^\ominus(Fe^{2+}/Fe) = -0.440\ V$$

$$Cu^{2+} + 2e^- \rightleftharpoons Cu \qquad \varphi^\ominus(Cu^{2+}/Cu) = 0.340\ V$$

$$Fe^{3+} + e^- \rightleftharpoons Fe^{2+} \qquad \varphi^\ominus(Fe^{3+}/Fe^{2+}) = 0.771\ V$$

Fe 与 Cu^{2+},Cu 与 Fe^{3+} 都符合对角关系,所以 Fe 与 Cu^{2+} 反应,Cu 又可与 Fe^{3+} 反应。

(2) $S + 2H^+ + 2e^- \rightleftharpoons H_2S \qquad \varphi^\ominus(S/H_2S) = 0.144\ V$

$O_2 + 4H^+ + 4e^- \rightleftharpoons 2H_2O \qquad \varphi^\ominus(O_2/H_2O) = 1.229\ V$

因为 $\varphi^\ominus(O_2/H_2O) > \varphi^\ominus(S/H_2S)$，所以氧气可氧化 H_2S。

(3) $O_2 + 2H^+ + 2e^- \rightleftharpoons H_2O_2 \qquad \varphi^\ominus(O_2/H_2O_2) = 0.695\ V$

$H_2O_2 + 2H^+ + 2e^- \rightleftharpoons 2H_2O \qquad \varphi^\ominus(H_2O_2/H_2O) = 1.763\ V$

则 O 的元素电势图为

$$O_2 \xrightarrow{0.695\ V} H_2O_2 \xrightarrow{1.763\ V} H_2O$$

$\varphi^\ominus_右 > \varphi^\ominus_左$，所以 H_2O_2 能发生歧化反应。

(4) 因为 $NaNO_3$ 溶液呈中性，在中性溶液中 $\varphi(NO_3^-/NO) < \varphi(Fe^{3+}/Fe^{2+})$；在稀 H_2SO_4 溶液中 $\varphi(SO_4^{2-}/H_2SO_3) < \varphi(Fe^{3+}/Fe^{2+})$，$\varphi(H^+/H_2) < \varphi(Fe^{3+}/Fe^{2+})$，所以它们都不能氧化 Fe^{2+}。如果将 $NaNO_3$ 和 H_2SO_4 混合，酸度增加，使 NO_3^- 氧化能力增强，造成 $\varphi(NO_3^-/NO) > \varphi(Fe^{3+}/Fe^{2+})$，所以能氧化 Fe^{2+}。

(5) Ag 在 HI 溶液中反应产物为 AgI，$\varphi^\ominus(AgI/Ag) = -0.1522\ V$，因为 $\varphi^\ominus(H^+/H_2) > \varphi^\ominus(AgI/Ag)$，所以能反应；而 Ag 在 HCl 溶液中如果能反应，产物为 AgCl，$\varphi^\ominus(AgCl/Ag) = 0.2223\ V$，因为 $\varphi^\ominus(AgCl/Ag) > \varphi^\ominus(H^+/H_2)$，所以不能反应。

第六章　原子结构

内容提要

1. 微观粒子的波粒二象性

低压氢气用高压电流激发后，放出的光经过三棱镜后即得到氢光谱。它由一系列不连续的谱线所组成。里德伯提出如下适用于氢原子所有谱线的经验式：

$$\frac{1}{\lambda}=R_{\infty}\left(\frac{1}{n_1^2}-\frac{1}{n_2^2}\right)$$

式中 λ 为波长；R_{∞} 为里德伯常数（$1.097373\times10^{7}\ \mathrm{m}^{-1}$）；$n_1$ 和 n_2 为正整数，且 $n_2>n_1$。

经典力学无法解释氢光谱的这些实验事实。1913 年，玻尔提出了一种原子模型。他认为原子核外有许多不连续的、分立的能级。通常氢原子的一个电子处于离核最近、能量最低的能级上（称基态）。当电子得到能量时，可跃迁到能量较高的能级上去（称激发态）。电子从较高能级（E_2）跃迁至较低能级（E_1）时，就以辐射能的形式产生氢原子光谱。

$$E_2-E_1=\Delta E=h\nu$$

式中 h 是普朗克常数（$6.626\times10^{-34}\ \mathrm{J\cdot s}$）；$\nu$ 为光的频率。由于能级是不连续的、量子化的，产生的氢光谱便是不连续光谱。

玻尔理论虽成功地解释了氢光谱，但不能解释多电子原子光谱，甚至也不能解释氢原子光谱的精细结构。受到光的波粒二象性的启发，1924 年，德布罗意大胆地预言：电子等微观粒子也具有波粒二象性，并用如下关系式把波动性和粒子性联系起来：

$$\lambda=\frac{h}{p}=\frac{h}{mv}$$

该式表示描述电子波动性的物理量波长 λ 与描述电子粒子性的物理量动量 p、质量 m、速度 v 之间可用普朗克常数 h 定量地联系起来。

由于电子有波动性，不可能像宏观物体那样可以同时精确地测定它们在原子核外运动的位置和动量。1927 年，海森伯推导出如下不确定关系式：

$$\Delta x\cdot\Delta p\geqslant h$$

式中 Δx 为粒子位置的不确定值；Δp 为粒子动量的不确定值。该式表明：核外电子不可能沿着一条如玻尔模型所描述的固定轨道运动。核外电子的运动规律只能用统计的方法指出它在核外某区域出现的可能性即概率的大小。

2. 氢原子核外电子的运动状态

由于电子运动具有波动性，量子力学用波函数 Ψ 来描述它的运动状态。Ψ 是求解薛定谔方程所得的函数式。它是包含三个常数项(n,l,m)和空间坐标(r,θ,φ)的函数，可记为 $\Psi_{n,l,m}(r,\theta,\varphi)$。

波函数 Ψ 本身没有明确的物理意义，只能说它是描述核外电子运动状态的数学表达式。但是 $|\Psi|^2$ 却有明确的物理意义，它代表空间上某点(r,θ,φ)处电子出现的概率密度。

常数项 n,l,m 分别称主量子数、角量子数和磁量子数。它们的取值有如下的限制：

$n=1,2,3,\cdots$

$l=0,1,2,\cdots,n-1$

$m=0,\ \pm1,\ \pm2,\cdots,\ \pm l$

此外还有自旋量子数 m_s。该量子数不是由薛定谔方程解得的，而是从实验中得到的。它代表电子的两种“自旋”状态，取值为+1/2，-1/2。

凡符合这些取值限制的 Ψ 都是薛定谔方程的合理解，描述了核外电子的一种可能运动状态（即原子轨道）。

3. 多电子原子核外电子的运动状态

（1）屏蔽效应：在多电子原子中，对于某一指定的电子来说，它除了受到核的吸引外，还要受到其余电子对它的排斥作用。其余电子对指定电子的排斥作用可近似地看作抵消一部分核电荷对该电子的吸引，这种作用称为屏蔽效应。

（2）穿透效应：由电子云径向分布图可以看出，n 值较大的电子在离核较远的区域出现概率大，但在离核较近的区域也有出现的概率。这种外层电子向内层穿透的效应称穿透效应。

（3）原子核外电子排布：原子核外的电子排布可由光谱数据来测定。从中可总结出电子排布的三原则：

（1）泡利不相容原理：在同一原子中，不可能存在所处状态完全相同的电子。即在同一原子中，不可能存在四个量子数完全相同的电子。

（2）能量最低原理：电子尽可能占据能量最低的原子轨道，从而使整个原子能量处于最低状态。原子能量的高低除了与电子所处的轨道能量有关外，还与电子间相互作用能有关。

（3）洪德规则：在能量相同的轨道（简并轨道）上排布电子时，总是优先分占不同的轨道，且自旋平行。作为洪德规则的特例，简并轨道处于全满或半满的状态时，能量较低较稳定。

4. 原子结构和元素周期律

（1）各周期元素数目：各周期元素数目等于 $n\mathrm{s}^1$ 开始到 $n\mathrm{p}^6$ 结束各能级组所能容纳的电子总数。由于能级交错的存在，所以产生了长短周期的分布。

（2）周期和族：

周期数=电子层层数

主族元素的族次=最外层电子数

副族元素的族次=最外层电子数+次外层 d 电子数

（3）元素分区：

s 区：价电子构型为 $n\mathrm{s}^{1\sim2}$

p 区：价电子构型为 $n\mathrm{s}^2n\mathrm{p}^{1\sim6}$

d 区:价电子构型为 $(n-1)d^{1\sim8}ns^2$(少数例外)

ds 区:价电子构型为 $(n-1)d^{10}ns^{1\sim2}$

f 区:价电子构型为 $(n-2)f^{1\sim14}ns^{1\sim2}$(有例外)

(4) 元素基本性质的周期性变化规律:

原子半径:同周期元素,从左至右,随着原子序数的递增,原子半径递减;同族元素,从上至下,随着原子层数的递增,原子半径递增。

电离能:同周期元素,从左至右,电离能一般递增,增大幅度随周期数的增大而减小;同族元素,从上至下,电离能递减。

电子亲和能:电子亲和能的周期变化规律与电离能相似,即具有较高电离能的元素也具有较大的电子亲和能。

电负性:同周期元素中,从左至右,电负性递增;同族元素中,从上至下,电负性递减。

习题解答

1. 利用玻尔理论推得的轨道能量公式,计算氢原子的电子从第五能级跃迁到第二能级所释放的能量及谱线的波长。

解:

$$\Delta E = E_2 - E_1 = \left[-\left(A\frac{1}{n_2^2}\right) - \left(-A\frac{1}{n_1^2}\right)\right]$$
$$= 2.179\times10^{-18}\ \text{J}\times\left(\frac{1}{2^2}-\frac{1}{5^2}\right)$$
$$= 4.576\times10^{-19}\ \text{J}$$

因为

$$\Delta E = h\nu = hc/\lambda$$

所以

$$\lambda = \frac{hc}{\Delta E} = \frac{6.626\times10^{-34}\ \text{J}\cdot\text{s}\times2.998\times10^{8}\ \text{m}\cdot\text{s}^{-1}}{4.576\times10^{-19}\ \text{J}}$$
$$= 4.341\times10^{-7}\ \text{m} = 434.1\ \text{nm}$$

2. 利用德布罗意关系式计算:

(1) 质量为 9.1×10^{-31} kg, 速度为 $6.0\times10^{6}\ \text{m}\cdot\text{s}^{-1}$ 的电子,其波长为多少?

(2) 质量为 1.0×10^{-2} kg, 速度为 $1.0\times10^{3}\ \text{m}\cdot\text{s}^{-1}$ 的子弹,其波长为多少?

此两小题的计算结果说明什么问题?

解:(1) $$\lambda = \frac{h}{mv} = \frac{6.626\times10^{-34}\ \text{J}\cdot\text{s}}{9.1\times10^{-31}\ \text{kg}\times6.0\times10^{6}\ \text{m}\cdot\text{s}^{-1}}$$
$$= 1.2\times10^{-10}\ \text{m} = 120\ \text{pm}$$

(2) $$\lambda = \frac{h}{mv} = \frac{6.626\times10^{-34}\ \text{J}\cdot\text{s}}{1.0\times10^{-2}\ \text{kg}\times1.0\times10^{3}\ \text{m}\cdot\text{s}^{-1}}$$

$= 6.6 \times 10^{-35} m = 6.6 \times 10^{-23}$ pm

因为子弹的 λ 极短，所以其波动性难以察觉，主要表现粒子性，服从经典力学运动规律。

3. 定性地画出：$3d_{xy}$ 轨道的原子轨道角度分布图，$4d_{x^2-y^2}$ 轨道的电子云角度分布图，4p 轨道的电子云径向分布图。

答：见下图。

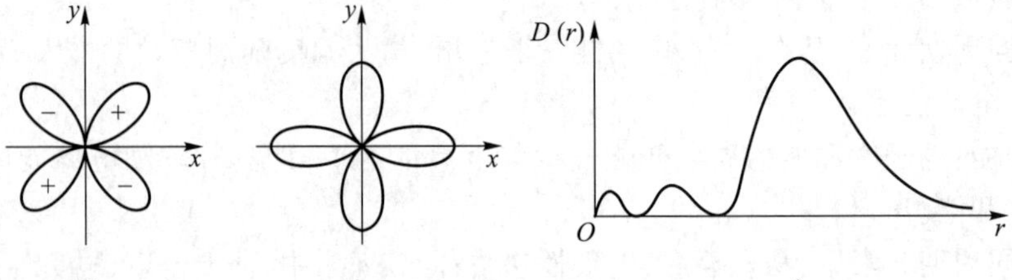

$3d_{xy}$　　$4d_{x^2-y^2}$　　4p

4. 下列各组量子数哪些是不合理的，为什么？

(1) $n = 2 \quad l = 1 \quad m = 0 \quad m_s = -\frac{1}{2}$

(2) $n = 2 \quad l = 2 \quad m = -1 \quad m_s = -\frac{1}{2}$

(3) $n = 3 \quad l = 0 \quad m = 0 \quad m_s = 0$

(4) $n = 3 \quad l = -1 \quad m = +1 \quad m_s = +\frac{1}{2}$

(5) $n = 2 \quad l = 0 \quad m = -1 \quad m_s = +\frac{1}{2}$

(6) $n = 5 \quad l = 4 \quad m = -4 \quad m_s = +\frac{1}{2}$

答：n、l、m 分别称主量子数、角量子数和磁量子数。它们的取值有如下的限制：

$n = 1, 2, 3, \cdots$

$l = 0, 1, 2, \cdots, n-1$

$m = 0, \pm 1, \pm 2, \cdots, \pm l$

故不合理的有

(2) $n=2$，l 最大为 1；

(3) m_s 只能取值 $\pm\frac{1}{2}$，$m_s \neq 0$；

(4) l 只能取正值，$l \neq -1$；

(5) $l=0$，m 只能为 0。

5. 氮原子中有 7 个电子，写出各电子的四个量子数。

答：根据电子排布规则，N 原子的电子排布式为 $1s^2 2s^2 2p^3$，其各电子的四个量子数取值如下：

$1s^2 \quad \left(1, 0, 0, +\frac{1}{2}\right) \quad \left(1, 0, 0, -\frac{1}{2}\right)$

$2s^2$ $\left(2,0,0,+\frac{1}{2}\right)$ $\left(2,0,0,-\frac{1}{2}\right)$

$2p^3$ $\left(2,1,0,+\frac{1}{2}\right)$ $\left(2,1,1,+\frac{1}{2}\right)$ $\left(2,1,-1,+\frac{1}{2}\right)$

6. 用原子轨道符号表示下列各组量子数。

(1) $n=2$ $l=1$ $m=-1$

(2) $n=4$ $l=0$ $m=0$

(3) $n=5$ $l=2$ $m=-2$

(4) $n=6$ $l=3$ $m=0$

答:(1) 2p; (2) 4s; (3) 5d; (4) 6f。

7. 具有下列量子数的轨道,最多可容纳多少个电子?

(1) $n=3$

(2) $n=4$ $l=1$ $m=-1$

(3) $n=2$ $l=1$ $m=0$ $m_s=-\frac{1}{2}$

(4) $n=3$ $l=3$

(5) $n=4$ $m=+1$

(6) $n=4$ $m_s=+\frac{1}{2}$

(7) $n=3$ $l=2$

答:(1) 主量子数为 3,包含 1 个 3s,3 个 3p,5 个 3d 共 9 个轨道,可容纳 $3s^2 3p^6 3d^{10}$ 共 18 个电子;

(2) 根据量子数可知其为 4p 轨道之一,可容纳 2 个电子;

(3) 其四个量子数都已确定,可知其为 $2p_z$ 轨道上的单电子,可容纳 1 个电子;

(4) 角量子数 l 取值不合理,可容纳 0 个电子;

(5) 4p,4d,4f 轨道各有一个,可分别容纳 2 个电子,共 6 个电子;

(6) 自旋量子数是确定的,表明为轨道单电子,1 个 4s,3 个 4p,5 个 4d,7 个 4f 轨道各一个电子,共 16 个电子;

(7) 5 个 3d 轨道,可容纳 10 个电子。

***8.** 用斯莱特规则分别计算 Na 原子的 1s,2s 和 3s 电子的有效核电荷。

答:Na 原子的电子排布式为 $1s^2 2s^2 2p^6 3s^1$。

1s: $11-(1\times0.30)=10.7$

2s: $11-(7\times0.35+2\times0.85)=6.85$

3s: $11-(8\times0.85+2\times1.00)=2.20$

9. 对多电子原子来说,当主量子数 $n=4$ 时,有几个能级?各能级有几个轨道?最多能容纳几个电子?

答:有 4 个能级;4s 能级轨道数为 1,4p 能级轨道数为 3,4d 能级轨道数为 5,4f 能级轨道数为 7,共 16 个轨道,最多容纳 32 个电子。

10. 在氢原子中,4s 和 3d 哪一种状态能量高?在 19 号元素钾中,4s 和 3d 哪一种状态能量高?为什么?

答:氢原子为单电子原子,该电子不存在其他电子对核电荷的屏蔽效应,电子能量由主量子数决定;而钾原子为多电子原子,电子不仅受到原子核的吸引,还受到其他电子的斥力,其能量为

$$E=-\frac{(z-\sigma)^2}{n^2}(2.179\times10^{-18})\ \mathrm{J}$$

所以对于氢原子,其 $E_{4s}>E_{3d}$;而钾原子的 $E_{3d}>E_{4s}$。

11. 写出原子序数分别为 25,49,79,86 的四种元素原子的电子排布式,并判断它们在周期表中的位置。

答:原子序数为 25,电子排布式为 $1s^22s^22p^63s^23p^63d^54s^2$ 或 $[Ar]3d^54s^2$,位于第四周期ⅦB 族;

原子序数为 49,电子排布式为 $1s^22s^22p^63s^23p^63d^{10}4s^24p^64d^{10}5s^25p^1$ 或 $[Kr]4d^{10}5s^25p^1$,位于第五周期ⅢA 族;

原子序数为 79,电子排布式为 $1s^22s^22p^63s^23p^63d^{10}4s^24p^64d^{10}5s^25p^65d^{10}6s^1$ 或 $[Xe]5d^{10}6s^1$,位于第六周期ⅠB 族;

原子序数为 86,电子排布式为 $1s^22s^22p^63s^23p^63d^{10}4s^24p^64d^{10}5s^25p^65d^{10}6s^26p^6$ 或 $[Xe]5d^{10}6s^26p^6$,位于第六周期零族。

12. 判断下列说法是否正确,为什么?

(1) s 电子轨道是绕核旋转的一个圆圈,而 p 电子是走 8 字形。

(2) 在 N 原子电子层中,有 4s,4p,4d,4f 共 4 个原子轨道。主量子数为 1 时,有自旋相反的两条轨道。

(3) 氢原子中原子轨道能量由主量子数 n 来决定。

(4) 氢原子的核电荷数和有效核电荷数不相等。

(5) 角量子数 l 决定了所有原子(包括氢原子和多电子原子)原子轨道的形状。

(6) Li^{2+} 的 3s,3p,3d 轨道能量相同。

答:(1) 不正确,电子具有波粒二象性,并不是绕固定轨道运动。

(2) 不正确,4s,4p,4d,4f 为四个能级,共有 16 个轨道;$n=1$ 时,有 1 个轨道其中只能容纳两个自旋相反的电子。

(3) 正确。

(4) 不正确,氢原子为单电子原子,不存在屏蔽作用,因此两者相等。

(5) 正确。

(6) 正确。

13. 根据下列各元素的价电子构型,指出它们在周期表中所处的周期和族,是主族还是副族?

$3s^1$	$4s^24p^3$
$3d^24s^2$	$3d^54s^1$
$3d^{10}4s^1$	$4s^24p^6$

答：$3s^1$　　第三周期ⅠA族　　$4s^24p^3$　　第四周期ⅤA族

$3d^24s^2$　　第四周期ⅣB族　　$3d^54s^1$　　第四周期ⅥB族

$3d^{10}4s^1$　　第四周期ⅠB族　　$4s^24p^6$　　第四周期零族

14. 完成下列表格

原子序数	电子排布式	价电子构型	周期	族	元素分区
24					
	$1s^22s^22p^63s^23p^63d^{10}4s^24p^5$				
		$4d^{10}5s^2$			
			六	ⅡA	

答：见下表。

原子序数	电子排布式	价电子构型	周期	族	元素分区
24	$1s^22s^22p^63s^23p^63d^54s^1$	$3d^54s^1$	四	ⅥB	d区
35	$1s^22s^22p^63s^23p^63d^{10}4s^24p^5$	$4s^24p^5$	四	ⅦA	p区
48	$1s^22s^22p^63s^23p^63d^{10}4s^24p^64d^{10}5s^2$	$4d^{10}5s^2$	五	ⅡB	ds区
56	$1s^22s^22p^63s^23p^63d^{10}4s^24p^64d^{10}5s^25p^66s^2$	$6s^2$	六	ⅡA	s区

15. 写出下列离子的电子排布式：

$$Cu^{2+}, Ti^{3+}, Fe^{3+}, Pb^{2+}, S^{2-}$$

答：Cu^{2+}　$1s^22s^22p^63s^23p^63d^9$

Ti^{3+}　$1s^22s^22p^63s^23p^63d^1$

Fe^{3+}　$1s^22s^22p^63s^23p^63d^5$

Pb^{2+}　$1s^22s^22p^63s^23p^63d^{10}4s^24p^64d^{10}4f^{14}5s^25p^65d^{10}6s^2$

S^{2-}　$1s^22s^22p^63s^23p^6$

16. 价电子构型分别满足下列条件的是哪一类或哪一种元素？

(1) 具有2个p电子。

(2) 有2个$n=4, l=0$的电子，6个$n=3, l=2$的电子。

(3) 3d为全满，4s只有一个电子。

答：(1) 应为ⅣA族（碳族）元素；

(2) 价电子构型为$3d^64s^2$，是Fe元素；

(3) 价电子构型为$3d^{10}4s^1$，是Cu元素。

17. 原子序数1~36的基态原子中，有哪几种电子构型及哪几种元素的原子具有两个未成对电子？

答：s区元素无两个未成对电子；在p区元素中，价电子构型为ns^2np^2和ns^2np^4的原子有两个未成对电子，所以在1~36号元素中前者有C，Si，Ge，后者有O，S，Se；在d区元素中，具有价电子构型$(n-1)d^2ns^2$和$(n-1)d^8ns^2$的原子有两个未成对电子，在1~36号元素中，前者为Ti，后者为Ni，故共有8种元素的原子有两个未成对电子。

18. 某一元素的原子序数为24，试问：

(1) 该元素原子的电子总数是多少？

(2) 它的电子排布式是怎样的？

(3) 价电子构型是怎样的？

(4) 它属第几周期？第几族？主族还是副族？最高氧化物的化学式是什么？

答：(1) 该元素原子的电子总数为24。

(2) 该元素原子的电子排布式为$1s^22s^22p^63s^23p^63d^54s^1$。

(3) 该元素原子的价电子构型为$3d^54s^1$。

(4) 该元素属于第四周期ⅥB族，是副族元素，其最高氧化物的化学式为CrO_3。

19. 为什么原子的最外层上最多只能有8个电子？次外层上最多只能有18个电子？（提示：从能级交错上去考虑。）

答：因为能级$nd > (n+1)s$，所以填充nd电子之前先填充$(n+1)s$电子；因为能级$nf > (n+2)s$，所以填充nf电子之前先填充$(n+2)s$电子。

20. 有A，B，C，D四种元素，其最外层电子依次为1，2，2，7；其原子序数按B，C，D，A次序增大。已知A与B的次外层电子数均为8，而C与D的次外层电子数均为18。试问：

(1) 哪些是金属元素？

(2) D与A的简单离子是什么？

(3) 哪一元素的氢氧化物的碱性最强？

(4) B与D两元素间能形成何种化合物？写出化学式。

答：根据题意，各元素原子的次外层与最外层电子数为

	次外层电子数	最外层电子数
A	8	1
B	8	2
C	18	2
D	18	7

由于原子序数按B，C，D，A次序增大，所以

(1) A，B，C为金属元素；

(2) D与A的简单离子分别为D^-和A^+；

(3) A元素的氢氧化物AOH碱性最强；

(4) B与D之间形成离子型化合物，其化学式为BD_2。

21. 试根据原子结构理论预测：

(1) 第八周期将包括多少种元素？

(2) 原子核外出现第一个5 g($l=4$)电子的元素的原子序数是多少？

(3) 第114号元素属于哪一周期？哪一族？试写出其电子排布式。

答：(1) 第八周期有1个s轨道，9个g轨道，7个f轨道，5个d轨道，3个p轨道，共25个轨

道，可容纳 50 个电子，所以第八周期将包含 50 种元素。

(2) 原子核外出现第一个 5 g(l =4)电子的元素其原子序数为 121。

(3) 第 114 号元素属于第七周期第ⅣA 族，其电子排布式为

$$1s^2 2s^2 2p^6 3s^2 3p^6 3d^{10} 4s^2 4p^6 4d^{10} 4f^{14} 5s^2 5p^6 5d^{10} 5f^{14} 6s^2 6p^6 6d^{10} 7s^2 7p^2$$

22. 试比较下列各对原子或离子半径的大小(不查表)：

Sc 和 Ca	Sr 和 Ba	K 和 Ag
Fe^{2+} 和 Fe^{3+}	Pb 和 Pb^{2+}	S 和 S^{2-}

答:同一周期元素从左至右，随着原子序数的递增，原子半径递减；同一族元素从上至下，随着电子层数的递增，原子半径递增；原子失去电子，半径减小；原子得到电子，半径增大。所以各对原子或离子半径大小如下：

Sc < Ca	Sr < Ba	K > Ag
$Fe^{2+} > Fe^{3+}$	$Pb > Pb^{2+}$	$S < S^{2-}$

23. 试比较下列各对原子电离能的高低(不查表)：

O 和 N	Al 和 Mg	Sr 和 Rb
Cu 和 Zn	Cs 和 Au	Br 和 Kr

答: 同一周期元素从左至右，电离能一般递增；同一族元素从上至下，电离能递减。少数情况例外，详见教材的第 15 页。所以各对原子电离能的高低如下：

O < N	Al < Mg	Sr > Rb
Cu < Zn	Cs < Au	Br < Kr

24. 试用原子结构理论解释：

(1) 稀有气体在每周期元素中具有最高的电离能。

(2) 电离能：P > S 。

(3) 电子亲和能：S > O 。

(4) 电子亲和能：C > N 。

(5) 第一电离能 Na < Mg，但第二电离能 Na > Mg 。

答:(1) 稀有气体有效核电荷最高，且电子构型为 ns^2np^6 稳定的八隅体结构，所以电离能最高。

(2) P 和 S 的价电子构型分别为 $3s^23p^3$ 和 $3s^23p^4$，P 为半满稳定结构，而 S 填充最后一个电子需耗成对能，故易失去，且失去电子后达到 $3p^3$ 半满稳定结构，所以电离能 P > S；

(3) S 和 O 的价电子构型分别为 $3s^23p^4$ 和 $2s^22p^4$，O 半径特别小，获得电子后电子间斥力大为增加，所以电子亲和能 S > O；

(4) C 和 N 的价电子构型分别为 $2s^22p^2$ 和 $2s^22p^3$，C 获得一个电子达半满结构，N 获得一个电子需消耗成对能，所以电子亲和能 C > N；

(5) 二者的价电子构型分别为 Na:$3s^1$，Mg:$3s^2$，同一周期从左到右 Z^* 增加，原子半径减小，

所以第一电离能 Na < Mg；对于第二电离能：Mg 失去的是 $3s^1$ 电子，而 Na 失去的是满壳层的 2p 电子，其能量低，难以失去，所以第二电离能 Na > Mg。

25. 判断常温下，以下气相反应能否自发进行。

(1) $Na(g) + Rb^+(g) \longrightarrow Na^+(g) + Rb(g)$

(2) $F^-(g) + Cl(g) \longrightarrow Cl^-(g) + F(g)$

答：(1) $\Delta H = I(Na) - I(Rb) = 519.6\ kJ \cdot mol^{-1} - 422.3\ kJ \cdot mol^{-1} = 97.3\ kJ \cdot mol^{-1} > 0$，而 ΔS 很小，所以 $\Delta G > 0$，不自发。

(2) $\Delta H = E(F) - E(Cl) = 343.8\ kJ \cdot mol^{-1} - 365.3\ kJ \cdot mol^{-1} = -21.5\ kJ \cdot mol^{-1} < 0$，而 ΔS 很小，所以 $\Delta G < 0$，自发。

26. 将下列原子按电负性降低的次序排列（不查表）：

Ga　S　F　As　Sr　Cs

答：同一周期元素从左至右，电负性递增；同一族元素从上至下，电负性递减。所以电负性次序为

F > S > As > Ga > Sr > Cs

27. 指出具有下列性质的元素（稀有气体除外，不查表）：

(1) 原子半径最大和最小。

(2) 电离能最大和最小。

(3) 电负性最大和最小。

(4) 电子亲和能最大。

答：(1) 原子半径最大的是 Cs，最小的是 H；

(2) 电离能最大的是 F，最小的是 Cs；

(3) 电负性最大的是 F，最小的是 Cs；

(4) 电子亲和能最大的是 Cl。

第七章　分 子 结 构

内容提要

1. 离子键

靠正、负离子的静电引力而形成的化学键叫离子键。离子化合物的性质与离子的半径、电荷以及电子构型有关。离子半径越小,电荷越高,离子间的静电引力就越大,则离子化合物的熔点、沸点、硬度就越高。定量地衡量离子晶体牢固程度的物理量是晶格能,它可由玻恩-哈伯循环间接计算得到。

2. 共价键

基本要点:(1) 原子相互接近时,自旋相反的单电子可以配对形成共价键;(2) 成键的原子轨道重叠越多,形成的共价键越稳定。这就是原子轨道最大重叠原理。

共价键和离子键不同,它具有饱和性和方向性。共价键按原子轨道重叠方式不同,可分为 σ 键和 π 键;按共用电子对提供方式不同,可分为正常共价键和配位共价键。

3. 杂化轨道理论

该理论认为:原子在形成分子时,为了增强成键能力,使分子稳定性增加,趋向于将不同类型的原子轨道重新组合成能量、形状和伸展方向不同的新的原子轨道。这种重新组合称为杂化,杂化后的原子轨道称为杂化轨道。

轨道杂化具有如下特性:(1) 只有能量相近的轨道才能相互杂化;(2) 形成的杂化轨道数目等于参加杂化的原子轨道数目;(3) 杂化轨道成键能力大于原来的原子轨道成键能力;(4) 不同类型的杂化,杂化轨道空间取向不同。

原子轨道杂化后,如果每个杂化轨道所含的成分完全相同,则称其为等性杂化。等性杂化的杂化轨道空间取向与分子的空间构型是一致的。如果原子轨道杂化后,杂化轨道所含的成分不完全相同,则称为不等性杂化。在不等性杂化中,特别是有些杂化轨道被孤对电子占据时,杂化轨道空间取向与分子的空间构型就存在差异。

4. 价层电子对互斥理论

价层电子对互斥理论认为:在共价分子中,中心原子价层电子对的排布方式,总是尽可能使它们之间静电斥力最小,并由此决定了分子的空间构型。因此,可以根据价层电子对的数目推断分子或离子的空间构型。

5. 分子轨道理论

分子轨道理论的基本要点:

(1) 原子结构理论认为原子中电子的运动规律可由一系列波函数 ψ(原子轨道)来描述。类似地,分子轨道理论认为在分子中电子的运动规律可由一系列分子波函数 Ψ_{MO}(分子轨道)来描述。作为一种近似处理,可认为分子轨道是由原子轨道线性组合而成的。分子轨道的数目等于组成分子的各原子轨道总数。

(2) 原子轨道要有效地线性组合成分子轨道,必须遵循以下三条原则:①对称性匹配;②能量相近;③最大重叠。

(3) 若分子轨道由两个符号相同的原子轨道叠加而成,其能量低于原子轨道的能量,称为成键分子轨道;若由两个符号相反的原子轨道叠加而成,其能量高于原子轨道的能量,称为反键分子轨道。又根据分子轨道的对称性不同,可将其分为 σ 分子轨道和 π 分子轨道。

(4) 电子在分子轨道上的排布也遵循电子排布的三原则,即泡利不相容原理、能量最低原理和洪德规则。

6. 金属键

金属原子容易失去电子,所以在金属晶格中既有金属原子又有金属离子,在这些原子和离子之间,还存在着从原子上脱离下来的电子。这些电子可以自由地在整个金属晶格内运动,常称为“自由电子”。自由电子与金属离子间的静电相互作用把金属的原子和离子“黏合”在一起,从而形成了“金属键”。金属键可看作少电子多中心键,不具方向性和饱和性。金属键理论可较好地解释金属的共性。

7. 分子的极性和分子间力

成键两原子正、负电荷中心不重合则化学键就有极性。引起化学键极性的主要原因是成键两原子电负性的差异。电负性差越大,键的极性也越大。一般来说,双原子分子键的极性与分子的极性是一致的。但多原子分子的极性不仅要看共价键是否有极性,还要考虑分子的空间构型。

分子间力又称范德华力。它包括取向力、诱导力和色散力。取向力存在于极性分子之间;诱导力存在于极性分子和非极性分子以及极性分子和极性分子之间;色散力存在于任何分子之间。

8. 离子极化

在离子产生的电场作用下,带有异号电荷的相邻离子的电子云发生变形,这一现象称离子极化。离子极化的强弱取决于离子的极化力和变形性。

极化力是指离子产生的电场强度。产生的电场强度越大,极化力也越大。变形性是指离子在电场的作用下,电子云发生变形的难易。极化力与变形性的大小均取决于离子的半径、离子的电荷及离子的电子构型。一般主要考虑阳离子的极化力和阴离子的变形性,在阳离子半径较大时才考虑阴离子对阳离子的附加极化作用。

离子间相互极化使正、负离子的电子云发生变形而导致原子轨道部分重叠,即离子键向共价键过渡。所以离子极化使化合物的熔点、沸点下降,在水中溶解度减小,颜色加深等。

9. 氢键

氢键是指与高电负性原子 X 以共价键相连的氢原子,和另一个带有孤对电子的高电负性原子 Y 之间所形成的一种弱键。

$$X—H \cdots Y$$

X 和 Y 均是电负性高、半径小的原子,主要指 F,O,N 原子。氢键键能在 $40\ kJ\cdot mol^{-1}$ 以下,比化学键弱 1~2 个数量级，但一般比范德华力稍强。氢键具有方向性和饱和性。

分子间力和氢键对物质的性质，如熔点、沸点、熔化热、汽化热、溶解度和黏度等有较大的影响。但分子间氢键和分子内氢键对物质的性质影响不同。具有分子间氢键的物质其熔点、沸点较高，而仅有分子内氢键的物质其熔点、沸点较低。

习题解答

1. 指出下列离子分别属于何种电子构型：

Ti^{4+}　Be^{2+}　Cr^{3+}　Fe^{2+}　Ag^{+}　Cu^{2+}　Zn^{2+}　Sn^{4+}　Pb^{2+}　Tl^{+}　S^{2-}　Br^{-}

答：Be^{2+}属于 2 电子构型；Ti^{4+}、S^{2-}和 Br^{-}属于 8 电子构型；Ag^{+}，Zn^{2+}和 Sn^{4+}属于 18 电子构型；Pb^{2+}和 Tl^{+}属于 18+2 电子构型；Cr^{3+}，Fe^{2+}和 Cu^{2+}属于 9~17 电子构型。

2. 已知 KI 的晶格能(U)为−650 kJ·mol^{-1}，钾的升华热[S(K)]为 88.8 kJ·mol^{-1}，钾的电离能(I)为 438.9 kJ·mol^{-1}，碘的升华热[$S(I_2)$]为 62.4 kJ·mol^{-1}，碘的解离能(D)为 151 kJ·mol^{-1}，碘的电子亲和能(E)为−309.3 kJ·mol^{-1}，求碘化钾的生成热($\Delta_f H$)。

解：根据玻恩−哈伯循环设计过程如下：

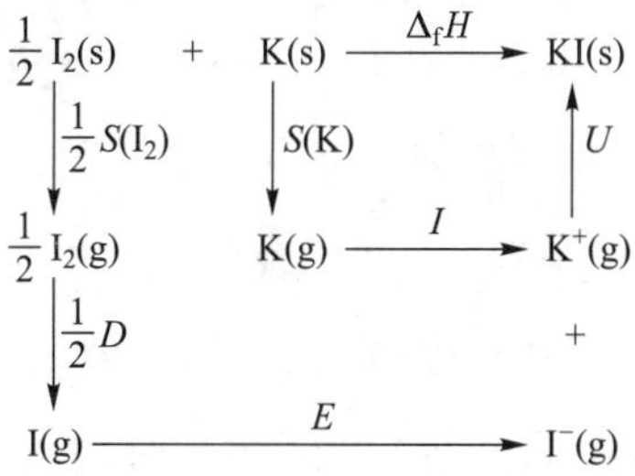

则

$$\Delta_f H = \frac{1}{2}S(I_2) + \frac{1}{2}D + S(K) + I + E + U$$

$$= \frac{1}{2} \times 62.4\ kJ \cdot mol^{-1} + \frac{1}{2} \times 151\ kJ \cdot mol^{-1} + 88.8\ kJ \cdot mol^{-1} + 438.9\ kJ \cdot mol^{-1} + (-309.3\ kJ \cdot mol^{-1}) + (-650\ kJ \cdot mol^{-1})$$

$$= -324.9\ kJ \cdot mol^{-1}$$

$$\approx -325\ kJ \cdot mol^{-1}$$

3. 根据价键理论画出下列分子的电子结构式（可用一根短线表示一对共用电子）。

PH_3　CS_2　HCN　OF_3　H_2O_2　N_2H_4　H_2CO

答：上述分子的电子结构式分别为

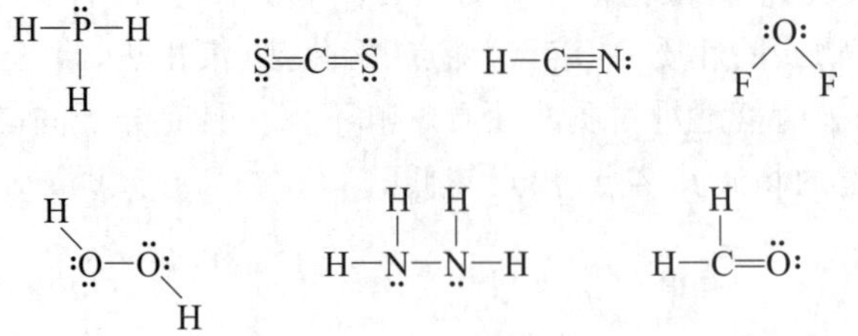

4. 试用杂化轨道理论说明 BF_3 是平面三角形的，而 NF_3 却是三角锥形的。

答：BF_3 采取 sp^2 杂化，分子构型为平面三角形；

NF_3 采取 sp^3 不等性杂化，有一对孤对电子，故分子构型为三角锥形。

5. 指出下列化合物的中心原子可能采取的杂化类型，并预测其分子的空间构型。

BBr_3 SiH_4 PH_3 SeF_6 $AsCl_5$

答：上述化合物中中心原子可能采取的杂化类型及其分子空间构型为

BBr_3	sp^2 杂化	平面三角形
SiH_4	sp^3 杂化	正四面体形
PH_3	sp^3 不等性杂化	三角锥形
SeF_6	sp^3d^2 杂化	正八面体形
$AsCl_5$	sp^3d 杂化	三角双锥形

6. 将下列分子按键角从大到小排列：

BF_3 $BeCl_2$ SiF_4 H_2S PCl_3 SF_6

答：根据分子的杂化类型可推测其键角。SiF_4，PCl_3 和 H_2S 都是 sp^3 杂化，但 SiF_4 是等性杂化，中心原子 Si 上无孤对电子。PCl_3 和 H_2S 是不等性杂化，PCl_3 的中心原子 P 上有一对孤对电子，而 H_2S 的中心原子 S 上有两对孤对电子。根据电子对间排斥力大小的顺序（孤对-孤对>孤对-键对>键对-键对）可知，按键角从大到小排列依次为

$BeCl_2$	BF_3	SiF_4	PCl_3	H_2S	SF_6
sp	sp^2	sp^3	sp^3	sp^3	sp^3d^2
180°	120°	109.5°	约 107.5°	约 104.5°	90°

7. 用价层电子对互斥理论预言下列分子和离子的几何构型：

CS_2 NO_2^- ClO_2^- SCN^- NO_3^- BrF_3 PCl_4^+ BrF_4^- $POCl_3$ BrF_5 PF_6^-

答：根据价层电子对互斥理论，上述分子和离子的几何构型分别为

CS_2	直线形	NO_2^-	V 形	ClO_2^-	V 形
SCN^-	直线形	NO_3^-	平面三角形	BrF_3	T 形
PCl_4^+	正四面体形	BrF_4^-	平面正方形	$POCl_3$	四面体形
BrF_5	四方锥形	PF_6^-	正八面体形		

8. ClF_3 与 AsF_5 反应的反应式为

$$ClF_3 + AsF_5 \longrightarrow [ClF_2]^+[AsF_6]^-$$

该反应的实质是 ClF_3 中 1 个 F^- 转移至 AsF_5 而生成离子化合物 $[ClF_2]^+[AsF_6]^-$。试指出反应物各分子和产物各离子的空间构型及其中心原子的杂化类型。

答:该反应中反应物各分子和产物各离子的空间构型及其中心原子杂化类型分别为

ClF_3	T 形	sp^3d
AsF_5	三角双锥形	sp^3d
ClF_2^+	V 形	sp^3
AsF_6^-	正八面体形	sp^3d^2

9. (1) 用价层电子对互斥理论判断下列物种空间构型:

$$CH_3^+ \quad CH_3^- \quad CH_4 \quad CH_2 \quad CH_2^{2+} \quad CH_2^{2-}$$

(2) 将以上物种按 HCH 键角大小排列。

答:(1) 根据价电子对互斥理论,上述物种的空间构型分别为

CH_3^+	CH_3^-	CH_4	CH_2	CH_2^{2+}	CH_2^{2-}
平面三角形	三角锥形	正四面体形	V 形	直线形	V 形

(2) 上述物种按 HCH 键角大小排列次序为

CH_2^{2+}	>	CH_3^+	>	CH_2	>	CH_4	>	CH_3^-	>	CH_2^{2-}
180°		120°		<120°		109.5		<109.5°		<109.5°

10. 根据分子轨道理论比较 N_2 和 N_2^+ 的键级大小和磁性。

答:根据分子轨道能级图得到电子排布式,计算键级。若含有未成对电子,则为顺磁性;否则为反磁性。

$$N_2[KK(\sigma_{2s})^2(\sigma_{2s}^*)^2(\pi_{2p_y})^2(\pi_{2p_z})^2(\sigma_{2p_x})^2]$$

键级:3　　　　反磁性

$$N_2^+[KK(\sigma_{2s})^2(\sigma_{2s}^*)^2(\pi_{2p_y})^2(\pi_{2p_z})^2(\sigma_{2p_x})^1]$$

键级:2.5　　　　顺磁性

11. 根据分子轨道理论判断 O_2^+,O_2,O_2^-,O_2^{2-} 的键级和单电子数。

答:各物质的电子排布式、键级以及单电子数分别为

	电子排布式	键级	单电子数
O_2^+	$[KK(\sigma_{2s})^2(\sigma_{2s}^*)^2(\sigma_{2p_x})^2(\pi_{2p_y})^2(\pi_{2p_z})^2(\pi_{2p_y}^*)^1]$	2.5	1
O_2	$[KK(\sigma_{2s})^2(\sigma_{2s}^*)^2(\sigma_{2p_x})^2(\pi_{2p_y})^2(\pi_{2p_z})^2(\pi_{2p_y}^*)^1(\pi_{2p_z}^*)^1]$	2	2
O_2^-	$[KK(\sigma_{2s})^2(\sigma_{2s}^*)^2(\sigma_{2p_x})^2(\pi_{2p_y})^2(\pi_{2p_z})^2(\pi_{2p_y}^*)^2(\pi_{2p_z}^*)^1]$	1.5	1
O_2^{2-}	$[KK(\sigma_{2s})^2(\sigma_{2s}^*)^2(\sigma_{2p_x})^2(\pi_{2p_y})^2(\pi_{2p_z})^2(\pi_{2p_y}^*)^2(\pi_{2p_z}^*)^2]$	1	0

12. 在第二周期元素形成的同核双原子分子中：

(1) 顺磁性的有哪些？

(2) 键级为 1 的有哪些？

(3) 键级为 2 的有哪些？

(4) 何种分子具有最高键级？

(5) 不能存在的有哪些？

答：(1) 顺磁性的双原子分子有 B_2 和 O_2；

(2) 键级为 1 的双原子分子有 Li_2，B_2 和 F_2；

(3) 键级为 2 的双原子分子有 C_2 和 O_2；

(4) 具有最高键级的双原子分子为 N_2；

(5) 不能存在的双原子分子有 Be_2 和 Ne_2。

13. 在下列双原子分子和离子中，能稳定存在的有哪些？

(1) H_2^+　H_2^-　H_2^{2-}

(2) He_2^{2+}　He_2^+　He_2

(3) N_2^{2-}　O_2^{2-}　F_2^{2-}

答：分别计算上述分子或离子的键级，不为 0 就能稳定存在，所以

(1) H_2^+ 和 H_2^- 能稳定存在，H_2^{2-} 不能稳定存在；

(2) He_2^{2+} 和 He_2^+ 能稳定存在，He_2 不能稳定存在；

(3) N_2^{2-} 和 O_2^{2-} 能稳定存在，F_2^{2-} 不能稳定存在。

14. 用分子轨道理论判断：

(1) F_2 分子和 F 原子比较，哪个第一电离能低，并解释原因。

(2) N_2 分子和 N 原子比较，哪个第一电离能低，并解释原因。

答：(1) F_2 分子失去的是 $\pi^*_{2p_y}$ 或 $\pi^*_{2p_z}$ 轨道上的一个电子，要比 F 原子 2p 轨道电子的能量高，易失去，所以 F_2 的电离能低于 F 原子的电离能。

(2) N_2 分子失去的是 σ_{2p_x} 轨道上的一个电子，要比 N 原子 2p 轨道电子的能量低，难失去，所以 N 原子的电离能低。

15. 试问下列分子中哪些是极性的？哪些是非极性的？为什么？

$$CH_4 \quad CHCl_3 \quad BCl_3 \quad NCl_3 \quad H_2S \quad CS_2$$

答：分子中正、负电荷中心如果不重合则为极性分子；如果重合则为非极性分子，所以

极性：	$CHCl_3$	NCl_3	H_2S
非极性：	CH_4	BCl_3	CS_2

16. 比较下列各对分子偶极矩的大小：

(1) CO_2 和 SO_2；　(2) CCl_4 和 CH_4；

(3) PH_3 和 NH_3；　(4) BF_3 和 NF_3；

(5) H_2O 和 H_2S。

答：(1) $SO_2 > CO_2$，SO_2 为 V 形构型，是极性分子；CO_2 为直线形构型，是非极性分子；

（2）$CCl_4 = CH_4$，二者都是非极性分子；

（3）$NH_3 > PH_3$，虽然二者都是三角锥形构型，但 N 的电负性大于 P 的电负性；

（4）$NF_3 > BF_3$，NF_3 为三角锥形构型，是极性分子；BF_3 为平面正三角形构型，是非极性分子；

（5）$H_2O > H_2S$，虽然二者都是 V 形构型，但 O 的电负性大于 S 的电负性。

17. 将下列化合物按熔点从高到低的次序排列：

$$NaF \quad NaCl \quad NaBr \quad NaI \quad SiF_4 \quad SiCl_4 \quad SiBr_4 \quad SiI_4$$

答： NaF，NaCl，NaBr，NaI 为离子晶体，SiI_4，$SiBr_4$，$SiCl_4$，SiF_4 为分子晶体。通常情况下，离子晶体的熔点高于分子晶体。在 4 种离子晶体中，离子半径的次序为 $F^- < Cl^- < Br^- < I^-$，所以晶格能的次序为 $NaF > NaCl > NaBr > NaI$；在 4 种分子晶体中，相对分子质量的次序为 $SiI_4 > SiBr_4 > SiCl_4 > SiF_4$，所以色散力的次序为 $SiI_4 > SiBr_4 > SiCl_4 > SiF_4$。因此以上物质的熔点由高到低的次序为

$$NaF > NaCl > NaBr > NaI > SiI_4 > SiBr_4 > SiCl_4 > SiF_4$$

18. 试用离子极化观点解释：

（1）KCl 的熔点高于 $GeCl_4$ 的熔点；

（2）$ZnCl_2$ 的熔点低于 $CaCl_2$ 的熔点；

（3）$FeCl_3$ 的熔点低于 $FeCl_2$ 的熔点。

答：（1）Ge^{4+} 电荷高、半径小，且为（18 + 2）电子构型，极化力很大，故 $GeCl_4$ 是分子晶体，而 KCl 是离子晶体。

（2）Zn^{2+} 半径小，又为 18 电子构型，极化力比较大，$ZnCl_2$ 有明显的共价性。

（3）Fe^{3+} 极化力大于 Fe^{2+} 极化力，故 $FeCl_3$ 向共价键过渡比 $FeCl_2$ 明显。

19. 指出下列各对分子之间存在的分子间作用力的类型（取向力、诱导力、色散力和氢键）：

（1）苯和 CCl_4；　　（2）甲醇和 H_2O；

（3）CO_2 和 H_2O；　　（4）HBr 和 HI。

答：（1）苯和 CCl_4 均为非极性分子，它们之间存在色散力。

（2）甲醇和水均为极性分子，它们之间存在取向力、诱导力、色散力和氢键。

（3）CO_2 为非极性分子，而 H_2O 为极性分子，它们之间存在诱导力、色散力和氢键。

（4）HBr 和 HI 均为极性分子，它们之间存在取向力、诱导力、色散力。

20. 下列化合物中哪些化合物自身能形成氢键？

$$C_2H_6 \quad H_2O_2 \quad C_2H_5OH \quad CH_3CHO \quad H_3BO_3 \quad H_2SO_4 \quad (CH_3)_2O$$

答： 自身能形成氢键首先要求该化合物自身含有能够构成氢键给体和受体的原子，也就是要有 N—H 和 O—H，以及电负性大且具有孤对电子的 N，O，F 原子，所以上述化合物中自身能形成氢键的有

$$H_2O_2 \quad C_2H_5OH \quad H_3BO_3 \quad H_2SO_4$$

21. 比较下列各组中两种物质的熔点高低，并简单说明原因。

(1) NH_3 和 PH_3；(2) PH_3 和 SbH_3；

(3) Br_2 和 ICl；(4) MgO 和 Na_2O；

(5) SiO_2 和 SO_2；(6) $SnCl_2$ 和 $SnCl_4$；

(7) $CH_3CH_2CH_2NH_2$ 和 $H_2NCH_2CH_2NH_2$。

答：(1) $NH_3 > PH_3$，因为 NH_3 能形成分子间氢键。

(2) $PH_3 < SbH_3$，因为 SbH_3 的色散力大。

(3) $Br_2 < ICl$，因为二者色散力相当，而 ICl 是极性分子，存在取向力、诱导力。

(4) $MgO > Na_2O$，Mg^{2+}的电荷高，半径小，因此 MgO 的晶格能比 Na_2O 的大。

(5) $SiO_2 > SO_2$，因为 SiO_2 是原子晶体，熔化时要克服很强的共价键，而 SO_2 是分子晶体，熔化时只要克服很弱的分子间作用力。

(6) $SnCl_2 > SnCl_4$，因为 Sn^{4+} 的极化力大，$SnCl_4$ 的共价性比 $SnCl_2$ 的明显。

(7) $CH_3CH_2CH_2NH_2 < H_2NCH_2CH_2NH_2$，因为 $H_2NCH_2CH_2NH_2$ 生成分子间氢键比 $CH_3CH_2CH_2NH_2$ 多。

22. 填充下表：

物质	晶格上质点	质点间作用力	晶体类型	熔点高或低
MgO				
SiO_2				
Br_2				
NH_3				
Cu				

答：见下表。

物质	晶格上质点	质点间作用力	晶体类型	熔点高或低
MgO	正、负离子	离子键	离子晶体	高
SiO_2	原子	共价键	原子晶体	高
Br_2	分子	分子间力	分子晶体	低
NH_3	分子	分子间力、氢键	分子晶体	低
Cu	原子和正离子	金属键	金属晶体	高

23. 解释下列现象：

(1) H_3PO_4，H_2SO_4，$HClO_4$ 黏度大小的次序为 $H_3PO_4 > H_2SO_4 > HClO_4$。

(2) 乙醇(C_2H_5OH)和二甲醚(CH_3OCH_3)组成相同，前者沸点(78 ℃)比后者沸点(-23 ℃)高

得多；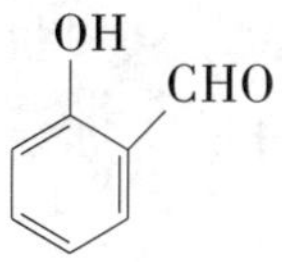 和 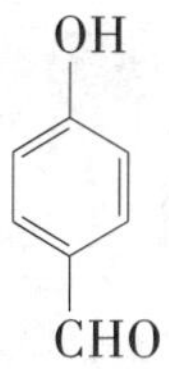 组成也相同，前者熔点（-7 ℃）比后者熔点（118 ℃）低得多。

（3） CF_4 和 SF_4 都能存在，但 OF_4 却不存在。

（4） Br_2 与 SbF_5 反应可生成 Br_2^+，实验测得其 Br—Br 核间距为 215 pm，比 Br_2 分子核间距 228 pm 要小。

答：（1） 因为生成氢键数目：$H_3PO_4 > H_2SO_4 > HClO_4$。

（2） 因为乙醇可形成分子间氢键，而二甲醚不能。

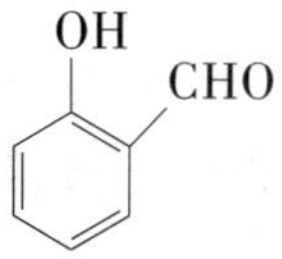 形成分子内氢键，而 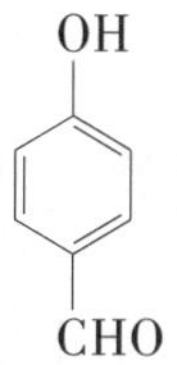 形成分子间氢键。

（3） C 原子发生 sp^3 杂化形成 CF_4，S 原子发生 sp^3d 杂化形成 SF_4，但 O 原子无 d 轨道参与杂化，只能发生 sp^3 杂化，其中两个杂化轨道被孤对电子填充，所以只能形成 OF_2。

（4） Br_2^+ 分子轨道电子排布为 KK LL$(\sigma_{3s})^2(\sigma_{3s}^*)^2(\sigma_{3p_x})^2(\pi_{3p_y})^2(\pi_{3p_z})^2(\pi_{3p_y}^*)^2(\pi_{3p_z}^*)^1$。

键级：$\frac{8-5}{2}=1.5$，而 Br_2 键级为 1，所以核间距大小关系为 $Br_2^+ < Br_2$。

24. 下列说法是否正确？为什么？

（1） 分子中的化学键为极性键，则分子也为极性分子；

（2） Mn_2O_7 中 Mn(Ⅶ)正电荷高、半径小，所以该化合物的熔点比 MnO 的熔点高；

（3） 色散力仅存在于非极性分子间；

（4） 3 电子 π 键比 2 电子 π 键的键能大；

（5） 全部由共价键结合而成的分子，其晶体都应属于分子晶体；

解：（1） 错误，因为还需看分子的空间构型。

（2） 错误，因为 Mn(Ⅶ)的极化力非常大，因此 Mn_2O_7 为共价化合物，形成分子晶体，熔点较低；而 Mn^{2+}的极化力较小，MnO 为离子晶体，其熔点高于 Mn_2O_7 的熔点。

（3） 错误，色散力存在于所有分子之间。

（4） 错误，3 电子 π 键的键级为 0.5，而 2 电子 π 键的键级为 1，因此 2 电子 π 键的键能更大。

（5） 错误，还包括原子晶体。

第八章　配位化合物

内容提要

1. 配位化合物的组成和定义

(1) 定义:配位化合物是指中心原子(或离子)与配位体按一定的组成和空间构型结合而成的以配位个体为特征的化合物。其中中心原子(或离子)提供空轨道,配体提供一定数目的电子对。

(2) 几个重要术语:配位原子:配位体(简称配体)中与中心原子(或中心离子)直接相连的原子。

单齿配体和多齿配体:只有一个配位原子的配体称为单齿配体;有两个或两个以上配位原子的配体称为多齿配体。

配位数:与中心原子直接相连的配位原子数目。对单齿配体来说,中心原子的配位数就是配体的数目。对多齿配体来说,中心原子的配位数不等于配体的数目。

配位个体:中心原子与配体以配位键相连的这一部分,它是配合物的特征部分。配位个体又称为内界。

2. 配位化合物的类型和命名

如果配合物的阴离子是简单阴离子,称某化某;如果阴离子是复杂的阴离子,称某酸某。配合物命名的特殊之处在于配位个体的命名。配位个体命名顺序为

配体 — 合 — 中心原子(氧化数)

如果与中心原子相连的配体有两种以上,不同配体之间用圆点分开,而配体列出的顺序为:先无机配体后有机配体;若有多种无机或有机配体时,先阴离子配体后中性配体;若有多种阴离子配体或中性配体时,按配体的配位原子英文字母顺序列出;如果存在以上情况均相同的几种配体,则先原子数少的配体,后原子数多的配体。以上规则可用如下 16 字口诀帮助记忆:"先无后有,先阴后中,先 A 后 B,先少后多。"

3. 配位化合物的异构现象

配合物普遍存在异构现象,可分为以下两大类。

(1) 立体异构:配合物的实验式和成键原子联结方式都相同,但配体的空间排列方式不同而引起的异构,又可分为几何异构和旋光异构。

(2) 构造异构:配合物的实验式相同,但中心原子与配体间联结的方式不同而引起的异构。主要有解离异构、水合异构、配位异构、键合异构、聚合异构等类型。

4. 配位化合物的化学键本性

(1) 价键理论:

① 价键理论认为,中心原子 M 和配体 L 间的结合是由 M 提供空轨道,L 提供孤对电子而形成的配位键。M 提供的空轨道必须进行杂化,杂化轨道的类型决定了配离子的空间构型和稳定性。

② 中心原子由 $(n-1)\mathrm{d}-n\mathrm{s}-n\mathrm{p}$ 轨道杂化而形成的配合物称内轨型配合物;由 $n\mathrm{s}-n\mathrm{p}-n\mathrm{d}$ 轨道杂化而形成的配合物称外轨型配合物。内轨型配合物稳定性大于外轨型配合物。通过测量配合物的磁矩可判断配合物属于内轨型还是外轨型。配体 CN^-,NO_2^-,CO 与中心原子作用很强,它们能使 d 电子重排,挤入少数轨道,故这些配体倾向于形成内轨型配合物;配体 F^-,H_2O[$Co(H_2O)_6^{3+}$ 例外]与中心原子作用很弱,它们不会影响 d 电子的排布,故这些配体倾向于形成外轨型配合物。

(2) 晶体场理论:

① 晶体场理论把中心原子与配体之间的作用看作纯粹的静电作用。过渡元素中心原子的 d 轨道在 6 个配体的静电作用下,原来 5 个简并的 d 轨道分裂成两组能量不同的轨道: $d_{x^2-y^2}$,d_{z^2} 为一组(称为 e_g 轨道或 d_γ 轨道);d_{xy},d_{xz},d_{yz} 为另一组(称为 t_{2g} 轨道或 d_ε 轨道)。d 轨道分裂的大小以分裂能 Δ(八面体场为 Δ_o,四面体场为 Δ_t)表示。若令 $\Delta_o = 10\ \mathrm{Dq}$,则可算出八面体场中 e_g 和 t_{2g} 轨道的能量:$E(e_g) = +6\ \mathrm{Dq}$,$E(t_{2g}) = -4\ \mathrm{Dq}$。分裂能 Δ_o 的大小与中心原子的电荷所处周期以及配体的性质有关。中心原子电荷越高,所处的周期越大,则 Δ_o 就越大。配体对 Δ 影响大致有如下顺序(称为分光化学序):

$$I^- < Br^- < Cl^- < SCN^- < F^- \approx OH^- < C_2O_4^{2-} \approx H_2O < NCS^- < Py \approx EDTA \approx NH_3 < en \approx NO_2^- < CN^- < CO$$

② 中心原子 d 电子排布情况取决于 Δ 和电子成对能 P 的相对大小。如果 $\Delta>P$(称为强场),d 电子优先排布于 t_{2g} 轨道,造成自旋平行的电子数较少,得到的是低自旋配合物;如果 $\Delta<P$(称为弱场),d 电子尽量自旋平行分占不同的 t_{2g} 和 e_g 轨道,因自旋平行的电子数较多,得到的是高自旋配合物。

③ 由于晶体场的作用,d 电子进入分裂后的轨道比分裂前的轨道总能量降低值称为晶体场稳定化能(CFSE)。在其他条件相同时,CFSE 越大,配合物越稳定。

5. 配位解离平衡

配合物在溶液中的生成与解离是分级进行的,每一步的稳定常数就是逐级稳定常数。累积稳定常数是形成配离子的各个阶段的逐级稳定常数的乘积。利用稳定常数可进行有关配位解离平衡的计算。在配位解离平衡的系统中,若加入某些试剂,使溶液中同时存在沉淀平衡(或氧化还原平衡及酸碱平衡),则溶液中各组分的浓度应同时满足多重平衡。

6. 螯合物的稳定性

多齿配体和同一中心原子配位形成具有环状结构的配合物称为螯合物。由此可见,形成螯合物必须具备两个条件:(1) 配体应具有两个以上配位原子(多齿配体);(2) 这些配位原子应配位在同一中心原子上。螯合物由于成环作用而具有特殊的稳定性。它的稳定常数比同类型非螯合物的稳定常数要大得多。其原因可用熵效应来解释。

螯合物的稳定性与环的大小及环的多少有关。以五元环和六元环最稳定，三元环因张力太大不能形成。形成环越多，螯合物越稳定。如 EDTA 可与金属离子形成 5 个五元环，故 EDTA 的配合物特别稳定。相同类型螯合环中，有双键的螯合环比只有单键的螯合环稳定。

习题解答

1. 命名下列配合物：

(1) $K_4[Ni(CN)_4]$　　(2) $(NH_4)_2[FeCl_5(H_2O)]$

(3) $[Ir(ONO)(NH_3)_5]Cl_2$　　(4) $Na_2[Cr(CO)_5]$

答：上述配合物的命名分别为

(1) 四氰合镍(0)酸钾

(2) 五氯·一水合铁(Ⅲ)酸铵

(3) 二氯化亚硝酸根·五氨合铱(Ⅲ)

(4) 五羰基合铬(-Ⅱ)酸钠

2. 写出下列配合物(配离子)的化学式：

(1) 硫酸四氨合铜(Ⅱ)　　(2) 四硫氰·二氨合铬(Ⅲ)酸铵

(3) 二羟基·四水合铝(Ⅲ)离子　　(4) 二苯合铬

答：上述配合物(配离子)的化学式分别为

(1) $[Cu(NH_3)_4]SO_4$　　(2) $NH_4[Cr(SCN)_4(NH_3)_2]$

(3) $[Al(OH)_2(H_2O)_4]^+$　　(4) $Cr(C_6H_6)_2$

3. $AgNO_3$ 能从 $Pt(NH_3)_6Cl_4$ 溶液中将所有的氯沉淀为 AgCl，但在 $Pt(NH_3)_3Cl_4$ 中仅能沉淀出 1/4 的氯，试根据这些事实写出这两种配合物的结构式。

解：Cl^- 只有在外界才能沉淀下来。所有的氯沉淀说明氯都在外界，1/4 的氯沉淀说明仅有 1 个氯在外界。所以两种配合物的结构式分别为

$$[Pt(NH_3)_6]Cl_4 \qquad [PtCl_3(NH_3)_3]Cl$$

4. 画出下列配合物可能有的几何异构体：

(1) $[PtClBr(NH_3)py]$(平面正方形)　　(2) $[Pt(NH_3)_4(NO_2)Cl]Cl_2$

(3) $[Pt(NH_3)_2(OH)Cl_3]$　　(4) $[Pt(NH_3)_2(OH)_2Cl_2]$

答：(1) $[PtClBr(NH_3)py]$(平面正方形)有 3 种几何异构体，分别为

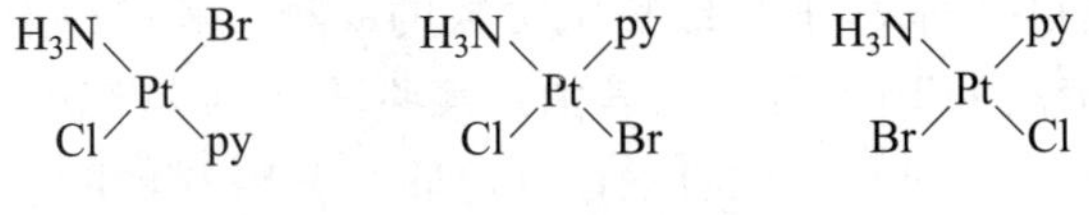

(2) $[Pt(NH_3)_4(NO_2)Cl]Cl_2$ 有 2 种几何异构体，分别为

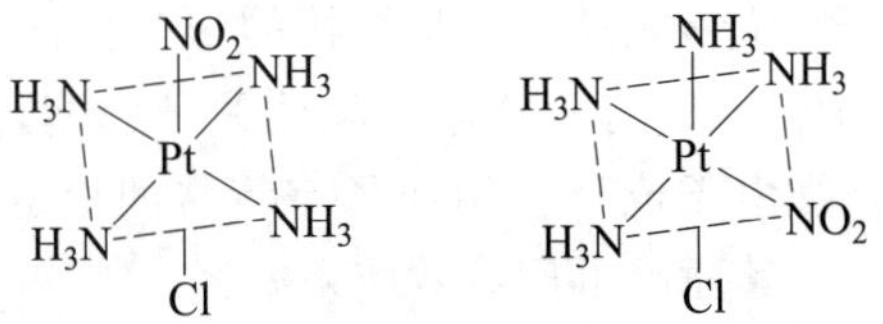

(3) $[Pt(NH_3)_2(OH)Cl_3]$有 3 种几何异构体,分别为

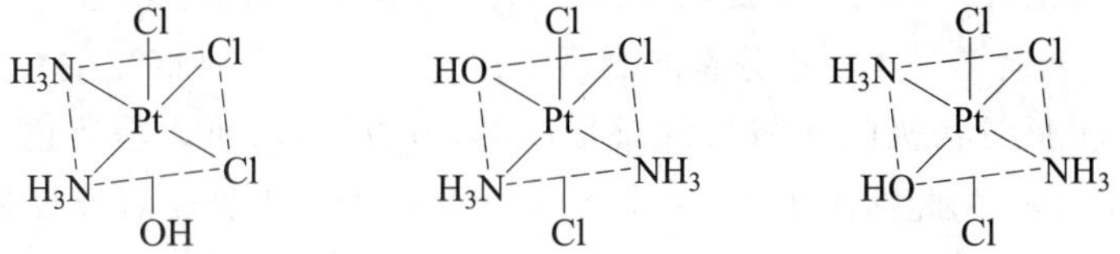

(4) $[Pt(NH_3)_2(OH)_2Cl_2]$有 5 种几何异构体,分别为

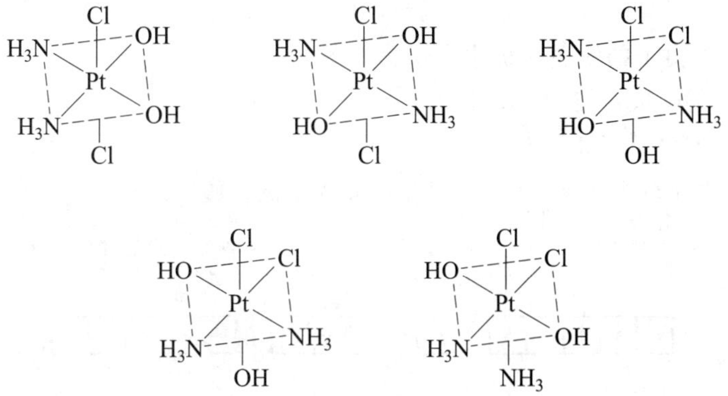

5. CN^-与(1) Ag^+,(2) Ni^{2+},(3) Fe^{3+},(4) Zn^{2+}形成配离子,试根据价键理论讨论其杂化类型、几何构型和磁性。

答:上述各配离子的杂化类型、几何构型和磁性分别为

(1) $[Ag(CN)_2]^-$	sp 杂化	直线形	反磁性
(2) $[Ni(CN)_4]^{2-}$	dsp^2 杂化	平面正方形	反磁性
(3) $[Fe(CN)_6]^{3-}$	d^2sp^3 杂化	正八面体形	顺磁性
(4) $[Zn(CN)_4]^{2-}$	sp^3 杂化	正四面体形	反磁性

6. 试用价键理论说明下列配离子的键型(内轨型或外轨型)、几何构型和磁性大小。

(1) $[Co(NH_3)_6]^{2+}$　　(2) $[Co(CN)_6]^{3-}$

答:该两种配离子的杂化类型、键型、几何构型和磁矩分别为

(1) $[Co(NH_3)_6]^{2+}$	sp^3d^2 杂化	外轨型
	正八面体形	$\mu=\sqrt{3\times5}=3.9\ \mu B$
(2) $[Co(CN)_6]^{3-}$	d^2sp^3 杂化	内轨型
	正八面体形	$\mu=0$

7. 有两个化合物 A 和 B 具有同一化学式:$Co(NH_3)_3(H_2O)_2ClBr_2$。在一干燥器中,1 mol A 很快失去 1 mol H_2O,但在同样条件下,B 不失去 H_2O。当 $AgNO_3$ 加入 A 中时,1 mol A 沉淀出 1 mol AgBr,而 1 mol B 沉淀出 2 mol AgBr。试写出 A 和 B 的化学式。

答:1 mol H_2O 易失去说明 1 mol H_2O 在外界;1 mol A 能沉淀出 1 mol AgBr 说明 1 mol Br^-在外界;1 mol B 可以沉淀出 2 mol AgBr 说明所有的 Br^-都在外界。所以 A 和 B 的化学式分别为

A:$[CoBrCl(H_2O)(NH_3)_3]Br\cdot H_2O$

B：$[CoCl(H_2O)_2(NH_3)_3]Br_2$

8. 试用晶体场理论解释实验室中变色硅胶（内含 $CoCl_2$）的变色现象（干时蓝色，湿时红色）。

答：H_2O 配体对金属离子 d 轨道分裂能的影响比 Cl^- 大。无水 $CoCl_2$ 的 Co^{2+} 周围配体为 Cl^-，因 Δ_o 较小，实现 d-d 跃迁需吸收 λ 较长的黄光（580～600 nm），所以呈蓝色。硅胶吸水后氯化钴变为 $CoCl_2\cdot 6H_2O$，Co^{2+} 的配体为 H_2O，因其 Δ_o 较大，实现 d-d 跃迁需吸收 λ 较短的蓝绿色光（490～500 nm），所以呈红色。

9. 根据 Fe^{2+} 的电子成对能 P，$[Fe(H_2O)_6]^{2+}$ 和 $[Fe(CN)_6]^{4-}$ 的分裂能 Δ_o 解答：

（1）这两个配离子是高自旋还是低自旋？

（2）画出每个配离子的轨道能级中电子排布图。

答：（1）Fe^{2+} 的电子成对能 $P = 15000\ cm^{-1}$。

$[Fe(H_2O)_6]^{2+}$ 的分裂能 $\Delta_o = 10400\ cm^{-1}$，$P > \Delta_o$，高自旋；

$[Fe(CN)_6]^{4-}$ 的分裂能 $\Delta_o = 33000\ cm^{-1}$，$P < \Delta_o$，低自旋。

（2）$[Fe(H_2O)_6]^{2+}$：

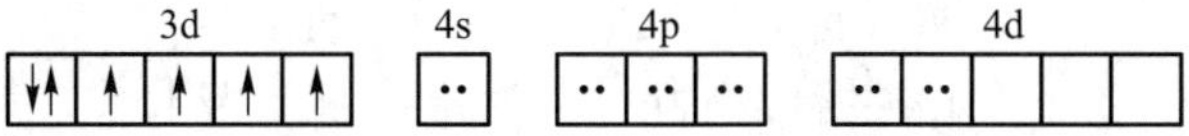

$[Fe(CN)_6]^{4-}$：

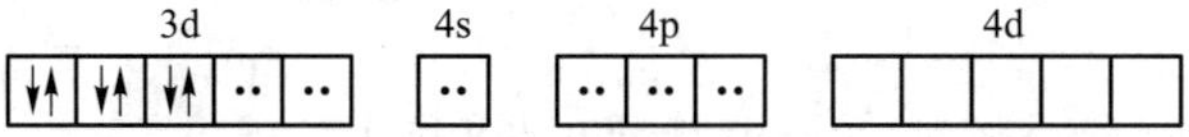

10. 试从 Mn^{3+} 的 P 值和高自旋配合物 $[Mn(H_2O)_6]^{3+}$ 的 Δ_o 值，估计 $[Mn(CN)_6]^{3-}$ 和 $[Mn(C_2O_4)_3]^{3-}$ 是高自旋还是低自旋配合物。

答：Mn^{3+} 的电子成对能 $P = 23800\ cm^{-1}$。

$[Mn(H_2O)_6]^{3+}$ 的分裂能 $\Delta_o = 21000\ cm^{-1}$。

根据"分光化学序"，CN^- 和 $C_2O_4^{2-}$ 的分裂能分别为 H_2O 的 1.7 倍和 0.98 倍。

所以 $[Mn(CN)_6]^{3-}$ 的分裂能 $\Delta_o' \approx 1.7 \times 21000\ cm^{-1} = 35700\ cm^{-1}$，$\Delta_o' > P$，为低自旋；

$[Mn(C_2O_4)_3]^{3-}$ 的分裂能 $\Delta_o'' \approx 0.98 \times 21000\ cm^{-1} = 20580\ cm^{-1}$，$\Delta_o'' < P$，为高自旋。

11. Cr^{2+}，Cr^{3+}，Mn^{2+}，Fe^{2+} 和 Co^{2+} 在强八面体晶体场和弱八面体晶体场中各有多少未成对电子？并写出 t_{2g} 和 e_g 轨道的电子数目。

答：根据上述离子的 d 电子数以及在强八面体场和弱八面体场中的电子排布规律可知：

	$Cr^{2+}(3d^4)$		$Cr^{3+}(3d^3)$	
	强场	弱场	强场	弱场
未成对电子数：	2	4	3	3

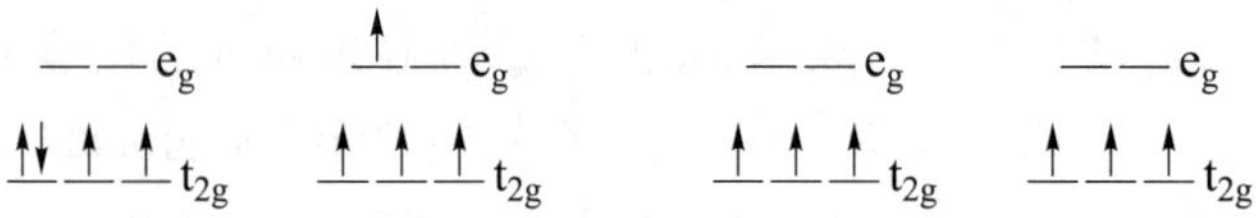

	$Mn^{2+}(3d^5)$		$Fe^{2+}(3d^6)$	
	强场	弱场	强场	弱场
未成对电子数:	1	5	0	4

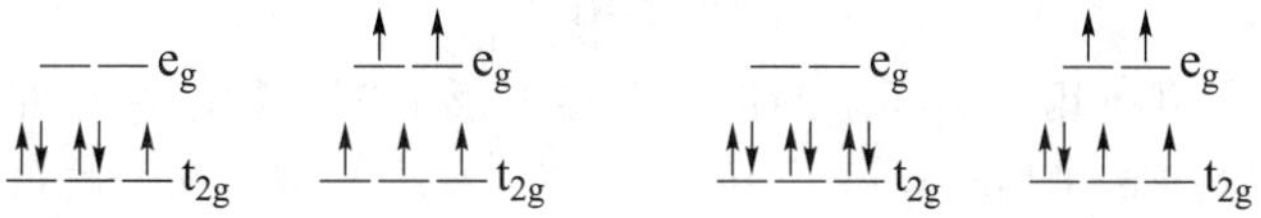

	$Co^{3+}(3d^6)$		$Co^{2+}(3d^7)$	
	强场	弱场	强场	弱场
未成对电子数:	0	4	1	3

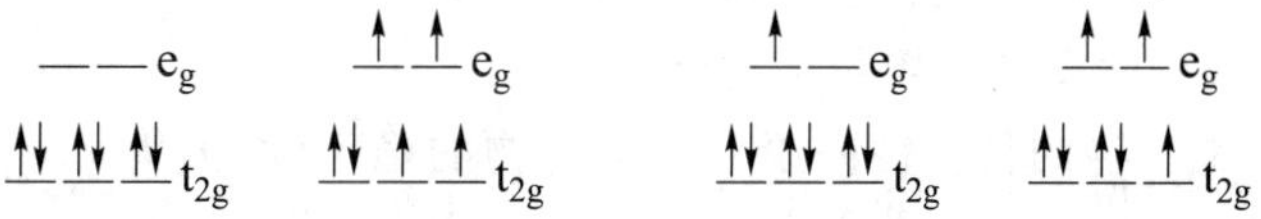

12. 试解释为何螯合物有特殊的稳定性,为何 EDTA 与金属离子形成的配合物其配位比大多是 1∶1。

答:螯合效应实质上是一种熵效应。因为金属离子在水中通常以水合离子形式存在,当与单齿配体配位时,配体只取代了一个水分子,反应前后溶液粒子总数不变;但与螯合配体配位时,配体取代两个或多个水分子,反应后溶液中粒子总数增加了,即系统的混乱度增加了,熵变相应增大,所以螯合物稳定性增加。

EDTA 分子中有两个氨氮原子和四个羧氧原子,因此每个 EDTA 分子具有六个配位能力很强的配位原子可与金属离子键合。它既可以作为四齿配位体,又可作为六齿配位体,而大多数金属离子的配位数为 4 或 6。在一般情况下,一个 EDTA 分子就能占据金属离子的所有配位点。因此,EDTA 与大多数金属离子都形成 1∶1 的配合物。

13. 计算下列反应的平衡常数:

(1) $[Fe(C_2O_4)_3]^{3-} + 6CN^- \rightleftharpoons [Fe(CN)_6]^{3-} + 3C_2O_4^{2-}$

(2) $[Ag(NH_3)_2]^+ + 2S_2O_3^{2-} \rightleftharpoons [Ag(S_2O_3)_2]^{3-} + 2NH_3$

解:(1)

$$K^\ominus = \frac{[Fe(CN)_6^{3-}][C_2O_4^{2-}]^3}{[Fe(C_2O_4)_3^{3-}][CN^-]^6} = \frac{[Fe(CN)_6^{3-}][C_2O_4^{2-}]^3[Fe^{3+}]}{[Fe(C_2O_4)_3^{3-}][CN^-]^6[Fe^{3+}]} = \frac{\beta_6^\ominus([Fe(CN)_6]^{3-})}{\beta_6^\ominus([Fe(C_2O_4)_3]^{3-})} = \frac{1.00\times10^{42}}{1.58\times10^{20}} = 6.33\times10^{21}$$

(2)

$$K^\ominus = \frac{[Ag(S_2O_3)_2^{3-}][NH_3]^2}{[Ag(NH_3)_2^+][S_2O_3^{2-}]^2} = \frac{[Ag(S_2O_3)_2^{3-}][NH_3]^2[Ag^+]}{[Ag(NH_3)_2^+][S_2O_3^{2-}]^2[Ag^+]}$$

$$= \frac{\beta_2^{\ominus}([Ag(S_2O_3)_2]^{3-})}{\beta_2^{\ominus}([Ag(NH_3)_2]^{+})}$$

$$= \frac{2.88 \times 10^{13}}{1.12 \times 10^{7}} = 2.57 \times 10^{6}$$

14. 比较下列各组金属离子与同种配体所形成配合物的稳定性,并说明原因。

(1) Co^{3+}与Co^{2+}配合物　　(2) Mg^{2+}与Ni^{2+}配合物

(3) Ca^{2+}与Zn^{2+}配合物　　(4) Fe^{3+}与Co^{3+}配合物

答:(1) Co^{3+}配合物的稳定性高于Co^{2+}配合物的稳定性,因为Co^{3+}的电荷高,半径小,极化力大,其$3d^6$电子构型易形成内轨型。

(2) Ni^{2+}配合物的稳定性高于Mg^{2+}配合物的稳定性,因为Ni^{2+}属于9~17电子构型,极化力大,而且其d轨道存在晶体场稳定化能。

(3) Zn^{2+}配合物的稳定性高于Ca^{2+}配合物的稳定性,因为Zn^{2+}半径小且具有18电子构型,极化力大。

(4) Co^{3+}配合物的稳定性高于Fe^{3+}配合物的稳定性,因为Co^{3+}为d^6电子构型,Fe^{3+}为d^5电子构型,d^6电子构型的晶体场稳定化能比d^5电子构型的大。

15. (1) 根据下列数据计算$[Al(OH)_4]^-$的$\beta_4^{\ominus}$。

$$[Al(OH)_4]^- + 3e^- \rightleftharpoons Al + 4OH^- \qquad \varphi^{\ominus} = -2.310\ V$$

$$Al^{3+} + 3e^- \rightleftharpoons Al \qquad \varphi^{\ominus} = -1.662\ V$$

(2) 根据下列数据计算$[AuCl_4]^-$的$\beta_4^{\ominus}$。

$$[AuCl_4]^- + 3e^- \rightleftharpoons Au + 4Cl^- \qquad \varphi^{\ominus} = 1.00\ V$$

$$Au^{3+} + 3e^- \rightleftharpoons Au \qquad \varphi^{\ominus} = 1.50\ V$$

解:(1) 因为

① $Al(OH)_4^- + 3e^- = Al + 4OH^-$　　$\varphi^{\ominus} = -2.310\ V$

② $Al^{3+} + 3e^- = Al$　　$\varphi^{\ominus} = -1.662\ V$

②-① 即得原电池反应式　$Al^{3+} + 4OH^- = Al(OH)_4^-$

该原电池的电动势为

$$E^{\ominus} = \varphi_{正}^{\ominus} - \varphi_{负}^{\ominus} = -1.662\ V - (-2.310\ V) = 0.648\ V$$

所以

$$\lg K^{\ominus} = \frac{nE^{\ominus}}{0.0592\ V} = \frac{3 \times 0.648\ V}{0.0592\ V} = 32.84$$

$$\beta_4^{\ominus} = K^{\ominus} = 7 \times 10^{32}$$

(2) 因为

① $AuCl_4^- + 3e^- = Au + 4Cl^-$　　$\varphi^{\ominus} = 1.00\ V$

② $Au^{3+} + 3e^- = Au$　　$\varphi^{\ominus} = 1.50\ V$

②-① 即得原电池反应式　　$Au^{3+} + 4Cl^- \Longrightarrow AuCl_4^-$

该原电池的电动势为

$$E^\ominus = \varphi_{正}^\ominus - \varphi_{负}^\ominus = 1.50\ \text{V} - 1.00\ \text{V} = 0.50\ \text{V}$$

$$\lg K^\ominus = \frac{nE^\ominus}{0.0592\ \text{V}} = \frac{3 \times 0.50\ \text{V}}{0.0592\ \text{V}} = 25.3$$

$$\beta_4^\ominus = K^\ominus = 2 \times 10^{25}$$

16. 已知$[Ag(CN)_4]^{3-}$的积累稳定常数$\beta_2^\ominus = 1.3 \times 10^{21}$,$\beta_3^\ominus = 5.0 \times 10^{21}$,$\beta_4^\ominus = 4.0 \times 10^{20}$，试求配合物的逐级稳定常数$K_3^\ominus$和$K_4^\ominus$。

解: 因为

$$\beta_1^\ominus = K_1^\ominus,\quad \beta_2^\ominus = K_1^\ominus \cdot K_2^\ominus,\quad \beta_3^\ominus = K_1^\ominus \cdot K_2^\ominus \cdot K_3^\ominus,\quad \beta_3^\ominus = K_1^\ominus \cdot K_2^\ominus \cdot K_3^\ominus \cdot K_4^\ominus$$

所以

$$K_3^\ominus = \frac{\beta_3^\ominus}{\beta_2^\ominus} = \frac{5.0 \times 10^{21}}{1.3 \times 10^{21}} = 3.8$$

$$K_4^\ominus = \frac{\beta_4^\ominus}{\beta_3^\ominus} = \frac{4.0 \times 10^{20}}{5.0 \times 10^{21}} = 8.0 \times 10^{-2}$$

17. 在 50 mL 0.10 $mol \cdot L^{-1}$ $AgNO_3$ 溶液中加入密度为 0.93 $g \cdot cm^{-3}$、质量分数为 0.182 的氨水 30 mL 后，加水稀释到 100 mL，求算溶液中 Ag^+,$[Ag(NH_3)_2]^+$和 NH_3 的浓度。已配位在$[Ag(NH_3)_2]^+$中的 Ag^+，占 Ag^+总浓度的百分之几？

解:原氨水中 NH_3 的浓度为

$$c(NH_3) = \frac{1000 \times 0.93 \times 0.182}{17}\ \text{mol} \cdot \text{L}^{-1} = 10\ \text{mol} \cdot \text{L}^{-1}$$

稀释后

$$c(Ag^+) = 0.050\ \text{mol} \cdot \text{L}^{-1}$$

$$c(NH_3) = 3.0\ \text{mol} \cdot \text{L}^{-1}$$

设平衡时 Ag^+浓度为 x $mol \cdot L^{-1}$，则

	Ag^+	+ $2NH_3$	$\Longrightarrow$ $[Ag(NH_3)_2]^+$
开始浓度/($mol \cdot L^{-1}$)	0.050	3.0	0
Ag^+ 完全转化为$[Ag(NH_3)_2]^+$时各物质的浓度/($mol \cdot L^{-1}$)	0	2.9	0.050
平衡浓度/($mol \cdot L^{-1}$)	x	$2.9 + 2x$	$0.050 - x$

由于$\beta_1^\ominus([Ag(NH_3)_2]^+) = 1.12 \times 10^7$，$x$ 应该很小，所以 $2.9 + 2x \approx 2.9$，$0.050 - x \approx 0.050$，则

$$\beta_2^{\ominus}([Ag(NH_3)_2]^+) = \frac{0.050}{2.9x} = 1.12 \times 10^7$$

解得

$$x = 5.3 \times 10^{-10}$$

所以 $[Ag^+] = 5.3 \times 10^{-10}\ mol \cdot L^{-1}$,$[Ag(NH_3)_2^+] = 0.050\ mol \cdot L^{-1}$

$[NH_3] = 2.9\ mol \cdot L^{-1}$,$[Ag(NH_3)_2]^+$ 中 Ag^+ 占总 Ag^+ 浓度的 100%。

18. 在上题的混合溶液中加入 1.0 mmol KCl,是否有 AgCl 析出?若在没有 AgCl 析出的情况下,原来$AgNO_3$和氨的混合溶液中总氨的最低浓度为若干?

解:加入 1.0 mmol KCl 后

$$c(Cl^-) = \frac{1.0 \times 10^{-3}mol}{0.10\ L} = 1.0 \times 10^{-2}mol \cdot L^{-1}$$

因为 $c(Ag^+)c(Cl^-) = 5.3 \times 10^{-10} \times 1.0 \times 10^{-2} = 5.3 \times 10^{-12} < K_{sp}^{\ominus}(AgCl) = 1.77 \times 10^{-10}$,所以无 AgCl 沉淀生成。

在没有 AgCl 析出的情况下,Ag^+的最高浓度为

$$c(Ag^+) = \frac{1.77 \times 10^{-10}}{0.010}\ mol = 1.77 \times 10^{-8}mol \cdot L^{-1}$$

设原平衡溶液中氨的最低浓度为 $x\ mol \cdot L^{-1}$,则

	Ag^+	+	$2NH_3$	$\rightleftharpoons$	$[Ag(NH_3)_2]^+$
平衡浓度/$(mol \cdot L^{-1})$	1.77×10^{-8}		x		$0.050 - 1.77 \times 10^{-8} \approx 0.050$

$$\beta_2^{\ominus}([Ag(NH_3)_2]^+) = \frac{0.050}{1.77 \times 10^{-8}x^2} = 1.12 \times 10^7$$

解得

$$x = 0.50$$

所以总氨的浓度为 $0.50\ mol \cdot L^{-1} + 2 \times 0.050\ mol \cdot L^{-1} = 0.60\ mol \cdot L^{-1}$

19. 欲将 14.3 mg AgCl 溶于 1.0 mL 氨水中,问此氨水溶液的总浓度至少应为多少?

解:AgCl 的物质的量为

$$n = \frac{14.3 \times 10^{-3}g}{143\ g \cdot mol^{-1}} = 1.0 \times 10^{-4}\ mol$$

溶解后各离子浓度为

$$c([Ag(NH_3)_2]^+) = c(Cl^-) = \frac{1.0 \times 10^{-4}mol}{1.0 \times 10^{-3}L} = 0.10\ mol \cdot L^{-1}$$

设平衡溶液中氨的浓度为 x mol·L^{-1},则

$$\begin{array}{lcccc} & AgCl + 2NH_3 & \rightleftharpoons & [Ag(NH_3)_2]^+ & + Cl^- \\ \text{平衡浓度}/(mol\cdot L^{-1}) & x & & 0.10 & 0.10 \end{array}$$

$$K^{\ominus}=\frac{[Ag(NH_3)_2^+][Cl^-]}{[NH_3]^2}$$
$$=\frac{[Ag(NH_3)_2^+][Cl^-][Ag^+]}{[NH_3]^2[Ag^+]}$$
$$=K_{sp}^{\ominus}(AgCl)\cdot\beta_2^{\ominus}([Ag(NH_3)_2]^+)$$
$$=1.77\times10^{-10}\times1.12\times10^{7}=2.0\times10^{-3}$$

所以

$$\frac{0.10\times0.10}{x^2}=2.0\times10^{-3}$$
$$x=2.2$$

则总氨的浓度为 $0.10\ mol\cdot L^{-1}\times2+2.2\ mol\cdot L^{-1}=2.4\ mol\cdot L^{-1}$

20. 碘化钾可在$[Ag(NH_3)_2]NO_3$溶液中沉淀出 AgI,但是不能从 $K[Ag(CN)_2]$溶液中沉淀出 AgI,这两种溶液都能和 H_2S 作用并析出 Ag_2S,以上事实说明什么？答题以后再查 $\beta_2^{\ominus}$ 和 $K_{sp}^{\ominus}$ 的数据与你的答案进行比较。

解:上述事实说明:

(1) $\beta_2^{\ominus}([Ag(CN)_2]^-)>\beta_2^{\ominus}([Ag(NH_3)_2]^+)$[查表可知 $\beta_2^{\ominus}([Ag(CN)_2]^-)=1.26\times10^{21}$, $\beta_2^{\ominus}([Ag(NH_3)_2]^+)=1.12\times10^{7}$]。

(2) $K_{sp}^{\ominus}(Ag_2S)<K_{sp}^{\ominus}(AgI)$[查表可知 $K_{sp}^{\ominus}(Ag_2S)=6.3\times10^{-50}$, $K_{sp}^{\ominus}(AgI)=8.52\times10^{-17}$]。

注:由于 Ag_2S 与 AgI 组成不同,严格来说不能直接判断其 K_{sp} 的大小,只能说明前者的溶解度低于后者的溶解度。

(3) $[Ag(NH_3)_2]^+$,AgI,$[Ag(CN)_2]^-$,Ag_2S 溶液中$[Ag^+]$依次减小。

21. 已知 $Zn^{2+}+2e^-\rightleftharpoons Zn$,$\varphi^{\ominus}=-0.763$ V,求:

$$[Zn(CN)_4]^{2-}+2e^-\rightleftharpoons Zn+4CN^-$$

的 $\varphi^{\ominus}$。

解:因为

① $Zn^{2+}+2e^-=Zn$　　$\varphi^{\ominus}=-0.763$ V

② $[Zn(CN)_4]^{2-}+2e^-=Zn+4CN^-$　　$\varphi^{\ominus}=?$

①-② 即得原电池反应式

$Zn^{2+}+4CN^-=[Zn(CN)_4]^{2-}$　　$E^{\ominus}=?$

查表可知 $\beta_4^{\ominus}([Zn(CN)_4]^{2-})=5.01\times10^{16}$,则

$$E^{\ominus}=\frac{0.0592\ V\ \lg K^{\ominus}}{n}=\frac{0.0592\ V\ \lg\beta_4^{\ominus}([Zn(CN)_4]^{2-})}{n}$$

$$= \frac{0.0592\ \text{V}\ \lg(5.01 \times 10^{16})}{2}$$

$$= 0.494\ \text{V}$$

因为 $$E^{\ominus} = \varphi^{\ominus}_{正} - \varphi^{\ominus}_{负} = -0.763\ \text{V} - \varphi^{\ominus}$$

所以 $$\varphi^{\ominus} = -0.763\ \text{V} - E = -0.763\ \text{V} - 0.494\ \text{V} = -1.257\ \text{V}$$

第九章　s 区 元 素

内容提要

1. 锂、铍性质的反常性

锂和铍的原子半径和离子半径分别是碱金属和碱土金属中最小的，特别是 Be^{2+}，极化力很强，使得锂和铍的许多化合物具有一定的“共价性”。

在电极电势变化的趋势中，Li 表现“反常”。虽然 Li 的电离能比 Na 的大，但由于 Li^{+} 的离子半径小，因此 Li^{+} 的水合能大，抵消了电离能的影响，标准电极电势 $\varphi^{\ominus}(Li^{+}/Li)<\varphi^{\ominus}(Na^{+}/Na)$。

Li^{+} 和 Be^{2+} 的卤化物熔点在同族元素卤化物中是最低的。$BeCl_2$ 的共价性已超过了它的离子性，固态 $BeCl_2$ 是链式多聚结构，在 1000 ℃时才变成直线形的 $BeCl_2$ 分子。

两组概念需要注意区分：(1) 金属还原性强弱与金属性强弱；(2) 金属还原性强弱与金属和水反应剧烈程度。

2. s 区金属在空气中燃烧产物

s 区元素在空气中燃烧一般得到不同类型的产物：

$$\text{I A}\quad M + O_2 \longrightarrow Li_2O, Na_2O_2, MO_2(M = K, Rb, Cs)$$

$$\text{II A}\quad M + O_2 \xrightarrow{\text{空气}} MO$$

$$\text{II A}\quad M + O_2 \xrightarrow[\text{过量氧气}]{} MO_2(M = Ca, Sr, Ba)$$

适用于离子型化合物的一些经验规律：大阳离子稳定大阴离子，小阳离子稳定小阴离子；价数高的阳离子趋向于和价数高的阴离子相结合，价数低的阳离子易与价数低的阴离子相结合；半径小的离子趋向于和价数高的异号离子结合。

3. s 区金属的氢氧化物

(1) 溶解度：碱金属氢氧化物都易溶于水，碱土金属氢氧化物在水中的溶解度比碱金属氢氧化物的要小得多。同一族元素氢氧化物的溶解度总趋势为从上到下逐渐增大。

(2) 碱性：碱金属和碱土金属氢氧化物中，除 $Be(OH)_2$ 为两性，$Mg(OH)_2$ 为中强碱外，其余均为强碱。金属氢氧化物碱性的强弱，可用金属离子的离子势 ϕ 来判断。$\phi = Z/r$，其中 Z 为离子的电荷数，而 r 为离子半径。如果 ϕ 值大，说明 M 和 O 原子之间的作用力大，该氢氧化物易作酸式解离；如果 ϕ 值小，说明 M 和 O 原子之间的作用力小，该氢氧化物易作碱式解离。一般可用 $\sqrt{\phi}$ 值来判断金属氢氧化物的碱性。

$\sqrt{\phi} < 0.22$　　　　金属氢氧化物显碱性

$0.22 < \sqrt{\phi} < 0.32$　　　　金属氢氧化物显两性

$\sqrt{\phi} > 0.32$ 金属氢氧化物显酸性

4. 一些难溶的碱金属盐

碱金属盐类的特点是易溶性，但有少数盐难以溶解，如 $Na[Sb(OH)_6]$（白色）、$NaAc \cdot Zn(Ac)_2 \cdot 3UO_2(Ac)_2 \cdot 9H_2O$（黄绿色）、$KClO_4$（白色）、$K_2[PtCl_6]$（淡黄色）、$K[B(C_6H_5)_4]$（白色）、$K_2Na[Co(NO_2)_6]$（亮黄色）等。可利用生成这些难溶盐来鉴定 Na^+ 和 K^+。

碱土金属的卤化物（除氟化物外）、硝酸盐、醋酸盐等都易溶于水，而碳酸盐、硫酸盐、磷酸盐、草酸盐和铬酸盐等多数难溶于水。

离子型化合物的溶解过程可以看作由晶格拆散和离子水合两个过程组成。一般来说，溶解过程 $T\Delta S$ 值不大，$\Delta_{sol}G$ 主要由 $\Delta_{sol}H$ 决定。从焓效应来看，当正、负离子大小接近时，不利于溶解；正、负离子大小悬殊时，有利于溶解。当然，由于影响溶解度的因素很多，仅从离子大小的匹配来判断溶解度并不完全符合。

5. 含氧酸盐的热稳定性

碱金属的含氧酸盐一般具有较高的热稳定性。除碳酸氢盐在 200 ℃以下可分解为碳酸盐和 CO_2、硝酸盐分解温度较低外，碳酸盐分解温度一般都在 800 ℃以上，硫酸盐分解温度更高。碱土金属的含氧酸盐热稳定性比碱金属差，并且随着半径减小分解温度降低。可以用离子极化来说明以上含氧酸盐的热稳定性。金属离子对邻近 CO_3^{2-} 上 O^{2-} 产生的极化作用会减弱 C^{4+} 对 O^{2-} 的极化作用，促进 CO_3^{2-} 的热分解。

6. 对角线规则

在元素周期系中，某元素和它左上方或右下方的另一元素离子极化能力相近，而引起性质的相似性，称对角线规则。

(1) 锂和镁的相似性：单质与氧作用都生成正常氧化物；都能与 N_2 直接化合生成氮化物；氟化物、碳酸盐、磷酸盐均难溶于水；氢氧化物均为中强碱，且在水中溶解度不大，加热分解为正常氧化物；硝酸盐加热分解产物均为氧化物、NO_2 和 O_2；氯化物都具有共价性，能溶于有机溶剂中；水合能力较强，水合氯化物晶体受热都会发生水解反应。

(2) 铍和铝的相似性：都是两性金属，既能溶于酸也能溶于强碱；都能被冷的浓硝酸钝化；氢氧化物均为两性；氯化物都是共价型化合物，易升华、易聚合、易溶于有机溶剂；氧化物均为高熔点、高硬度的物质。

习题解答

1. 试说明碱金属和碱土金属在同一族从上到下，同一周期从左到右下列性质递变的情况：(1) 离子半径；(2) 电离能；(3) 离子水合能。并解释原因。

答：(1) 离子半径是描述离子大小的参数，数据值取决于在晶体中如何划分正、负两个离子的核间距（教材中附录十一中列出了鲍林离子半径数据）。离子半径变化主要取决于电子层数和离子电荷。碱金属离子（M^+）和碱土金属离子（M^{2+}）在同一族从上到下半径增大（电子层数增加），同一周期从左到右半径减小（离子电荷增加）。

(2) 第一电离能是气态原子失去一个电子成为气态+1 价离子所需的能量，可以衡量原子移去一个电子的难易程度。元素电离能大小主要取决于其电子层数、有效核电荷数和电子构型。碱金属和碱土金属在同一族从上到下电离能减小(电子层数增加,外层电子离核越远),同一周期从左到右电离能增加(有效核电荷数增加)。

(3) 离子水合作用是指离子和水分子之间的静电作用,离子水合能是离子在气态下溶于大量水时的热效应(放热为负值,吸热为正值)。离子半径越小,电荷越高,水合能越大(即放热越多)。同一族碱金属离子(M^+)和碱土金属离子(M^{2+})从上到下水合能数值减小,同一周期从左到右水合能数值增大。

2. 锂、钠、钾在氧气中燃烧生成何种氧化物?这些氧化物与水反应情况如何?以化学反应方程式来说明。

答:(1) $4Li + O_2 = 2Li_2O$

(2) $2Na + O_2 = Na_2O_2$

(3) $K + O_2 = KO_2$

(4) $Li_2O + H_2O = 2LiOH$

(5) $Na_2O_2 + 2H_2O$ (冷水) $= H_2O_2 + 2NaOH$

(6) $2Na_2O_2 + 2H_2O$ (热水) $= O_2\uparrow + 4NaOH$

(7) $2KO_2 + 2H_2O = H_2O_2 + 2KOH + O_2\uparrow$

3. 写出下列反应方程式:

(1) Al 溶于 NaOH 溶液中

(2) $Ba(NO_3)_2$ 加热分解

(3) $Na_2O_2 + CO_2 \longrightarrow$

(4) $CaH_2 + H_2O \longrightarrow$

(5) $Na_2O_2 + Cr_2O_3 \xrightarrow{熔融}$

(6) $K + KNO_3 \longrightarrow$

答:(1) $2Al + 2NaOH + 6H_2O = 2Na[Al(OH)_4] + 3H_2\uparrow$

(2) $2Ba(NO_3)_2 \xlongequal{\triangle} 2BaO + 4NO_2 + O_2$

(3) $2Na_2O_2 + 2CO_2 = 2Na_2CO_3 + O_2$

(4) $CaH_2 + 2H_2O = Ca(OH)_2 + 2H_2\uparrow$

(5) $3Na_2O_2 + Cr_2O_3 \xlongequal{熔融} Na_2O + 2Na_2CrO_4$

(6) $10K + 2KNO_3 = 6K_2O + N_2$

4. 比较下列性质的大小:

(1) 溶解度: CsI, LiI; CsF, LiF; $LiClO_4$, $KClO_4$

(2) 碱性的强弱: $Be(OH)_2$, $Mg(OH)_2$, $Ca(OH)_2$, NaOH

(3) 分解温度: Na_2CO_3, $NaHCO_3$, $MgCO_3$, K_2CO_3

(4) 水合能: Na^+, K^+, Be^{2+}, Mg^{2+}

答:(1) 溶解度:

$$CsI < LiI;\quad CsF > LiF;\quad LiClO_4 > KClO_4$$

(2) 碱性的强弱:

$$Be(OH)_2 < Mg(OH)_2 < Ca(OH)_2 < NaOH$$

(3) 分解温度：

$$K_2CO_3 > Na_2CO_3 > MgCO_3 > NaHCO_3$$

(4) 水合能：

$$Be^{2+} > Mg^{2+} > Na^+ > K^+$$

5. 解释下列事实：

(1) 卤化锂在非极性溶剂中的溶解度大小的顺序为 LiI > LiBr > LiCl > LiF 。

(2) 虽然电离能 $I(Li)$ 大于 $I(Na)$，但 $\varphi^{\ominus}(Li^+/Li)$ 比 $\varphi^{\ominus}(Na^+/Na)$ 更低。

(3) 虽然 $\varphi^{\ominus}(Li^+/Li)$ 比 $\varphi^{\ominus}(Na^+/Na)$ 低，但金属锂与水反应不如金属钠与水反应剧烈。

(4) 锂的第一电离能小于铍的第一电离能，但锂的第二电离能却大于铍的第二电离能。

(5) 在实验室里，NaOH 标准溶液不能装在酸式滴定管中，而只能装在碱式滴定管中。

答：(1) 卤化锂在非极性溶剂中的溶解性可以用相似相溶原理来说明。随着 F^-，Cl^-，Br^-，I^- 的离子半径增大，变形性增大，因此 LiF，LiCl，LiBr，LiI 的共价键成分依次增强，分子的极性减弱，所以在非极性溶剂中的溶解度依次增大。

(2) 虽然 Li 的电离能（545 $kJ\cdot mol^{-1}$）比 Na（520 $kJ\cdot mol^{-1}$）大一些，但 Li^+ 的水合能（-498 $kJ\cdot mol^{-1}$）远大于 Na^+（-393 $kJ\cdot mol^{-1}$），可以抵消电离能的影响，所以标准电极电势 $\varphi^{\ominus}(Li^+/Li)$ 低于 $\varphi^{\ominus}(Na^+/Na)$ 。

(3) 虽然 $\varphi^{\ominus}(Li^+/Li)$ 比 $\varphi^{\ominus}(Na^+/Na)$ 低，但电极电势的高低与反应速率之间没有直接的联系，前者属于热力学范畴，后者属于动力学范畴。Li 与水反应的剧烈程度不如 Na 与水反应，主要由于 Li 的熔点（181 ℃）高于 Na 的熔点（97.8 ℃），反应过程中不易熔化而增大反应接触面积。此外，LiOH 在水中溶解度（15 ℃时，5.3 $mol\cdot L^{-1}$）比 NaOH 的（15 ℃时，26.4 $mol\cdot L^{-1}$）小，Li 与水反应产生的 LiOH 会包覆在 Li 表面，降低反应接触面。

(4) Li 和 Be 失去的第一个电子都是 2s 电子，而 Li 的有效核电荷数小、原子半径大，因此 Li 的第一电离能小于 Be 的第一电离能。Li^+ 的电子层结构为 $1s^2$，而 Be^+ 的电子层结构为 $1s^22s^1$，Li 和 Be 失去的第二个电子分别是 1s 和 2s 电子，失去 1s 电子所需的能量更高，因此 Li 的第二电离能大于 Be 的第二电离能。

(5) $SiO_2 + 2NaOH \xlongequal{} Na_2SiO_3 + H_2O$，碱能腐蚀玻璃，与玻璃中的 SiO_2 反应生成硅酸盐把塞子粘住。

6. 回答下列问题：

(1) 在水溶液中，离子在电场作用下移动速度的快慢常用离子的迁移率来描述。为什么实验测得碱金属离子的迁移率大小顺序是 $Cs^+ > Rb^+ > K^+ > Na^+ > Li^+$？

(2) 氯化钙加入冰中可获得低温，从制冷效果来看，采用无水 $CaCl_2$ 还是 $CaCl_2\cdot 6H_2O$ 为好？

(3) 为什么碱金属氯化物的熔点高低顺序为 NaCl > KCl > RbCl > CsCl？而碱土金属氯化物的熔点高低顺序为 $MgCl_2 < CaCl_2 < SrCl_2 < BaCl_2$？

(4) 加热 $CaCl_2\cdot 6H_2O$ 和 $MgCl_2\cdot 6H_2O$ 时，为什么前者得到无水 $CaCl_2$，而后者得到 Mg(OH)Cl？

答:(1) 与水合离子半径有关。离子在水溶液中不是单独存在的,而是以水合离子的形式存在。碱金属离子(M^+)在同一族从上到下水合离子的半径减小。而离子运动速率与离子直径成反比,因此迁移率大小顺序是 $Cs^+ > Rb^+ > K^+ > Na^+ > Li^+$。

(2) 采用 $CaCl_2 \cdot 6H_2O$ 好,因为无水 $CaCl_2$ 与水反应有水合热放出。

(3) 考虑离子的极化。碱金属离子极化力小,它们的氯化物是典型的离子晶体;Na^+,K^+,Rb^+,Cs^+的离子半径依次增大,离子间吸引力减弱,氯化物的熔点依次降低。碱土金属离子极化力比碱金属离子的大,Ba^{2+},Sr^{2+},Ca^{2+},Mg^{2+}的离子半径依次减小,离子极化力增大,氯化物的离子性逐渐过渡到一定程度的共价性,熔点依次降低。

(4) Mg^{2+}的离子半径小,水合作用更强(与 H_2O 中的 O^{2-} 结合力大),所以加热水合 $MgCl_2$ 时,不能得到无水盐,而是发生水解反应。

7. 如何鉴别下列各对物质?

(1) $Be(OH)_2$,$Mg(OH)_2$　　(2) $BeCO_3$,$MgCO_3$

(3) LiF,KF　　(4) $NaClO_4$,$KClO_4$

答:(1) $Mg(OH)_2$ 为中强碱,而 $Be(OH)_2$ 为两性物质,可溶于浓碱液。将两种固体加入氢氧化钠溶液中,能够溶解的是 $Be(OH)_2$。

$$2NaOH + Be(OH)_2 \xlongequal{\quad} Na_2[Be(OH)_4]$$

(2) 方法一:用盐酸溶解,加入过量的 NaOH 能得到澄清溶液的就是 $BeCO_3$。方法二:控温 400 ℃以下加热,放气分解的是 $BeCO_3$,不分解的就是 $MgCO_3$。方法三:将两种盐加热分解,生成 BeO 和 MgO,然后分解产物溶于过量 NaOH 溶液的是 $BeCO_3$,不溶于 NaOH 溶液的是 $MgCO_3$。

(3) 方法一:根据在水溶液中溶解能力区别,LiF 的溶解度[$0.10\ mol\cdot(kg\ H_2O)^{-1}$]远小于 KF 的溶解度($16\ mol\cdot(kg\ H_2O)^{-1}$)。方法二:取少量固体分别溶于水,通过焰色反应(用铂丝小圈蘸取后在火焰上烧)观察,紫色火焰的是 KF,紫红色火焰的是 LiF。

(4) 根据在水溶液中溶解能力区别,$KClO_4$ 是难溶盐。

8. 商品 NaOH 中为什么常含有杂质 Na_2CO_3?怎样用简便的方法加以检验?并如何除去?

答:NaOH 固体(白色)易潮解,能与空气中 CO_2 反应生成 Na_2CO_3,所以 NaOH 应密封保存。检验是否含有杂质 Na_2CO_3 的简单方法:取少许固体加入盐酸中,观察是否有气泡(CO_2)产生。Na_2CO_3 在浓 NaOH 溶液中难溶解,可利用这一性质去除 NaOH 中的杂质 Na_2CO_3。

9. Ca^{2+}和 Mg^{2+}混合液可用如下操作予以分离:在混合液中先加 NH_3-NH_4Cl 混合溶液,然后再加入$(NH_4)_2CO_3$ 溶液,发现 Ca^{2+}变成 $CaCO_3$ 沉淀,而 Mg^{2+}仍留在溶液中。试用有关平衡理论解释之。

解:$Mg(OH)_2$ 在水中的溶解度远小于 $Ca(OH)_2$ 在水中的溶解度,向 Ca^{2+}和 Mg^{2+}混合溶液中加入 NH_3-NH_4Cl 混合溶液后,可产生 $Mg(OH)_2$ 沉淀;再加入$(NH_4)_2CO_3$ 溶液,NH_4^+ 可降低 OH^-的浓度,$Mg(OH)_2$ 沉淀溶解。而 $MgCO_3$ 在水中的溶解度远大于 $CaCO_3$ 在水中的溶解度,CO_3^{2-} 浓度增大时 Ca^{2+}变成 $CaCO_3$ 沉淀,Mg^{2+}仍然留在溶液中。

10. 在某酸性 $BaCl_2$ 溶液中,有少量 $FeCl_3$ 杂质,现用 $BaCO_3$ 调节溶液的 pH,可把 Fe^{3+}沉淀为 $Fe(OH)_3$ 而除去。试用有关平衡理论解释之。

解：$Fe^{3+}+H_2O \rightleftharpoons Fe(OH)^{2+}+H^+$

$Fe(OH)^{2+}+H_2O \rightleftharpoons Fe(OH)_2^+ +H^+$

$Fe(OH)_2^+ +H_2O \rightleftharpoons Fe(OH)_3\downarrow +H^+$

将 $BaCO_3$ 加入酸性 $BaCl_2$ 溶液中可中和溶液中的 H^+：

$$BaCO_3+H^+ \rightleftharpoons Ba^{2+}+HCO_3^-$$

$$HCO_3^-+H^+ \rightleftharpoons H_2O+CO_2\uparrow$$

随着 H^+减少，Fe^{3+}的分步水解反应向右移动，最终产生 $Fe(OH)_3$ 沉淀。

11. 一镁条在空气中燃烧后的余烬溶于 60 mmol 的盐酸后，过量盐酸需用 12 mmol NaOH 才完全中和。然后在此溶液中加入过量碱蒸馏，蒸出的氨通入 10 mmol 的盐酸中，剩余的盐酸需用 6 mmol 的碱中和。求算原来的镁条质量。（注：镁条燃烧产物为 MgO 和 Mg_3N_2 的混合物。）

解：题中涉及的反应方程式为

(1) $MgO(s) + 2HCl = MgCl_2 + H_2O$

(2) $Mg_3N_2(s) + 8HCl = 3MgCl_2 + 2NH_4Cl$

NH_4Cl 物质的量由蒸出的氨计算：10 mmol − 6 mmol = 4 mmol；

由反应(2)可知，Mg_3N_2 的物质的量为 4 mmol ÷ 2 = 2 mmol；

Mg_3N_2 中含 Mg 的物质的量为 2 mmol × 3 = 6 mmol；

又由反应(2)可知，2 mmol Mg_3N_2 需消耗 2 mmol × 8 的 HCl；

所以溶解 MgO 消耗的盐酸的物质的量为 (60 − 12 − 2 × 8) mmol = 32 mmol；

由反应(1)可知，MgO 的物质的量为 32 mmol ÷ 2 = 16 mmol；

所以 Mg 条的质量为

$$n(\mathrm{Mg})\cdot M(\mathrm{Mg}) = (16+6)\times 10^{-3}\ \mathrm{mol}\times 24.31\ \mathrm{g\cdot mol^{-1}} = 0.53\ \mathrm{g}$$

12. 氧化钡是制备显像管和电真空管的吸氧剂和超导材料。它可由 $BaCO_3$ 和焦炭混合加热制得。试用热力学原理估算此法制取 BaO 所需的温度。如果不用焦炭，直接将 $BaCO_3$ 加热制取 BaO，则所需的温度为多高？

解：(1) $BaCO_3(s) \xlongequal{\triangle} BaO(s) + CO_2(g)$

(2) $BaCO_3(s) + C(s) \xlongequal{\triangle} BaO(s) + 2CO(g)$

(3) $CO_2(g) + C(g) = 2CO(g)$

由教材附录二查得如下数据：$\Delta_f H_m^\ominus[BaCO_3(s)] = -1213.0\ \mathrm{kJ\cdot mol^{-1}}$

$\Delta_f H_m^\ominus[BaO(s)] = -548.0\ \mathrm{kJ\cdot mol^{-1}}$　　$\Delta_f H_m^\ominus[CO_2(g)] = -393.5\ \mathrm{kJ\cdot mol^{-1}}$

$\Delta_f H_m^\ominus[CO(g)] = -110.5\ \mathrm{kJ\cdot mol^{-1}}$　　$S_m^\ominus[BaCO_3(s)] = 112.1\ \mathrm{J\cdot mol^{-1}\cdot K^{-1}}$

$S_m^\ominus[BaO(s)] = 72.1\ \mathrm{J\cdot mol^{-1}\cdot K^{-1}}$　　$S_m^\ominus[\text{C(s,石墨)}] = 5.7\ \mathrm{J\cdot mol^{-1}\cdot K^{-1}}$

$S_m^\ominus[CO_2(g)] = 213.8\ \mathrm{J\cdot mol^{-1}\cdot K^{-1}}$　　$S_m^\ominus[CO(g)] = 197.7\ \mathrm{J\cdot mol^{-1}\cdot K^{-1}}$

(1) $BaCO_3$ 直接加热分解的情况：

$$\Delta_r H_m^\ominus(298\ \mathrm{K}) = \Delta_f H_m^\ominus[BaO(s)] + \Delta_f H_m^\ominus[CO_2(g)] - \Delta_f H_m^\ominus[BaCO_3(s)]$$

$$=-548.0\ \mathrm{kJ\cdot mol^{-1}}-393.5\ \mathrm{kJ\cdot mol^{-1}}+1213.0\ \mathrm{kJ\cdot mol^{-1}}$$
$$=271.5\ \mathrm{kJ\cdot mol^{-1}}$$

$$\Delta_r S_m^\ominus(298\ \mathrm{K})=S_m^\ominus[\mathrm{BaO(s)}]+S_m^\ominus[\mathrm{CO_2(g)}]-S_m^\ominus[\mathrm{BaCO_3(s)}]$$
$$=72.1\ \mathrm{J\cdot mol^{-1}\cdot K^{-1}}+213.8\ \mathrm{J\cdot mol^{-1}\cdot K^{-1}}-112.1\ \mathrm{J\cdot mol^{-1}\cdot K^{-1}}$$
$$=173.8\ \mathrm{J\cdot mol^{-1}\cdot K^{-1}}$$

$$\Delta G_m^\ominus(T)\approx\Delta H_m^\ominus(298\ \mathrm{K})-T_{转}\Delta S_m^\ominus(298\ \mathrm{K})$$

$$T_{转}(1)=\frac{\Delta H_m^\ominus(298\ \mathrm{K})}{\Delta S_m^\ominus(298\ \mathrm{K})}=\frac{271.5\times10^3\ \mathrm{J\cdot mol^{-1}}}{173.8\ \mathrm{J\cdot mol^{-1}\cdot K^{-1}}}=1562\ \mathrm{K}$$

因此，$BaCO_3$ 直接加热分解制备 BaO 需要加热到 1562 K。

（2）$BaCO_3$ 和焦炭混合加热的情况：

$$\Delta_r H_m^\ominus(298\ \mathrm{K})=\Delta_f H_m^\ominus[\mathrm{BaO(s)}]+2\Delta_f H_m^\ominus[\mathrm{CO(g)}]-\Delta_f H_m^\ominus[\mathrm{BaCO_3(s)}]$$
$$=-548.0\ \mathrm{kJ\cdot mol^{-1}}-2\times110.5\ \mathrm{kJ\cdot mol^{-1}}+1213.0\ \mathrm{kJ\cdot mol^{-1}}$$
$$=444.0\ \mathrm{kJ\cdot mol^{-1}}$$

$$\Delta_r S_m^\ominus(298\ \mathrm{K})=S_m^\ominus[\mathrm{BaO(s)}]+2S_m^\ominus[\mathrm{CO(g)}]-S_m^\ominus[\mathrm{BaCO_3(s)}]-S_m^\ominus[\mathrm{C(s,石墨)}]$$
$$=72.1\ \mathrm{J\cdot mol^{-1}\cdot K^{-1}}+2\times197.7\ \mathrm{J\cdot mol^{-1}\cdot K^{-1}}-112.1\ \mathrm{J\cdot mol^{-1}\cdot K^{-1}}-5.7\ \mathrm{J\cdot mol^{-1}\cdot K^{-1}}$$
$$=349.7\ \mathrm{J\cdot mol^{-1}\cdot K^{-1}}$$

$$T_{转}(2)=\frac{\Delta H_m^\ominus(298\ \mathrm{K})}{\Delta S_m^\ominus(298\ \mathrm{K})}=\frac{444.0\times10^3\ \mathrm{J\cdot mol^{-1}}}{349.7\ \mathrm{J\cdot mol^{-1}\cdot K^{-1}}}=1270\ \mathrm{K}$$

因此，$BaCO_3$ 和焦炭混合加热制备 BaO 需要加热到 1270 K。

13. 教材图 9-2 给出 $BeCl_2$ 在不同温度下的三种结构式。试指出这三种结构中 Be 的杂化类型，并给出这三种结构的电子结构式（正常共价键用"—"表示，配位键用"→"表示）。

答：见下表。

温度	结构式	中心 Be 原子价层电子对数	Be 的杂化类型	电子结构式
室温	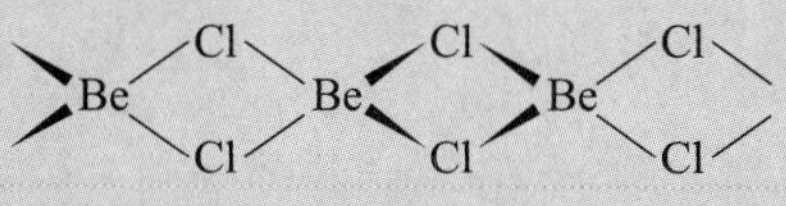	[2+4-(-2)]/2=4	四面体形 sp^3	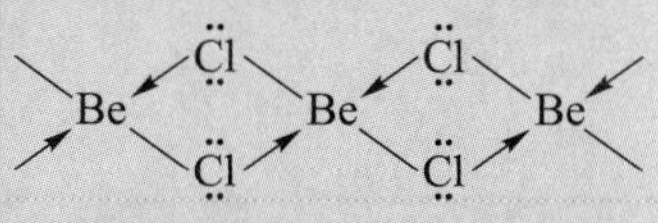
500 ℃	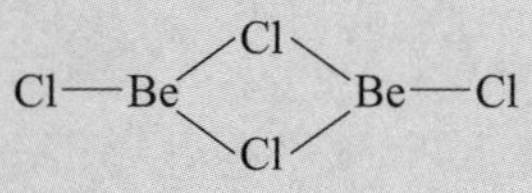	[2+3-(-1)]/2=3	平面三角形 sp^2	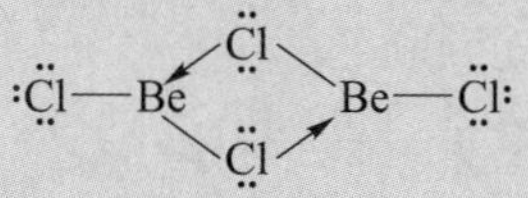
1000 ℃	Cl—Be—Cl	(2+2)/2=2	直线形 sp	:C̤̈l—Be—C̤̈l:

14. 试讨论镭以下几方面性质：

(1) 镭能否与水发生反应？

(2) 下列镭的化合物能否溶于水？

$Ra(OH)_2$ RaF_2 $RaSO_4$ $RaCO_3$

(3) $Ra(OH)_2$ 碱性的强弱。

答：(1) 碱土金属从上到下电负性减小，标准电极电势代数值减小，预测 Ra 的金属性强于 Ba 的金属性，可以与水发生反应。

(2) 小阳离子与小阴离子或者大阳离子与大阴离子形成的离子化合物溶解度通常比较小，而小阳离子与大阴离子或者大阳离子与小阴离子形成的离子化合物溶解度通常比较大。Ra^{2+} 是大阳离子，OH^- 和 F^- 是小阴离子，因此预测 $Ra(OH)_2$ 和 RaF_2 能溶于水；而 SO_4^{2-} 和 CO_3^{2-} 是大阴离子，所以 $RaSO_4$ 和 $RaCO_3$ 难溶于水。

(3) $Ra(OH)_2$ 是比 $Ba(OH)_2$ 还强些的碱。

第十章　p 区元素

内容提要

1. 卤素

卤素的价电子构型为 ns^2np^5，极易得到一个电子形成稳定结构，其单质均为双原子分子。卤素性质递变具有明显的规律性，如共价半径、离子半径、熔点、沸点都随原子序数增大而增大；而电离能、电子亲和能、离子水合能、电负性等随着原子序数增大而减小。半径最小的氟会出现一些"反常"，如 F—F 键键能比 Cl—Cl 键键能小，氟的电子亲和能也比氯的小。

(1) 单质氧化性：卤素单质都表现出氧化性，与水可发生两种类型的氧化还原反应。一类是 X_2 作为氧化剂，水作为还原剂，产生氧气。另一类是卤素分子的歧化反应，在碱性条件容易进行，生成 X^- 和 XO^- 或者 X^- 和 XO_3^-。

(2) 卤化氢性质：卤化氢都是具有刺激性臭味的无色气体，H—X 键键能、分子稳定性随原子序数增大而减小；而熔点、沸点(除 HF)、酸性、还原性随原子序数增大而增大。

(3) 卤素含氧酸及盐：卤素含氧酸有多种多样，氧化态可以是+1、+3、+5 和+7。卤素含氧酸根除 IO_6^{5-} 采取 sp^3d^2 杂化外，其他均采取 sp^3 杂化。氯的含氧酸氧化性随氯的氧化态增高而减弱，而酸性和稳定性随氯的氧化态增高而增强。

2. 氧族

氧族元素的价电子构型为 ns^2np^4，一般呈-2 氧化态，其他的表观氧化态为 0、+2、+4 和+6。氧族元素的共价半径、离子半径随原子序数增大而增大；电负性、电离能随原子序数增大而减小。

(1) 氢化物：硫化氢及其水溶液氢硫酸在实验室中主要用作沉淀剂，可以和许多金属离子形成难溶硫化物。硫化氢也是强的还原剂。过氧化氢分子中含有过氧键(—O—O—)，有较强的氧化性，在室温下缓慢分解，在催化剂(如 Fe^{3+}，Cu^{2+} 等)存在时快速分解。

(2) 硫的含氧酸及其盐：硫能形成多种含氧酸。浓硫酸与稀硫酸氧化性不同，在稀硫酸中，显氧化性的主要为 H^+；在浓硫酸中，显氧化作用的为 S(Ⅵ)。亚硫酸既有氧化性又有还原性。硫代硫酸盐有较强的还原性，且稳定性较差，遇酸立即分解。

(3) 无机含氧酸的酸性与结构的关系：具有 R—O—H 结构的含氧酸，O—H 键的极性和键能决定了含氧酸羟基上的 H^+ 解离的难易程度。而中心原子 R 的电负性影响 O—H 键的极性和键能，R 电负性增大，R 对 O—H 键的电子吸引力变大，使 O—H 键的极性变大、键能变小，H^+ 解离越容易，酸性越强。

3. 氮族

氮族元素的价电子构型为 ns^2np^3，氮和磷是非金属元素，砷和锑是准金属，铋是金属元素。该族元素的电子亲和能较小，显负价较为困难，因此氮族元素的氢化物除 NH_3 外都不稳定，而它们的氧化物一般较为稳定。从 As 到 Bi，随原子序数的增加，ns^2 惰性电子对的稳定性增加，因此 As(Ⅲ)、Sb(Ⅲ)、Bi(Ⅲ)的还原性递减，而 As(Ⅴ)、Sb(Ⅴ)、Bi(Ⅴ)的氧化性递增。

(1) 氨和铵盐：NH_3 分子中的孤对电子能与具有空轨道的物种(如 H^+ 和 Ag^+ 等)以配位键结合，发生加合反应。NH_3 具有还原性，能够被 O_2 和 Cl_2 氧化。在一定条件下，NH_3 中的 H 原子可依次被取代，生成一系列氨的衍生物。NH_4^+ 的半径和 K^+ 的半径相似，因此铵盐和钾盐在晶型、溶解度等方面都有相似之处。但铵盐和钾盐在热稳定性上差异很大。

(2) 氮的含氧酸及其盐：氮从+1 到+5 氧化态均能形成氧化物。含氧酸中最重要的为 HNO_3 和 HNO_2。HNO_3 是强酸又是强氧化剂。硝酸盐都易溶于水，其水溶液一般没有氧化性，但固体硝酸盐在高温下可分解放出 O_2 而显氧化性。硝酸盐的分解产物因金属离子不同而不同。HNO_2 是弱酸，也是强的氧化剂和弱的还原剂，不稳定，水溶液受热分解放出 NO 和 NO_2。亚硝酸盐，特别是碱金属和碱土金属亚硝酸盐有较高的热稳定性。

(3) 磷的氧化物、含氧酸及磷酸盐：磷在充足的空气中燃烧生成 P_4O_{10}，如果氧不足则生成 P_4O_6。P_4O_{10} 与水剧烈反应，随水量的不同可形成偏磷酸、多磷酸、焦磷酸和正磷酸。和 P(Ⅴ)氧化物的高稳定性不同，砷、锑、铋更易形成+3 氧化态的氧化物。

4. 碳族和硼族

硼族及碳族的轻元素为非金属而重元素为金属，前者的分界线在 B 和 Al 之间，后者的分界线在 Ge 和 Sn 之间。B 和 Si 具有相似的性质，C 能形成许多二元化合物及金属有机化合物是有机化学的关键元素，硼族元素的价电子构型为 ns^2np^1，一般显+1、+3 氧化态。碳族元素的价电子构型为 ns^2np^2，氧化态为+2 和+4。从 Ge 到 Pb，由于 ns^2 电子对效应，其低氧化态的还原性逐渐减弱而高氧化态的氧化性逐渐增强。

(1) 碳酸盐：碳酸盐有正盐和酸式盐之分，正盐中只有碱金属(除 Li 外)和铵的碳酸盐易溶于水，其他的碳酸盐都难溶于水；大多数酸式碳酸盐都易溶于水。碱金属碳酸盐因水解呈强碱性，故溶液中同时存在 CO_3^{2-} 和 OH^-，当金属离子和碱金属碳酸盐溶液反应时，产物可以是正盐、碱式碳酸盐或氢氧化物。碳酸盐热稳定性较差，受热分解为氧化物和 CO_2。

(2) 硅酸盐：除碱金属硅酸盐可溶于水外，其他的硅酸盐均不溶于水。水玻璃的化学式为 $Na_2O \cdot nSiO_2$，n 一般为 3.3 左右。

(3) 锡和铅化合物：锡和铅可生成 MO 和 MO_2 两类氧化物及其相应氢氧化物 $M(OH)_2$ 和 $M(OH)_4$。它们都呈两性，其中+4 氧化态的化合物呈两性偏酸性，而+2 氧化态的化合物呈两性偏碱性。PbO_2 是强氧化剂，与浓盐酸或浓硫酸反应可分别放出 Cl_2 和 O_2，但不溶于硝酸。Sn^{2+} 是强还原剂，可把 $HgCl_2$ 还原为 Hg_2Cl_2，若 Sn^{2+} 过量则还原为 Hg。

(4) 铝及其化合物：铝是两性元素，既能溶于酸也能溶于碱。$Al(OH)_3$ 为两性氢氧化物，遇酸变成铝盐，遇碱则变成铝酸盐。在水溶液中铝酸钠为 $Na[Al(OH)_4]$ 而非 $NaAlO_2$。

习题解答

1. 完成下列反应方程式：

（1）$KBr + KBrO_3 + H_2SO_4 \longrightarrow$

（2）$AsF_5 + H_2O \longrightarrow$

（3）$Cl_2O + H_2O \longrightarrow$

（4）Cl_2 通入热的碱液

（5）Br_2 加入冰水冷却的碱液

答：（1）$5KBr + KBrO_3 + 3H_2SO_4 = 3Br_2 + 3K_2SO_4 + 3H_2O$

（2）$AsF_5 + 4H_2O = H_3AsO_4 + 5HF$

（3）$Cl_2O + H_2O = 2HClO$

（4）$3Cl_2 + 6OH^- \xrightarrow{\text{热}} 5Cl^- + ClO_3^- + 3H_2O$

（5）$Br_2 + 2OH^- \xrightarrow{\text{冷}} Br^- + BrO^- + H_2O$

2. 用教材中表 9-1 和表 10-1 有关数据比较 F_2 和 Cl_2 分别与 $Na(s)$ 反应时，何者放出的能量更多？并指出造成此结果的原因（NaF 和 $NaCl$ 的晶格能分别为 $915\ kJ \cdot mol^{-1}$ 和 $778\ kJ \cdot mol^{-1}$）。

解：碱金属卤化物的玻恩-哈伯循环过程为

$$
\begin{array}{ccccc}
Na(s) & + & \frac{1}{2}X_2(g) & \xrightarrow{\Delta_f H} & NaX(s) \\
\downarrow S & & \downarrow \frac{1}{2}D & & \\
Na(g) & & X(g) & & \Big\uparrow U \\
\downarrow I & & \downarrow E & & \\
Na^+(g) & + & X^-(g) & \longrightarrow &
\end{array}
$$

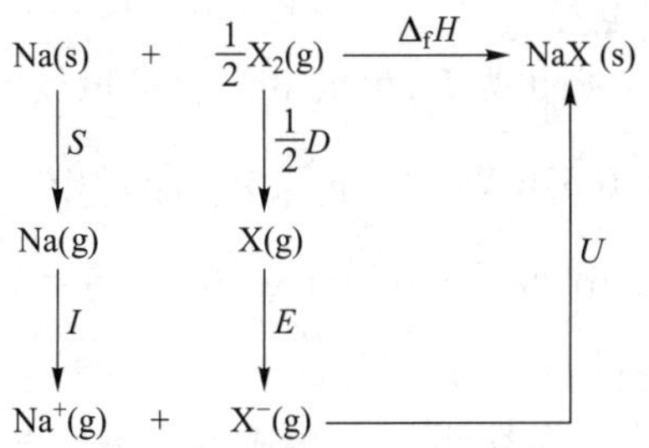

其中 S 为升华能；D 为解离能；I 为电离能；E 为电子亲和能；$\Delta_f H$ 为生成焓；U 为晶格能。

NaF 的各数据可以查表得到：

$$S = 108\ kJ \cdot mol^{-1}; \quad D = 156\ kJ \cdot mol^{-1}; \quad I = 520\ kJ \cdot mol^{-1};$$

$$E = -344\ kJ \cdot mol^{-1}; \quad U = -915\ kJ \cdot mol^{-1}$$

由玻恩-哈伯循环可得

$$\Delta_f H(NaF) = S + I + \frac{1}{2}D + E + U$$

$$= \left(108 + 520 + \frac{1}{2} \times 156 - 344 - 915\right) kJ \cdot mol^{-1}$$

$$= -553\ kJ \cdot mol^{-1}$$

$NaCl$ 的各数据可以查表得到：

$$S = 108\ \text{kJ}\cdot\text{mol}^{-1};\quad D = 243\ \text{kJ}\cdot\text{mol}^{-1};\quad I = 520\ \text{kJ}\cdot\text{mol}^{-1};$$
$$E = -365\ \text{kJ}\cdot\text{mol}^{-1};\quad U = -778\ \text{kJ}\cdot\text{mol}^{-1}$$

由玻恩-哈伯循环可得

$$\begin{aligned}\Delta_f H(\text{NaCl}) &= S + I + \frac{1}{2}D + E + U\\ &= \left(108 + 520 + \frac{1}{2}\times 243 - 365 - 778\right)\ \text{kJ}\cdot\text{mol}^{-1}\\ &= -394\ \text{kJ}\cdot\text{mol}^{-1}\end{aligned}$$

因此,F_2 与 Na(s)反应时放出的能量多。这是因为虽然氟的电子亲和能比氯的小,但氟的原子半径小,氟的键能比氯小,与钠生成离子化合物的晶格能大。

3. Br_2 能从 I^-溶液中取代出 I_2,但 I_2 又能从 $KBrO_3$ 溶液中取代出 Br_2,这两种实验事实有无矛盾?为什么?

解:氧化还原反应中自发方向是由强的氧化剂和强的还原剂生成弱的氧化剂和弱的还原剂。

两种实验事实中发生反应的方程式分别为

(1) $2I^- + Br_2 \rightleftharpoons I_2 + 2Br^-$

(2) $I_2 + 2BrO_3^- \rightleftharpoons 2IO_3^- + Br_2$

查教材附录十四“标准电极电势”。

反应(1),Br_2 为氧化剂,将 I^-氧化为 I_2,生成 Br^-,标准电极电势为

$$\varphi^{\ominus}(I_2/I^-) = 0.536\ \text{V},\qquad \varphi^{\ominus}[Br_2(aq)/Br^-] = 1.087\ \text{V}$$

$$E^{\ominus}(1) = \varphi^{\ominus}[Br_2(aq)/Br^-] - \varphi^{\ominus}(I_2/I^-) = 0.551\ \text{V} > 0$$

故反应(1)可以正向自发进行。

反应(2),BrO_3^- 为氧化剂,将 I_2 氧化为 IO_3^-,生成 Br_2,标准电极电势为

$$\varphi^{\ominus}(BrO_3^-/Br_2) = 1.5\ \text{V},\qquad \varphi^{\ominus}(IO_3^-/I_2) = 1.195\ \text{V}$$

$$E^{\ominus}(1) = \varphi^{\ominus}(BrO_3^-/Br_2) - \varphi^{\ominus}(IO_3^-/I_2) = 0.305\ \text{V} > 0$$

故反应(2)可以正向自发进行。

反应(1)中 I_2 为氧化产物,说明 Br_2 的氧化性强于 I_2 的氧化性。而反应(2)中 I_2 为还原剂,被 BrO_3^- 氧化为 IO_3^-,说明 BrO_3^- 的氧化性强于 I_2 和 IO_3^- 的氧化性,I_2 和 Br_2 在两个反应中扮演的角色不同,因此两种实验事实并不矛盾。

4. 将 Cl_2 不断地通入 KI 溶液中,为什么开始时溶液呈黄色,继而有棕褐色沉淀产生,最后又变成无色溶液?

解:I 有多种氧化态,Cl_2 氧化性较强,可以分步将 I(-1)氧化至 I(+5)。

首先查教材附录十四“标准电极电势”,判断出 I^-可被 Cl_2 氧化为 IO_3^-。

$$\varphi^{\ominus}(Cl_2/Cl^-) = 1.396\ \text{V},\qquad \varphi^{\ominus}(IO_3^-/I_2) = 1.195\ \text{V}$$

题中实验涉及的反应方程式为

(1) $2I^- + Cl_2 \xlongequal{} I_2 + 2Cl^-$

(2) $I^- + I_2 \xlongequal{} I_3^-$

(3) $I_2 + 5Cl_2 + 6H_2O \xlongequal{} 2IO_3^- + 10Cl^- + 12H^+$

当 I^- 部分被氧化为 I_2 形成 I_3^-，溶液颜色为黄色；当 I^- 全部被氧化为 I_2(I_2 的溶解度约为 0.02 g/100 g 水)，产生 I_2 棕褐色沉淀；继续通入 Cl_2，可进一步将 I_2 氧化为无色的 IO_3^-。

5. 写出下列制备过程中的反应方程式：

(1) 由 NaBr 制备 HBr

(2) 由 KI 制备 KIO_3

(3) 由 I_2 和 P 制备 HI

(4) 由 Cl_2 和 $CaCO_3$ 制备漂白粉

答：(1) $NaBr + H_3PO_4(浓) \xlongequal{\triangle} NaH_2PO_4 + HBr\uparrow$

(2) 歧化法(往 KI 与 KOH 的混合溶液中通入氧气)：

$$4I^- + O_2 + 4H^+ \xlongequal{} 2I_2 + 2H_2O$$

$$3I_2 + 6KOH \xlongequal{} 5KI + KIO_3 + 3H_2O$$

(3) $2P + 3I_2 + 6H_2O \xlongequal{} 2H_3PO_3 + 6HI$

(4) $CaCO_3 \xlongequal{\triangle} CaO + CO_2$

$CaO + H_2O \xlongequal{} Ca(OH)_2$

$2Cl_2 + 3Ca(OH)_2 \xlongequal{} Ca(ClO)_2 + CaCl_2 \cdot Ca(OH)_2 \cdot H_2O + H_2O$

6. 比较下列各对物质指定性质的大小或强弱：

(1) 键能 F—F 和 Cl—Cl

(2) 电子亲和能 F 和 Cl

(3) 酸性 HI 和 HCl

(4) 热稳定性 HI 和 HBr

(5) 水中溶解度 MgF_2 和 $MgCl_2$

(6) 氧化性 HClO 和 $HClO_4$

答：(1) F—F 键键能小于 Cl—Cl 键键能。由于 F 原子半径小，两 F 原子间因距离近，孤对电子之间、孤对电子与成键电子对之间产生较大的斥力，削弱了 F—F 键。

(2) F 的电子亲和能小于 Cl 的电子亲和能。因为由于 F 原子半径小、电子密度大，当它获得一个电子时，电子间的斥力显著增加，因此部分抵消了它获得一个电子所放出的能量。

(3) 比较 HF，HCl，HBr，HI 的酸强度时，键的极性和键能两个因素中主要考虑键能，H—Cl 键键能大于 H—I 键键能，所以 HI 的酸性强于 HCl 的酸性。

(4) H—Br 键键能大于 H—I 键键能，所以 HI 的热稳定性低于 HBr 的热稳定性。

(5) 氟化物的溶解性常与其他卤化物不同，MgF_2 的晶格能($2978\ kJ\cdot mol^{-1}$)大于 $MgCl_2$ 的晶格能($2540\ kJ\cdot mol^{-1}$)，所以 MgF_2 的溶解度小于 $MgCl_2$ 的溶解度。

(6) 次氯酸的氧化性强于高氯酸的氧化性。

查教材附表十四知，当 $HClO_4$ 和 HClO 作为氧化剂时，ClO^-/Cl_2 具有更高的电极电势。

$$\varphi^{\ominus}(ClO_4^-/ClO_3^-) = 1.201\ V, \qquad \varphi^{\ominus}(ClO^-/Cl_2) = 1.63\ V$$

7. 在淀粉碘化钾溶液中加入少量 NaClO 时，得到蓝色溶液 A；继续加入 NaClO，变成无色溶液 B。然后酸化之，并加入少量固体 Na_2SO_3 于 B 溶液，则蓝色又出现；当 Na_2SO_3 过量时，蓝色又褪去成无色溶液 C；再加入 $NaIO_3$ 溶液蓝色又出现。指出 A，B 和 C 各为何物？并写出各步的反应方程式。

答：各步的反应方程式为

(1) $ClO^- + 2I^- + H_2O = Cl^- + I_2 + 2OH^-$

(2) $5ClO^- + I_2 + H_2O = 2IO_3^- + 5Cl^- + 2H^+$

(3) $2IO_3^- + 5SO_3^{2-} + 2H^+ = I_2 + 5SO_4^{2-} + H_2O$

(4) $I_2 + SO_3^{2-} + H_2O = 2I^- + SO_4^{2-} + 2H^+$

(5) $5I^- + IO_3^- + 6H^+ = 3I_2 + H_2O$

蓝色溶液 A 中含有被 NaClO 氧化产生的 I_2，淀粉吸附 I_2 分子形成特征的蓝色。I_2 被 NaClO 氧化为无色的 IO_3^-，因此溶液 B 为无色。溶液 C 中，IO_3^- 被过量的 Na_2SO_3 先还原为 I_2，进一步又还原为 I^-，所以溶液颜色显蓝色后又褪去成无色溶液；加入 $NaIO_3$ 后，溶液中又产生 I_2。

8. 完成下列反应方程式：

(1) $Na_2SO_3 + Na_2S + HCl \longrightarrow$

(2) $H_2SO_3 + Br_2 + H_2O \longrightarrow$

(3) $Na_2S_2O_3 + I_2 \longrightarrow$

(4) $HNO_3 + H_2S \longrightarrow$

(5) $H_2SO_4(浓) + S \xrightarrow{\triangle}$

(6) $Mn^{2+} + S_2O_8^{2-}(浓) + H_2O \xrightarrow{Ag^+}$

(7) $MnO_4^- + H_2O_2 + H^+ \longrightarrow$

答：(1) $Na_2SO_3 + 2Na_2S + 6HCl = 3S\downarrow + 6NaCl + 3H_2O$

(2) $H_2SO_3 + Br_2 + H_2O = H_2SO_4 + 2HBr$

(3) $2Na_2S_2O_3 + I_2 = Na_2S_4O_6 + 2NaI$

(4) $2HNO_3 + H_2S = S + 2NO_2 + 2H_2O$

(5) $2H_2SO_4(浓) + S \xlongequal{\triangle} 3SO_2(g) + 2H_2O$

(6) $2Mn^{2+} + 5S_2O_8^{2-}(浓) + 8H_2O \xlongequal{Ag^+} 2MnO_4^- + 10SO_4^{2-} + 16H^+$

(7) $2MnO_4^- + 5H_2O_2 + 6H^+ = 2Mn^{2+} + 8H_2O + 5O_2\uparrow$

9. 试解释：

(1) 为何氧单质以 O_2 形式而硫单质以 S_8 形式存在？

(2) 为何硫可生成 SF_4 和 SF_6，而氧只能生成 OF_2？

(3) 为何亚硫酸盐溶液中往往含有硫酸盐？并指出如何检验 SO_4^{2-} 的存在？

(4) 为何不能用 HNO_3 与 FeS 作用来制取 H_2S？

(5) 为何 H_2S 通入 $MnSO_4$ 溶液中，得不到 MnS 沉淀，若将 $(NH_4)_2S$ 溶液加入 $MnSO_4$ 溶液中，却有 MnS 沉淀产生？

答：(1) O 和 S 原子的价电子构型都为 ns^2np^4，都有两个未成对电子，可形成两个键，所以它们的单质可以以双键相连而形成双原子的小分子或是以单键相连形成多原子的“大分子”，由成键键能决定。若 $\Delta_bH(M{=}M) < 2\Delta_bH(M{-}M)$，则易成单键；若 $\Delta_bH(M{=}M) > 2\Delta_bH(M{-}M)$，则易成双键。

教材中已列出 O 和 S 单、双键键能，分别为

$$\Delta_bH(O{=}O) = 498\ kJ \cdot mol^{-1}; \qquad \Delta_bH(O{-}O) = 138\ kJ \cdot mol^{-1}$$

$$\Delta_bH(S{=}S) = 425\ kJ \cdot mol^{-1}; \qquad \Delta_bH(S{-}S) = 264\ kJ \cdot mol^{-1}$$

所以氧单质以 O_2 形式存在，硫单质以 S_8 形式存在。

O 的单键键能比 S 的小，是因为氧原子的半径小，形成单键时存在强烈的孤对电子之间、孤对电子与成键电子对之间的斥力，大大地削弱所形成的键。

(2) O 的价电子轨道是 2p，与 F 成键时采取 sp^3 杂化，生成 OF_2；而 S 的价电子可以激发到 3d 轨道，与 F 成键时可采取 sp^3d 和 sp^3d^2 杂化，生成 SF_4 和 SF_6。

(3) SO_3^{2-} 具有较强的还原性，在常温下可以被空气中的 O_2 氧化为 SO_4^{2-}，所以亚硫酸盐溶液中往往含有硫酸盐。可以将溶液用盐酸酸化后加入 $BaCl_2$ 溶液，观察到白色沉淀即表明溶液中存在着硫酸根。

$$SO_4^{2-} + Ba^{2+} = BaSO_4\downarrow \qquad K_{sp}^{\ominus}(BaSO_4) = 1.08 \times 10^{-10}$$

$$SO_3^{2-} + Ba^{2+} = BaSO_3\downarrow \qquad K_{sp}^{\ominus}(BaSO_3) = 8.0 \times 10^{-7}$$

$$BaSO_3 + 2H^+ = Ba^{2+} + H_2O + SO_2\uparrow$$

(4) HNO_3 是强氧化剂，而 S^{2-} 则是强还原剂，两者会发生氧化还原反应。

$$4HNO_3(稀) + FeS = Fe(NO_3)_3 + S\downarrow + NO\uparrow + 2H_2O$$

$$6HNO_3(浓) + FeS = Fe(NO_3)_3 + S\downarrow + 3NO_2\uparrow + 3H_2O$$

(5) 这是沉淀溶解平衡的移动问题（难溶物的酸溶现象）。MnS 为弱酸弱碱盐，溶度积较大 [$K_{sp}^{\ominus}$(MnS，无定形) $= 2.5 \times 10^{-10}$]，可溶于酸性溶液。H_2S 为二元弱酸，其溶液中 S^{2-} 浓度低，因此不能得到 MnS 沉淀。$(NH_4)_2S$ 为弱酸弱碱盐，溶液呈弱碱性，它是强电解质，因此溶液中 S^{2-} 浓度高，可以得到 MnS 沉淀。

10. 以 S 和 Na_2CO_3 为原料，如何制取 $Na_2S_2O_3$？写出反应方程式。

答：$S + O_2 \xlongequal{燃烧} SO_2$

$$SO_2 + Na_2CO_3 = Na_2SO_3 + CO_2$$

$$Na_2SO_3 + S \xlongequal{\triangle} Na_2S_2O_3$$

11. 将下列酸按强弱的次序排列：

H_6TeO_6　　$HClO_4$　　$HBrO_3$　　H_3PO_4　　H_3AsO_4　　HIO_3

答:题中都是含氧酸,非羟基氧原子对酸强度的影响是主要的。鲍林总结出含氧酸的 $K_a^\ominus$ 与非羟基氧原子数的半定量关系,即具有 $RO_m(OH)_n$ 形式的酸,其 $K_a^\ominus$ 与非羟基氧原子数 m 的关系如下:

$m=0$ 时,$K_a^\ominus \leqslant 10^{-7}$,是很弱的酸;

$m=1$ 时,$K_a^\ominus \approx 10^{-2}$,是弱酸;

$m=2$ 时,$K_a^\ominus \approx 10^{3}$, 是强酸;

$m=3$ 时,$K_a^\ominus \approx 10^{8}$, 是很强的酸。

另外,O—H 键的极性和键能决定了含氧酸羟基上的 H^+ 解离难易程度。随着中心原子 R 的电负性增大,R 对 O—H 键的电子吸引力变大,导致 O—H 键的极性增大和 O—H 键的键能减小,H^+ 解离变容易。

下表列出题中含氧酸的非羟基氧原子数及中心原子的电负性:

	$HMnO_4$	$HBrO_3$	HIO_3	H_3PO_4	H_3AsO_4	H_6TeO_6
m	3	2	2	1	1	0
R 电负性	1.55	2.96	2.66	2.19	2.18	2.1

因此,首先依据非羟基氧原子数对上述含氧酸的酸性进行排序。对具有相同非羟基氧原子数的酸,再通过比较其中心原子的电负性来排序。按照该原则,这些酸的酸性强弱次序为

$$HMnO_4 > HBrO_3 > HIO_3 > H_3PO_4 > H_3AsO_4 > H_6TeO_6$$

12. 古代人常用碱式碳酸铅 $2PbCO_3 \cdot Pb(OH)_2$(俗称铅白)作白色颜料作画,这种画长期与空气接触后因受空气中 H_2S 的作用而变灰暗。用 H_2O_2 溶液涂抹可使古画恢复原来的色彩。试用化学反应方程式指出其中的反应。

答:该过程涉及的化学反应方程式为

$$2PbCO_3 \cdot Pb(OH)_2 + 3H_2S \xlongequal{\quad} 3PbS(黑) + 2CO_2 + 4H_2O$$

$$PbS + 4H_2O_2 \xlongequal{\quad} PbSO_4(白) + 4H_2O$$

13. 硫单质为黄色固体,由 S_8 分子组成。加热硫单质生成气态 S_2 分子:

$$S_8(s) \longrightarrow 4S_2(g)$$

(1) 用杂化轨道理论预测 S_8 中 S 的杂化类型和 S—S—S 的键角。

(2) 用分子轨道理论预测 S_2 中 S—S 键的键级,该分子是顺磁性的还是反磁性的?

(3) 用平均键能估算该反应的焓变,高温还是低温对此反应有利?

答:(1) S 的杂化类型为不等性 sp^3 杂化,S—S—S 键键角小于 109°。(S_8 为"皇冠形"环状分子,见下图。)

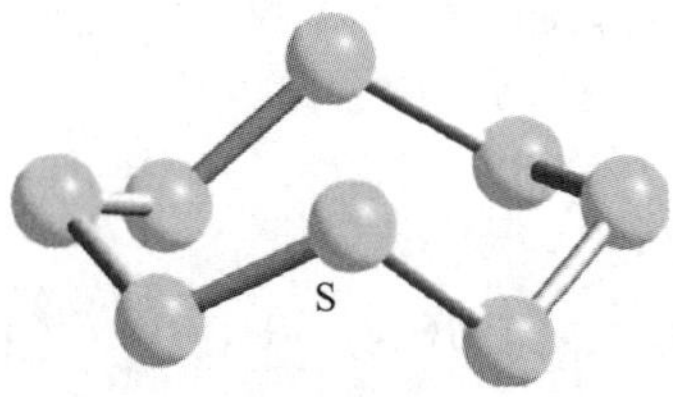

(2) S_2 分子的电子排布式为

$$S_2[KKLL(\sigma_{3s})^2(\sigma_{3s}^*)^2(\sigma_{3p_x})^2(\pi_{3p_y})^2(\pi_{3p_z})^2(\pi_{3p_y}^*)^1(\pi_{3p_z}^*)^1]$$

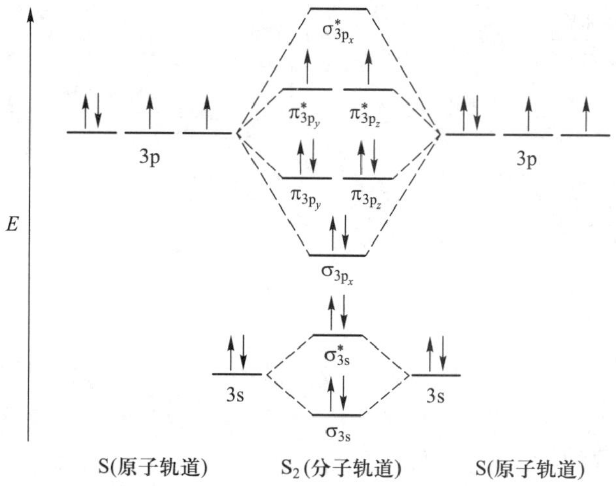

$$键级 = (6-2)/2 = 2$$

该分子为顺磁性。

(3) S 单、双键平均键能分别为

$$\Delta_b H(S{=}S) = 425\ kJ\cdot mol^{-1}; \qquad \Delta_b H(S{-}S) = 264\ kJ\cdot mol^{-1}$$

$$\begin{aligned}\Delta_r H &= 8\Delta_b H(S{-}S) - 4\Delta_b H(S{=}S)\\ &= 8\times 264\ kJ\cdot mol^{-1} - 4\times 425\ kJ\cdot mol^{-1}\\ &= 412\ kJ\cdot mol^{-1}\end{aligned}$$

反应焓变为正值,吸热过程,温度高有利于此反应。

14. 试用简单的方法鉴别 Na_2S,Na_2SO_3,Na_2SO_4 和 $Na_2S_2O_3$。

答:四种待鉴定物质均为易溶物,先将其分别配制成溶液,后加入盐酸,反应现象列于下表中。

	Na_2S	Na_2SO_3	Na_2SO_4	$Na_2S_2O_3$
加入盐酸	有气泡(H_2S)	有气泡(SO_2)	无现象	有气泡和沉淀(SO_2,S)

四种无色溶液中加入盐酸后,无反应现象的为 Na_2SO_4;产生沉淀的为 $Na_2S_2O_3$;无沉淀、有臭鸡蛋气味气体产生的为 Na_2S;无沉淀、有刺激性气味气体产生的为 Na_2SO_3。

15. 有一瓶白色粉末状固体,它可能是 Na_2CO_3,$NaNO_3$,Na_2SO_4,NaCl 或 NaBr,试设计鉴别方案。

答:将白色粉末加水溶解,取一份溶液加入氯化钡溶液,若生成白色沉淀,再加入盐酸,若沉淀溶解则白色粉末为 Na_2CO_3,若沉淀不溶则白色粉末是 Na_2SO_4。

若加入氯化钡无沉淀生成,则另取一份溶液,加入 $AgNO_3$ 溶液,若无沉淀生成则白色粉末为 $NaNO_3$,若析出白色沉淀则白色粉末是 NaCl,若析出淡黄色沉淀则白色粉末为 NaBr。分组鉴定流程图如下：

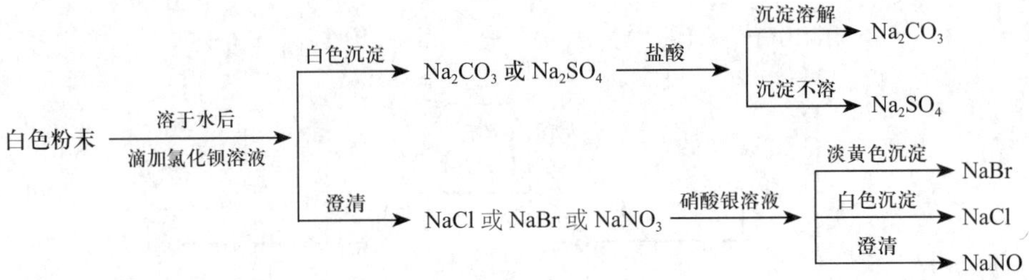

16. 完成下列反应方程式：

(1) $Na(s) + NH_3(l) \longrightarrow$

(2) Cl_2(过量) + $NH_3 \longrightarrow$

(3) $(NH_4)_2Cr_2O_7 \xrightarrow{\triangle}$

(4) $HNO_3 + S \xrightarrow{\triangle}$

(5) $Fe + HNO_3$(极稀) $\longrightarrow$

(6) $Zn(NO_3)_2 \xrightarrow{\triangle}$

(7) $NH_4NO_3 \xrightarrow{\triangle}$

(8) $Pt + HNO_3 + HCl \longrightarrow$

(9) $NO_3^- + Fe^{2+} + H^+ \longrightarrow$

答：(1) $Na(s) + (x+y)NH_3(l) \rightleftharpoons Na(NH_3)_x^+ + e(NH_3)_y^-$

$$2Na(s) + 2NH_3(l) \xlongequal{催化剂} 2NaNH_2(l) + H_2(g)$$

(2) $3Cl_2$(过量) + $NH_3 \xlongequal{} NCl_3 + 3HCl$

(3) $(NH_4)_2Cr_2O_7 \xlongequal{\triangle} N_2 + Cr_2O_3 + 4H_2O$

(4) $2HNO_3 + S \xlongequal{\triangle} H_2SO_4 + 2NO\uparrow$

(5) $8Fe + 30HNO_3$(极稀) $\xlongequal{} 8Fe(NO_3)_3 + 3NH_4NO_3 + 9H_2O$

(6) $2Zn(NO_3)_2 \xlongequal{\triangle} 2ZnO + 4NO_2 + O_2$

(7) $NH_4NO_3 \xlongequal{\triangle} N_2O + 2H_2O$

(8) $3Pt + 4HNO_3 + 18HCl \xlongequal{} 3H_2[PtCl_6] + 4NO\uparrow + 8H_2O$

(9) $NO_3^- + 3Fe^{2+} + 4H^+ \xlongequal{} NO\uparrow + 3Fe^3 + 2H_2O$

17. 试解释：

(1) N_2 很稳定，可用作保护气；而磷单质白磷却很活泼，在空气中可自燃。

(2) 用浓氨水可检查氯气管道是否漏气。

(3) $NaBiO_3$ 是很强的氧化剂，而 Na_3AsO_3 是较强的还原剂。

(4) 氮族元素中有 PCl_5 和 $SbCl_5$，却不存在 NCl_5 和 $BiCl_5$。

(5) 硝酸的分子式为 HNO_3，而磷酸的分子式为 H_3PO_4。

(6) 稀氨水可闻到氨味，而稀盐酸却闻不到刺激性的氯化氢味。

答:(1) N 和 P 的单质分子结构不同,性质差异很大。N 原子半径小,N_2 分子中 N 原子间形成键能很高的三重键,因此性质不活泼,可用作惰性保护气。P 原子半径较大,白磷分子中 P 原子通过单键与其他三个 P 原子相连而形成四面体结构,P—P—P 键角很小、张力大,因而白磷性质活泼,在空气中可自燃。

(2) NH_3 与 Cl_2 可剧烈反应,生成 N_2 和 HCl,HCl 与 NH_3 可反应生成 NH_4Cl 白烟,可明显指示氯气管道漏气之处。

(3) Bi 和 As 都是同族元素,外层电子构型是 ns^2np^3。请注意教材中讲述的"惰性电子对效应":第六周期的 Bi 原子出现了充满电子的 4f 和 5d 能级,而 f 和 d 电子的屏蔽效应较小,6s 电子又具较大的钻穿效应,所以 6s 能级显著降低,6s 电子不易参与成键。因此,Bi 主要表现+3 氧化态,+5 氧化态的 $NaBiO_3$ 是极强的氧化剂。而第四周期的 As 原子,+5 氧化态较为稳定,+3 氧化态的 Na_3AsO_3 较易被氧化。

(4) P 和 Sb 都有 nd 轨道,以 sp^3d 杂化形成 PCl_5 和 $SbCl_5$。N 为第二周期元素,以 sp^3 杂化形成 NCl_3。+5 氧化态的 Bi 化合物具有强氧化性,因此可以氧化氯离子,不存在 $BiCl_5$。

(5) 与上一小题类似,VA 族元素的最高氧化态水化物理论上是 $R(OH)_5$ 这个类型的。中心原子 R 半径越小,若形成 $N(OH)_5$,电负性大的 O 原子之间有很大的斥力,分子不稳定,从而容易发生羟基间脱水生成非羟基 O(R═O双键)。N 原子半径最小,其最高氧化态含氧酸的分子式为 HNO_3;P 原子半径大一些,且电负性小,与 O 之间的库仑相互作用带来额外的稳定作用,其最高氧化态含氧酸的分子式为 H_3PO_4。

(6) 氨水中的氨主要以分子形式存在,因此可以闻到氨味。而盐酸是强酸,HCl 分子在水中完全解离,因此稀盐酸闻不到刺激性的氯化氢味。

18. 用简单的方法鉴别下列各组物质:

(1) NO_2^- 和 NO_3^-

(2) H_3PO_4 和 H_3PO_3

(3) Na_2HPO_4 和 NaH_2PO_4

(4) H_3AsO_4 和 H_3AsO_3

答:(1) NO_2^- 具有还原性,可还原 $KMnO_4$,使 $KMnO_4$ 溶液的紫红色褪去。

$$2MnO_4^-(\text{紫红色}) + 5NO_2^- + 6H^+ \xlongequal{\quad} 5NO_3^- + 2Mn^{2+}(\text{无色}) + 3H_2O$$

(2) H_3PO_3 具有还原性,可还原 Ag^+,沉淀出金属 Ag 单质。

$$H_3PO_3 + 2AgNO_3 + H_2O \xlongequal{\quad} H_3PO_4 + 2Ag\downarrow + 2HNO_3$$

(3) 磷酸盐中磷酸二氢盐均溶于水,而磷酸一氢盐除 K^+,Na^+,NH_4^+ 盐外,一般都不溶于水。在两种钠盐溶液中加入 $CaCl_2$,产生的 $CaHPO_4$ 不溶于水。

$$Na_2HPO_4 + CaCl_2 \xlongequal{\quad} CaHPO_4\downarrow + 2NaCl$$

(4) H_3AsO_4 是一种较弱的氧化剂,在强酸介质中可以将 I^- 氧化。因此酸化后加入 KI 淀粉溶液,变蓝色的是 H_3AsO_4。

$$H_3AsO_4 + 2H^+ + 2I^- \xlongequal{\quad} H_3AsO_3 + I_2 + H_2O$$

19. 在 HNO_3 分子中,N 与非羟基氧的核间距是 121 pm,而 N 与羟基氧的核间距是 140.5 pm,试解释为什么前者小于后者？又为什么在 NO_3^- 中 N 与 O 的核间距相同(均为 124 pm)？

答:

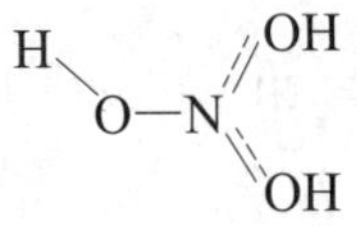

π_3^4

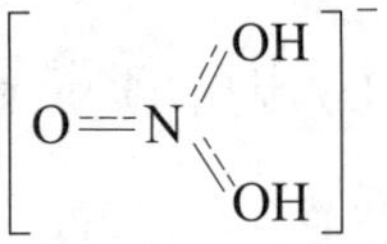

π_4^6

如上图所示,在 HNO_3 分子中 N 原子以 sp^2 杂化轨道与 3 个 O 原子形成 N—O 单键。N 原子上剩余一个未参加杂化的 p 轨道,与两个非羟基 O 原子上的各一个平行 p 轨道形成离域 π 键(π_3^4)。3 个 N—O 键并不等价,N 与羟基 O 之间形成 N—O 单键,核间距大于 N 与羟基 O 原子的核间距。

NO_3^- 的结构中,N 原子以 sp^2 杂化轨道与 3 个 O 原子形成 N—O 单键。N 原子上剩余一个未参加杂化的 p 轨道,与三个非羟基 O 原子上各一个平行的 p 轨道形成离域 π 键(π_4^6)。结构是对称的,3 个 N—O 键等价,因此核间距都相等。

20. 试说明:

(1) 天然磷酸钙必须转化为过磷酸钙才能作为肥料使用;

(2) 过磷酸钙肥料不能和石灰一起使用和贮存。

答:(1) 磷酸盐除 K^+,Na^+,NH_4^+ 盐外,一般都不溶于水。天然 $Ca_3(PO_4)_2$ 难溶于水,要成为植物能吸收的磷肥,必须把它变为可溶性的二氢盐。

$$Ca_3(PO_4)_2 + 2H_2SO_4 \xlongequal{\quad} 2CaSO_4 + Ca(H_2PO_4)_2$$

$$Ca_5F(PO_4)_2 + 7H_3PO_4 \xlongequal{\quad} 5Ca(H_2PO_4)_2 + HF\uparrow$$

前一反应产物中还含有石膏($CaSO_4$),称为“过磷酸钙”,后一反应产物含磷量较高,称为“重过磷酸钙”。

(2) 过磷酸钙肥若和石灰(CaO)一起使用和贮存,会反应生成难溶于水的磷酸氢钙。

$$CaO + Ca(H_2PO_4)_2 \xlongequal{\quad} 2CaHPO_4 + H_2O$$

21. PCl_5 在一些极性溶剂中可发生如下的解离反应:

$$2PCl_5 \rightleftharpoons PCl_4^+ + PCl_6^-$$

试指出 PCl_5,PCl_4^+ 和 PCl_6^- 中心原子 P 的杂化类型,以及这些分子和离子的几何构型。

答:见下表。

	PCl_5	PCl_4^+	PCl_6^-
P 的价电子对数	$(5+5)/2=5$	$(5+4-1)/2=4$	$(5+6+1)/2=6$
P 的杂化类型	sp^3d	sp^3	sp^3d^2
分子或离子的几何构型	三角双锥形	正四面体形	正八面体形

22. 画出下列分子或离子的结构：

$$NO_2^- \quad P_2O_5 \quad SO_2 \quad (HPO_3)_3$$

答：参见教材中图 10-7 和表 10-10。

NO_2^-	$P_2O_5(P_4O_{10})$	SO_2	$(HPO_3)_3$
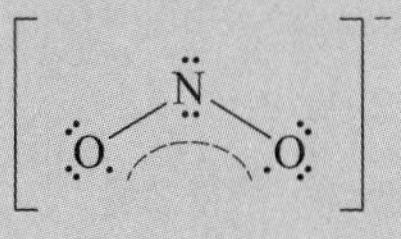 π_3^4	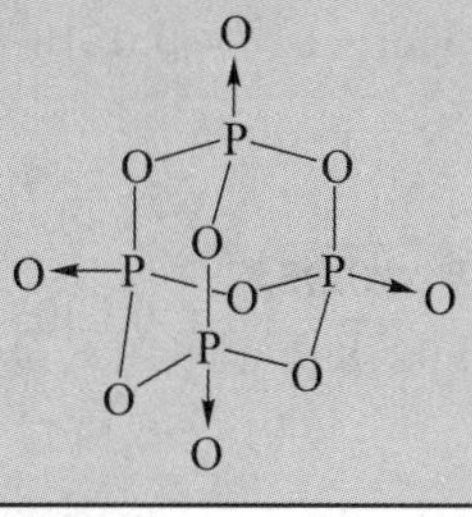	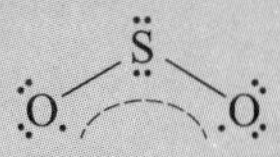 π_3^4	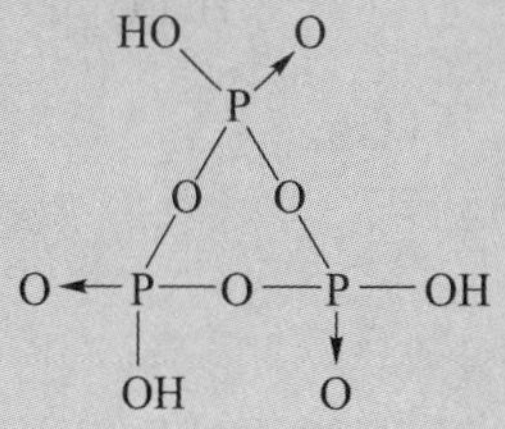

23. 有一钠盐 A，将其灼烧有气体 B 放出，留下残余物 C。气体 B 能使带有火星的木条复燃。残余物 C 可溶于水，将该水溶液用 H_2SO_4 酸化后，分成两份：一份加几滴 $KMnO_4$ 溶液，$KMnO_4$ 溶液褪色；另一份加几滴 KI-淀粉溶液，溶液变蓝色。问 A，B 和 C 为何物？并写出有关的反应方程式。

答：A 是 $NaNO_3$，B 是 O_2，C 是 $NaNO_2$。相关反应方程式如下：

$$2NaNO_3 \xlongequal{\text{灼烧}} 2NaNO_2 + O_2$$

$$5NO_2^- + 2MnO_4^-(\text{紫红色}) + 6H^+ \xlongequal{\quad} 5NO_3^- + 2Mn^{2+}(\text{淡粉红色}) + 3H_2O$$

$$2HNO_2 + 2I^- + 2H^+ \xlongequal{\quad} 2NO\uparrow + I_2 + 2H_2O$$

24. 亚磷酸分子式为 H_3PO_3。

（1）解释 H_3PO_3 为什么是二元酸而非三元酸；

（2）某 H_3PO_3 溶液 25.0 mL 用 0.102 $mol\cdot L^{-1}$ NaOH 溶液滴定，需消耗 23.3 mL 来中和其两个酸性的质子。求该 H_3PO_3 溶液的浓度；

（3）已知 H_3PO_3 的 $K_{a_1}^{\ominus} \gg K_{a_2}^{\ominus}$。测得上述 H_3PO_3 溶液的 pH 为 1.59，试求此 H_3PO_3 的 $K_{a_1}^{\ominus}$。

答：（1）H_3PO_3 的结构见下图，P 与 H 的电负性非常接近，P—H 键几乎无极性，所以与 P 直接键合的 H 不显酸性；P 与两个羟基成键，可解离出两个 H^+，因此 H_3PO_3 是二元酸。

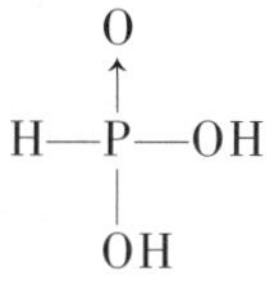

（2）$H_3PO_3 + 2NaOH \xlongequal{\quad} Na_2HPO_3 + 2H_2O$

$$n(H_3PO_3) = \frac{n(NaOH)}{2} = \frac{0.102\ mol\cdot L^{-1} \times 0.0233\ L}{2} = 1.19\times 10^{-3}\ mol$$

$$c(H_3PO_3) = \frac{n(H_3PO_3)}{V} = \frac{1.19\times 10^{-3}\ mol}{0.0250\ L} = 0.0476\ mol\cdot L^{-1}$$

(3) $[H^+] = 10^{-pH} = 0.0257\ mol \cdot L^{-1}$

因为 $K_{a_1}^{\ominus} \gg K_{a_2}^{\ominus}$，$[H^+]$主要由一级解离贡献，则

$$H_3PO_3 \rightleftharpoons H^+ + H_2PO_3^-$$

$$[H^+] \approx [H_2PO_3^-] = 0.0257\ mol \cdot L^{-1}$$

$$[H_3PO_3] = 0.0475\ mol \cdot L^{-1} - 0.0257\ mol \cdot L^{-1} = 0.0218\ mol \cdot L^{-1}$$

所以

$$K_{a_1}^{\ominus} = \frac{[H^+][H_2PO_3^-]}{[H_3PO_3]} = \frac{0.0257 \times 0.0257}{0.0218} = 0.0303$$

25. 完成下列反应方程式：

(1) $SiO_2 + HF \longrightarrow$

(2) $Sn(OH)_2 + NaOH \longrightarrow$

(3) $Na_2SiO_3 + NH_4Cl \longrightarrow$

(4) $PbO_2 + Mn^{2+} + H^+ \longrightarrow$

(5) $Pb_3O_4 + HCl$(浓) $\longrightarrow$

(6) $SnCl_2 + HgCl_2 \longrightarrow$

答：(1) $SiO_2 + 4HF = SiF_4\uparrow + 2H_2O$

(2) $Sn(OH)_2 + NaOH = NaSn(OH)_3$

(3) $Na_2SiO_3 + 2NH_4Cl = H_2SiO_3\downarrow + 2NH_3 + 2NaCl$

(4) $5PbO_2 + 2Mn^{2+} + 4H^+ = 5Pb^{2+} + 2MnO_4^- + 2H_2O$

(5) $Pb_3O_4 + 14HCl$(浓) $= 3H_2[PbCl_4] + Cl_2\uparrow + 4H_2O$

(6) $2HgCl_2 + SnCl_2 = SnCl_4 + Hg_2Cl_2\downarrow$

$Hg_2Cl_2 + SnCl_2 = SnCl_4 + 2Hg\downarrow$

26. 试举出下列物质两种等电子体：

$$CO \qquad CO_2 \qquad ClO_4^-$$

答：等电子体是指一类分子或离子，组成它们的原子数相同，而且所含的电子数也相同，则它们互称为等电子体。

CO 与 N_2，CN^-是等电子体；

CO_2 与 N_3^-，N_2O 是等电子体；

ClO_4^- 与 SO_4^{2-}，PO_4^{3-} 是等电子体。

27. 写出 Na_2CO_3 溶液分别与下列几种盐反应的方程式：

$$BaCl_2 \qquad MgCl_2 \qquad Pb(NO_3)_2 \qquad AlCl_3$$

答：当金属离子和碱金属碳酸盐溶液反应时，产物可能是正盐、碱式碳酸盐或氢氧化物，这主要取决于该金属碳酸盐和氢氧化物的溶解度相对大小。

$$BaCl_2 + Na_2CO_3 = BaCO_3\downarrow + 2NaCl$$

$$2MgCl_2 + 2Na_2CO_3 + H_2O = Mg_2(OH)_2CO_3\downarrow + 4NaCl + CO_2\uparrow$$

$$2Pb(NO_3)_2 + 2Na_2CO_3 + H_2O = Pb_2(OH)_2CO_3\downarrow + 4NaNO_3 + CO_2\uparrow$$

$$2AlCl_3 + 3Na_2CO_3 + 3H_2O = 2Al(OH)_3\downarrow + 6NaCl + 3CO_2\uparrow$$

28. 比较下列各对物质按指定性质的大小或强弱:

(1) 氧化性 SnO_2 和 PbO_2

(2) 碱性 $Sn(OH)_2$ 和 $Pb(OH)_2$

(3) 分解温度 $PbCO_3$ 和 $CaCO_3$

(4) 溶解度 Na_2CO_3 和 $NaHCO_3$

(5) 化学活性 α-锡酸和 β-锡酸

答:(1) PbO_2 的氧化性强于 SnO_2 的氧化性。PbO_2 是强氧化剂,它可与浓盐酸反应放出 Cl_2,或与浓硫酸反应放出 O_2。

(2) $Pb(OH)_2$ 的碱性强于 $Sn(OH)_2$ 的碱性。

(3) $CaCO_3$ 的分解温度(897 ℃)高于 $PbCO_3$ 的分解温度(315 ℃)。Pb^{2+} 属于(18+2)电子构型,Ca^{2+} 属于 8 电子构型,Pb^{2+} 的极化力大于 Ca^{2+} 的极化力,而金属离子极化力越强,碳酸盐越易分解。

(4) Na_2CO_3 的溶解性优于 $NaHCO_3$。对难溶碳酸盐来说,酸式盐的溶解度大于正盐的溶解度,但易溶碳酸盐却相反,正盐的溶解度大于酸式盐的溶解度。这是由于碳酸氢盐溶液中 HCO_3^- 通过氢键形成二聚或多聚链状离子,从而降低了它们的溶解度。

(5) α-锡酸的化学活性高于 β-锡酸的化学活性。α-锡酸既能和酸作用也能和碱作用,而 β-锡酸既不溶于酸也不溶于碱。α-锡酸久置会变为 β-锡酸。有人认为 α-锡酸是无定形态,β-锡酸是晶态。

29. 试解释:

(1) CO 是常见化合物,但在通常条件下 SiO 却不存在。

(2) 配制 $SnCl_2$ 溶液时要加浓盐酸和 Sn 粒。

(3) 碳可生成百万种以上的有机化合物。

(4) 自然界中硅都以含氧化合物的形式存在。

(5) 装有水玻璃溶液的瓶子长期敞开瓶口,水玻璃溶液变混浊。

答:(1) CO 分子中存在一个 σ 键、一个正常 π 键和一个 π 配键,π 配键的电子来自氧原子。Si(2.19)和 O(3.44)的电负性差异大,同时 Si 比 C 原子半径大,更易形成单键。

(2) Sn^{2+} 易水解,是强还原剂,因此加入盐酸是防止 Sn^{2+} 水解,加入锡粒是还原被空气中的 O_2 氧化生成的 Sn^{4+}。

(3) 从教材中表 10-11 键能数据中可以看出,本族元素 M—M 和 M—H 键中以 C—C 和 C—H 键键能最大,因此碳易结合成长链,这就是碳能形成数百万种有机化合物的主要原因。

(4) 从教材中表 10-11 键能数据中可以看出,M—O 键中以 Si—O 键键能最大,这就是在自然界中硅总是以含氧化合物存在的主要原因。

(5) 水玻璃是烧碱或碳酸钠与石英共熔后，在增压锅中加水蒸煮制得的水溶液。它的化学式是 $Na_2O \cdot nSiO_2$，n 一般为 3.3 左右。在敞口容器中长期放置，会吸收空气中的二氧化碳，使溶液的碱性减弱，导致硅酸钠水解，生成不溶于水的硅酸而变混浊。

$$CO_2 + Na_2SiO_3 + H_2O = Na_2CO_3 + H_2SiO_3 \downarrow$$

30. 某红色固体粉末 A 与 HNO_3 反应得褐色沉淀 B。将沉淀过滤后，在滤液中加入 K_2CrO_4 溶液，得黄色沉淀 C。在滤渣 B 中加入浓盐酸，则有气体 D 放出，此气体可使 KI-淀粉试纸变蓝。问 A，B，C 和 D 各为何物？写出有关的反应方程式。

答：A 是 Pb_3O_4（红色），B 是 PbO_2（褐色），C 是 $PbCrO_4$（黄色），D 是 Cl_2。相关的反应方程式如下：

$$Pb_3O_4 + 4HNO_3 = PbO_2 \downarrow + 2Pb(NO_3)_2 + 2H_2O$$

$$K_2CrO_4 + Pb(NO_3)_2 = PbCrO_4 \downarrow + 2KNO_3$$

$$PbO_2 + 6HCl(\text{浓}) = H_2[PbCl_4] + Cl_2 \uparrow + 2H_2O$$

31. 写出下列反应方程式：

(1) B_2H_6 在空气中燃烧。

(2) B_2H_6 通入水中。

(3) 固体 Na_2CO_3 同 Al_2O_3 一起熔融，冷却后将研碎的熔块放入水中，搅拌后产生白色乳状沉淀。

(4) Al 和热浓 NaOH 溶液作用放出气体。

(5) 铝酸钠溶液中加入 NH_4Cl，有氨气放出，溶液有乳白色凝胶沉淀。

答：(1) $B_2H_6 + 3O_2 \xlongequal{\text{点燃}} B_2O_3 + 3H_2O$

(2) $B_2H_6 + 6H_2O = 2H_3BO_3 + 6H_2 \uparrow$

(3) $Na_2CO_3 + Al_2O_3 \xlongequal{\text{熔融}} 2NaAlO_2 + CO_2$

$NaAlO_2 + 2H_2O = Al(OH)_3 \downarrow + NaOH$

(4) $2Al + 2NaOH(\text{浓}) + 6H_2O = 2Na[Al(OH)_4] + 3H_2 \uparrow$

(5) $Na[Al(OH)_4] + NH_4Cl = Al(OH)_3 \downarrow + NaCl + NH_3 \uparrow + H_2O$

32. 设计最简便的方法，鉴别下列各组物质：

(1) 纯碱和烧碱　　　(2) 石灰石和石灰

(3) 硼砂和硼酸　　　(4) 明矾和泻盐（$MgSO_4 \cdot H_2O$）

答：(1) 将纯碱（Na_2CO_3）和烧碱（NaOH）溶解后加入 $BaCl_2$，$BaCO_3$ 难溶于水，而 $Ba(OH)_2$ 易溶于水。

(2) 石灰（CaO）与水反应，产生大量的热。石灰石（$CaCO_3$）与水不反应。

(3) 可利用硼砂珠试验，如硼砂与氧化钴一起灼烧，产生蓝色硼砂珠。或测其水溶液的酸碱性，硼砂水溶液为碱性，硼酸水溶液为酸性。

(4) 明矾[$KAl(SO_4)_2 \cdot 12H_2O$]和泻盐（$MgSO_4 \cdot 7H_2O$）溶于水后，加入铵盐，前者会产生胶体状氢氧化铝沉淀。

33. 在下列各试剂中分别加入 HCl 溶液和 NaOH 溶液,如能反应,写出反应方程式:

(1) $Mg(OH)_2$　　(2) $Al(OH)_3$　　(3) H_4SiO_4

答:(1) $Mg(OH)_2 + 2HCl \xlongequal{} MgCl_2 + 2H_2O$

(2) $Al(OH)_3 + 3HCl \xlongequal{} AlCl_3 + 3H_2O$

$Al(OH)_3 + NaOH \xlongequal{} Na[Al(OH)_4]$

(3) $H_4SiO_4 + 2NaOH \xlongequal{} Na_2SiO_3 + 3H_2O$

34. 解释下列名词:

(1) 缺电子原子　　(2) 氢桥键　　(3) 离域 π 键

(4) 惰性电子对效应　　(5) 等电子体　　(6) 反应的耦合

答:(1) 缺电子原子:所含价电子数少于其价电子轨道数的原子。

(2) 氢桥键:以一个氢原子为桥与两个非氢原子形成的多中心化学键。

(3) 离域 π 键:成键电子不局限于两个原子的区域,而是在参加成键的两个以上原子的范围内运动的 π 型化学键。

(4) 惰性电子对效应:随着核外电子层的增多,由于 d 电子、f 电子的屏蔽效应差,且 s 电子的穿透能力强,导致最外层 s 电子的能量明显降低,而不易参与成键的效应。

(5) 等电子体:所含原子的数目相同,所含电子的数目也相同的分子或离子。

(6) 反应的耦合:单独不能自发进行的反应 A,在反应 B 的帮助下,合并在一起反应变成可自发进行的,这种情况称为反应的耦合。

第十一章　ds 区元素

内容提要

1. ds 区元素单质的重要性质

铜、银、金是电的良导体，它们都是密度较大，熔、沸点较高，延展性较好的金属。锌、镉、汞的熔、沸点较低，汞是唯一在室温下呈液态的金属。

(1) 汞的特性：汞具有较高的蒸气压，吸入人体会引起慢性中毒。汞能够与许多金属形成合金——汞齐。铜片与 Hg^{2+} 或 Hg_2^{2+} 生成汞齐是鉴定 Hg^{2+} 或 Hg_2^{2+} 的特效反应，不受其他金属干扰。

(2) ds 区金属的反应性：Ⅱ B 族金属的活泼性比Ⅰ B 族的大，且每族元素都是从上到下活泼性降低。在室温下，ds 区金属在空气中总体上是稳定的，但是铜与含有 CO_2 的潮湿空气接触，其表面生成铜锈（碱式碳酸铜）。

2. ds 区元素的重要化合物

(1) 氧化物和氢氧化物：在 ds 区元素的盐溶液中加入碱，可得到相应的氢氧化物，但 AgOH 和 $Hg(OH)_2$ 不稳定，立即分解为氧化物。$Cu(OH)_2$ 略显两性，可溶于酸，也可溶于过量的浓碱溶液，形成四羟基合铜离子。四羟基合铜离子有一定的氧化性，可被葡萄糖还原为砖红色的 Cu_2O。$Cu(OH)_2$ 直接加热分解为黑色的 CuO。$Zn(OH)_2$ 和 $Cd(OH)_2$ 皆为白色沉淀，前者是两性氢氧化物，既溶于酸，也溶于过量的碱；而后者呈碱性，不溶于过量的碱液中。

(2) 铜盐：最常见的铜盐是五水硫酸铜，俗称胆矾。在硫酸铜溶液中逐步加入氨水，先得到浅蓝色碱式硫酸铜沉淀，若继续加入氨水，得到深蓝色的铜氨配离子。该反应是鉴定 Cu^{2+} 的特效反应。硫酸铜有杀菌能力，硫酸铜与石灰乳混合而成的“波尔多”液，可用于农作物杀菌。Cu^+ 的价电子构型为 $3d^{10}$，具有一定的稳定性。CuO 加热可以得到 Cu_2O，Cu 与 S 加热反应可以得到 Cu_2S。但 Cu^+ 在水溶液中不稳定，会发生歧化反应，生成 Cu 和 Cu^{2+}。当有还原剂存在和反应的产物 Cu^+ 以沉淀或配离子形式存在时，在水溶液中 Cu^{2+} 亦可转化为 Cu^+。

(3) 银盐：银(Ⅰ)盐大都难溶于水，但 $AgNO_3$ 是易溶盐，它是制备其他银化合物的主要原料。$AgNO_3$ 在日光直射下会逐步分解；在 $AgNO_3$ 溶液中加入卤化物，可生成相应的卤化银沉淀；Ag^+ 易与 NH_3，$S_2O_3^{2-}$，CN^- 等配体形成配离子。Ag_2S 是银盐中溶解度最小的，它不溶于 KCN，但可溶于浓硝酸。

(4) 汞盐：汞(Ⅱ)具有极强的形成共价键倾向，与锌盐或镉盐性质很不相同。共价化合物 HgS 是金属硫化物中溶解度最小的，但它可溶于王水。最重要的可溶性汞(Ⅱ)盐是硝酸汞和氯化汞。氯化汞是典型的共价化合物，在水中解离度很小，为弱电解质。在氯化汞中加入氨水，得白色的氯化氨基汞沉淀。在 Hg^{2+} 溶液中加入 KI，得到红色的 HgI_2 沉淀，它可溶于过量的 KI 溶液中，形成无色的四碘化汞配离子。四碘化汞配离子可与 KOH 配制奈斯勒试剂，用于检验铵离子（有棕色沉淀产生）。Hg 和 Hg^{2+} 可发生同化反应生成 Hg_2^{2+}，只有在溶液中 Hg^{2+} 因生成沉淀或配合物而使其浓度大大降低的情况下，Hg_2^{2+} 才会发生歧化反应。

习题解答

1. 试从下表所列的几个方面去比较 Ⅰ A 和 Ⅰ B 族元素的性质：

	Ⅰ A	Ⅰ B
价电子构型		
原子半径大小		
电离能高低		
化学活泼性高低		
同族元素化学活泼性变化趋势		
氧化态		
与水作用		
氢氧化物的酸碱性及稳定性		
形成配合物的能力		

答：见下表。

	Ⅰ A	Ⅰ B
价电子构型	ns^1	$(n-1)d^{10}ns^1$
原子半径大小	大	小
电离能高低	低	高
化学活泼性高低	高	低
同族元素化学活泼性变化趋势	随原子序数的增大而升高	随原子序数的增大而降低
氧化态	+1	+1，+2，+3
与水作用	剧烈，释放出 H_2	常温下不反应
氢氧化物的酸碱性及稳定性	碱性强、稳定性高	碱性弱、稳定性差
形成配合物的能力	差	好

2. 试从习题 1 所列的几个方面去比较 Ⅱ A 和 Ⅱ B 族元素的性质。

答：见下表。

	ⅡA	ⅡB
价电子构型	ns^2	$(n-1)d^{10}ns^2$
原子半径大小	大	小
第一电离能高低	略低	略高
第二电离能高低	略低	略高
化学活泼性高低	高	低
同族元素化学活泼性变化趋势	随原子序数的增大而升高	随原子序数的增大而降低
氧化态	+2	+1,+2
与水作用	除 Be,Mg,在常温下可反应,释放出 H_2	常温下不反应
氢氧化物的酸碱性及稳定性	$Be(OH)_2$ 为两性,$Mg(OH)_2$ 为中强碱,其余为强碱;稳定性高	$Zn(OH)_2$ 为两性,其余为弱碱;$Hg(OH)_2$ 不稳定
形成配合物的能力	差	好

3. 解释下列现象并写出反应方程式:

(1) 埋在湿土中的铜钱变绿。

(2) 银器在含 H_2S 的空气中发黑。

(3) 金不溶于浓盐酸或浓硝酸中,却溶于此两种酸的混合液中。

答:(1) 铜与潮湿的空气接触,生成绿色的碱式碳酸铜。

$$2Cu + O_2 + CO_2 + H_2O = Cu_2(OH)_2CO_3$$

(2) 银器与 H_2S 接触时,表面会生成黑色的硫化银。

$$4Ag + 2H_2S + O_2 = 2Ag_2S + 2H_2O$$

(3) 金的化学性质惰性,Au(Ⅲ)/Au(0)的标准电极电势高(1.52 V),不能单独溶于浓盐酸或浓硝酸。但浓盐酸和浓硝酸混合成王水后,结合氯离子的配位能力和硝酸的氧化能力,可以溶解金。

$$Au + 4HCl + HNO_3 = H[AuCl_4] + NO\uparrow + 2H_2O$$

4. 以 $CuSO_4$ 为原料制取下列物质:

$[Cu(NH_3)_4]^{2+}$　　$Cu(OH)_2$　　CuO　　Cu_2O　　$Na_2[Cu(OH)_4]$　　CuI

答:(1) 向硫酸铜溶液中加入过量的氨水,可得到深蓝色的铜氨配离子。

$$Cu^{2+} + 4NH_3\cdot H_2O = [Cu(NH_3)_4]^{2+} + 4H_2O$$

(2) 向硫酸铜溶液中加入适量的氢氧化钠。

$$Cu^{2+} + 2OH^- = Cu(OH)_2\downarrow$$

(3) 氢氧化铜受热(80 ℃)分解得到黑色的氧化铜。

$$Cu(OH)_2 \xlongequal{80\ ℃} CuO + H_2O$$

(4) 黑色的氧化铜受热(800 ℃)分解得到红色的氧化亚铜。

$$4CuO \xlongequal{800\ ℃} 2Cu_2O + O_2$$

也可将四羟基合铜酸钠用葡萄糖还原得到氧化亚铜。

$$2[Cu(OH)_4]^{2-} + C_6H_{12}O_6 \xlongequal{} Cu_2O\downarrow + C_6H_{11}O_7^- + 3OH^- + 3H_2O$$

(5) 氢氧化铜略显两性,与过量的氢氧化钠反应可得到四羟基合铜酸钠。

$$Cu(OH)_2 + 2NaOH \xlongequal{} Na_2[Cu(OH)_4]$$

(6) 硫酸铜与碘化钾反应可生成白色的碘化亚铜。

$$2Cu^{2+} + 4I^- \xlongequal{} 2CuI\downarrow + I_2$$

5. 以 $Hg(NO_3)_2$ 为原料制取下列物质:

HgO $HgCl_2$ Hg_2Cl_2 $Hg_2(NO_3)_2$ $K_2[HgI_4]$

答:(1) 硝酸汞高温分解为氧化汞、二氧化氮和氧气。也可在Hg^{2+}溶液中加入 NaOH。

$$2Hg(NO_3)_2 \xlongequal{\triangle} 2HgO + 4NO_2 + O_2$$

$$Hg^{2+} + 2OH^- \xlongequal{} HgO\downarrow + H_2O$$

(2) 把硝酸汞溶液与金属汞一起振荡可生成 $Hg_2(NO_3)_2$。

$$Hg(NO_3)_2 + Hg \xlongequal{} Hg_2(NO_3)_2$$

(3) 硝酸亚汞溶液加热浓缩后加入盐酸。

$$Hg_2(NO_3)_2 + 4HCl \xlongequal{\triangle} 2HgCl_2 + 2H_2O + 2NO_2\uparrow$$

(4) 硝酸亚汞溶液中加入 Cl^-时,可得白色的 Hg_2Cl_2 沉淀。

$$Hg_2(NO_3)_2 + 2Cl^- \xlongequal{} Hg_2Cl_2\downarrow + 2NO_3^-$$

(5) 在硝酸汞溶液中加入过量 KI,可得 $K_2[HgI_4]$。

$$Hg^{2+} + 4KI \xlongequal{} K_2[HgI_4] + 2K^+$$

6. 用适当的方法区别下列物质:

(1) 镁盐和锌盐　　(2) AgCl 和 Hg_2Cl_2

(3) 升汞和甘汞　　(4) 锌盐和铝盐

答:(1) 加入过量的氢氧化钠溶液,可以溶解的为锌盐。因为氢氧化锌为两性,可溶于过量的氢氧化钠溶液。

(2) 加入过量的氨水,可溶解的为 AgCl,而 Hg_2Cl_2 则转变为黑色的 Hg 和白色的 $Hg(NH_2)Cl$。

(3) 加入水,$HgCl_2$(易升华,因此称作升汞)易溶于水,而 Hg_2Cl_2(甘汞)是难溶盐。

(4) 加水溶解后加入氨水，Zn^{2+} 与氨生成可溶性的 $[Zn(NH_3)_4]^{2+}$ 配离子，而 Al^{3+} 在氨水中生成 $Al(OH)_3$ 沉淀。不能加 NaOH 区别，$Zn(OH)_2$ 和 $Al(OH)_3$ 都具有两性，可溶于过量 NaOH 溶液。

7. Cu 和 Zn 能否分别与稀 HCl 溶液、浓 H_2SO_4 溶液、稀 HNO_3 溶液、浓 HNO_3 溶液及 NaOH 溶液反应？若能反应，试写出反应方程式。

答： Zn 的活泼性比 Cu 的大，可与稀 HCl 溶液、浓 H_2SO_4 溶液、稀 HNO_3 溶液、浓 HNO_3 溶液和 NaOH 溶液反应；而 Cu 只能和浓 H_2SO_4 溶液、稀 HNO_3 溶液和浓 HNO_3 溶液反应。相应的反应方程式如下：

$$Zn + 2HCl = ZnCl_2 + H_2\uparrow$$

$$Zn + H_2SO_4(\text{浓}) = ZnSO_4 + SO_2\uparrow$$

$$4Zn + 10HNO_3(\text{稀}) = 4Zn(NO_3)_2 + N_2O\uparrow + 5H_2O$$

$$Zn + 4HNO_3(\text{浓}) = Zn(NO_3)_2 + 2NO_2\uparrow + 2H_2O$$

$$Zn + 2NaOH + 2H_2O = Na_2[Zn(OH)_4] + H_2\uparrow$$

$$Cu + 2H_2SO_4(\text{浓}) = CuSO_4 + SO_2\uparrow + 2H_2O$$

$$3Cu + 8HNO_3(\text{稀}) = 3Cu(NO_3)_2 + 2NO\uparrow + 4H_2O$$

$$Cu + 4HNO_3(\text{浓}) = Cu(NO_3)_2 + 2NO_2\uparrow + 2H_2O$$

8. 碱能否分别与 Cu^{2+}，Ag^+，Zn^{2+}，Hg^{2+} 和 Hg_2^{2+} 反应？若能的话，试指出反应产物及现象。

答： $Cu(OH)_2$ 略显两性，Cu^{2+} 与适量碱反应生成淡蓝色的 $Cu(OH)_2$ 沉淀，与过量碱反应，生成可溶性的 $[Cu(OH)_4]^{2-}$ 配离子。

$$Cu^{2+} + 2OH^- = Cu(OH)_2\downarrow$$

$$Cu(OH)_2 + 2OH^- = [Cu(OH)_4]^{2-}$$

AgOH 不稳定，立即分解为棕色的 Ag_2O。

$$2Ag^+ + 2OH^- = Ag_2O\downarrow + H_2O$$

$Zn(OH)_2$ 是两性氢氧化物，Zn^{2+} 与适量碱反应生成白色的 $Zn(OH)_2$ 沉淀，与过量碱反应，生成可溶性的 $[Zn(OH)_4]^{2-}$ 配离子。

$$Zn^{2+} + 2OH^- = Zn(OH)_2\downarrow$$

$$Zn(OH)_2 + 2OH^- = [Zn(OH)_4]^{2-}$$

$Hg(OH)_2$ 不稳定，立即分解为黄色的 HgO。Hg_2^{2+} 溶液中加入碱，会发生歧化反应，生成 HgO 和单质 Hg（黑色）。

$$Hg^{2+} + 2OH^- = HgO\downarrow + H_2O$$

$$Hg_2^{2+} + 2OH^- = HgO\downarrow + Hg\downarrow + H_2O$$

9. 氨水能否分别与 Cu^{2+},Ag^{+},Zn^{2+},Hg^{2+},Hg_2^{2+} 反应？若能的话，试指出反应产物及现象。

答:Cu^{2+}溶液中逐步加入氨水先得到浅蓝色碱式硫酸铜沉淀，若继续加入氨水沉淀溶解，得到深蓝色的铜氨配离子。

$$2Cu^{2+} + SO_4^{2-} + 2NH_3 \cdot H_2O = Cu_2(OH)_2SO_4 \downarrow + 2NH_4^+$$

$$3Cu^{2+} + SO_4^{2-} + 4NH_3 \cdot H_2O = Cu_2(OH)_2SO_4 \downarrow + Cu(OH)_2 \downarrow + 4NH_4^+$$

若氨水过量，则

$$Cu_2(OH)_2SO_4 + 10NH_3 \cdot H_2O = 2[Cu(NH_3)_4](OH)_2 + (NH_4)_2SO_4 + 8H_2O$$

Ag^+易与氨水形成银氨配离子，AgCl 可以溶于氨水。

$$AgCl + 2NH_3 \cdot H_2O = [Ag(NH_3)_2]^+ + Cl^- + 2H_2O$$

Zn^{2+}溶液中逐步加入氨水先得到白色氢氧化锌沉淀，若继续加入氨水沉淀溶解，形成锌氨配离子。

$$Zn^{2+} + 2NH_3 \cdot H_2O = Zn(OH)_2 \downarrow + 2NH_4^+$$

$$Zn(OH)_2 + 2NH_4^+ + 2NH_3 = [Zn(NH_3)_4]^{2+} + 2H_2O$$

$HgCl_2$ 和 $Hg(NO_3)_2$ 是可溶性汞盐，加入氨水得到白色的氯化氨基汞或硝酸氨基汞沉淀。

$$HgCl_2 + 2NH_3 \cdot H_2O = Hg(NH_2)Cl \downarrow + NH_4Cl + 2H_2O$$

$$Hg(NO_3)_2 + 2NH_3 \cdot H_2O = Hg(NH_2)NO_3 \downarrow + NH_4Cl + 2H_2O$$

$Hg_2(NO_3)_2$ 溶液中加入氨水，会发生歧化反应，生成 $Hg(NH_2)NO_3$ 沉淀和单质 Hg。

$$Hg_2(NO_3)_2 + 2NH_3 \cdot H_2O = Hg(NH_2)NO_3 \downarrow + Hg \downarrow + NH_4NO_3 + 2H_2O$$

10. I^-能否分别与 Cu^{2+},Ag^{+},Zn^{2+},Hg^{2+},Hg_2^{2+} 反应？若能的话，试指出反应产物及现象。

答:Cu^{2+}与 I^-反应析出白色的碘化亚铜沉淀和碘，这一反应在定量分析中用于测定铜。

$$2Cu^{2+} + 4I^- = 2CuI \downarrow + I_2$$

Ag^+与 I^-反应析出黄色的碘化银沉淀。

$$Ag^+ + I^- = AgI \downarrow$$

在 Hg^{2+}溶液中加入 KI，得到的红色的 HgI_2 沉淀可溶于过量的 KI 溶液中，形成无色的 $[HgI_4]^{2-}$。

$$Hg^{2+} + 2I^- = HgI_2 \downarrow$$

$$HgI_2 + 2I^- = [HgI_4]^{2-}$$

Hg_2^{2+} 溶液中加入 KI，先生成淡绿色的 Hg_2I_2 沉淀，继续加 KI 会发生歧化反应，生成$[HgI_4]^{2-}$和单质 Hg。

$$Hg_2^{2+} + 2I^- \xlongequal{} Hg_2I_2 \downarrow$$

$$Hg_2I_2 + 2I^- \xlongequal{} [HgI_4]^{2-} + Hg \downarrow$$

11. 完成下列反应方程式：

$HgCl_2 + SnCl_2 \longrightarrow$　　　　$Cu(OH)_2 + C_6H_{12}O_6 \longrightarrow$

$HgS + HCl + HNO_3 \longrightarrow$　　　　$AgBr + Na_2S_2O_3$(过量)$\longrightarrow$

$Hg_2Cl_2 + H_2S \longrightarrow$　　　　$Cu_2O + H_2SO_4 \longrightarrow$

答：(1) $2HgCl_2 + SnCl_2 \xlongequal{} Hg_2Cl_2 \downarrow + SnCl_4$

$Hg_2Cl_2 + SnCl_2 \xlongequal{} SnCl_4 + 2Hg \downarrow$

(2) $2Cu(OH)_2 + C_6H_{12}O_6 \xlongequal{} Cu_2O \downarrow + C_6H_{12}O_7 + 2H_2O$

(3) $3HgS + 12HCl + 2HNO_3 \xlongequal{} 3H_2[HgCl_4] + 3S \downarrow + 2NO \uparrow + 4H_2O$

(4) $AgBr + 2Na_2S_2O_3$(过量)$\xlongequal{} Na_3[Ag(S_2O_3)_2] + NaBr$

(5) $Hg_2Cl_2 + H_2S \xlongequal{} HgS \downarrow + Hg \downarrow + 2HCl$

(6) $Cu_2O + H_2SO_4 \xlongequal{} CuSO_4 + Cu \downarrow + H_2O$

12. 找出实现下列变化所需的物质，并写出反应方程式：

(1) $Zn \longrightarrow [Zn(OH)_4]^{2-} \longrightarrow ZnCl_2 \longrightarrow [Zn(NH_3)_4]^{2+} \longrightarrow ZnS$

(2) $Cu \longrightarrow CuSO_4 \longrightarrow Cu(OH)_2 \longrightarrow CuO \longrightarrow CuCl_2 \longrightarrow [CuCl_2]^- \longrightarrow CuCl$

答：(1) $Zn + 2OH^- + 2H_2O \xlongequal{} [Zn(OH)_4]^{2-} + H_2 \uparrow$　(加入 NaOH)

$[Zn(OH)_4]^{2-} + 4H^+ + 2Cl^- \xlongequal{} ZnCl_2 + 4H_2O$　(加入 HCl)

$Zn^{2+} + 4NH_3 \cdot H_2O \xlongequal{} [Zn(NH_3)_4]^{2+} + 4H_2O$　(加入 $NH_3 \cdot H_2O$)

$[Zn(NH_3)_4]^{2+} + H_2S + 2H_2O \xlongequal{} ZnS \downarrow + 2NH_3 \cdot H_2O + 2NH_4^+$　(通入 H_2S)

(2) $Cu + 2H_2SO_4$(浓)$\xlongequal{} CuSO_4 + SO_2 \uparrow + 2H_2O$　(加入浓硫酸)

$CuSO_4 + 2NaOH \xlongequal{} Cu(OH)_2 \downarrow + Na_2SO_4$　(加入 NaOH)

$Cu(OH)_2 \xlongequal{\triangle} CuO + H_2O$　(加热)

$CuO + 2HCl \xlongequal{} CuCl_2 + H_2O$　(加入盐酸)

$Cu^{2+} + Cu + 4Cl^- \xlongequal{\triangle} 2[CuCl_2]^-$　(加入浓盐酸，加热)

$[CuCl_2]^- \xlongequal{稀释} CuCl \downarrow + Cl^-$　(加水稀释)

13. 试用简便方法将下列混合离子分离：

(1) Ag^+ 和 Cu^{2+}　　　　(2) Zn^{2+} 和 Mg^{2+}

(3) Zn^{2+} 和 Al^{3+}　　　　(4) Hg^{2+} 和 Hg_2^{2+}

答：(1) 加入盐酸，Ag^+会生成 AgCl 沉淀，过滤除去，而 $CuCl_2$ 是易溶物质。

(2) 加入过量氢氧化钠，Mg^{2+}会生成 $Mg(OH)_2$ 沉淀，过滤除去，而 $Zn(OH)_2$ 是两性氢氧化物，溶解于过量氢氧化钠中，生成可溶的$[Zn(OH)_4]^{2-}$配离子。

(3) 加入过量氨水，Al^{3+}会生成 $Al(OH)_3$ 沉淀，过滤除去，而 Zn^{2+}和氨水生成可溶的$[Zn(NH_3)_4]^{2+}$配离子。

(4) 加入稀盐酸，Hg_2^{2+} 会生成 Hg_2Cl_2 沉淀，过滤除去，而 $HgCl_2$ 是可溶物质。

14. 试将 Cu^{2+},Ag^{+},Zn^{2+}及 Hg^{2+}混合离子分离。

答:在混合离子的溶液中,先加入盐酸,沉淀出 Ag^{+}($AgCl$)。然后在滤液中通入 H_2S 气体,沉淀出 Cu^{2+}和 Hg^{2+}(CuS 和 HgS)。将沉淀分离出,洗涤后加入 HNO_3,过滤出未溶解的 HgS。分组鉴定流程图如下:

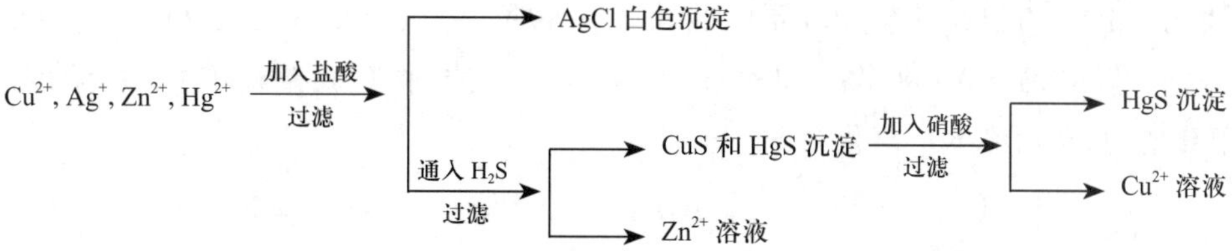

15. 利用配位反应分别将下列物质溶解,并写出有关的反应方程式。

$CuCl$　　$Cu(OH)_2$　　Ag_2O　　$AgBr$　　AgI　　$Zn(OH)_2$　　HgI_2

答:(1) $CuCl + HCl = [CuCl_2]^- + H^+$

(2) $Cu(OH)_2 + 2OH^- = [Cu(OH)_4]^{2-}$

(3) $Ag_2O + 4NH_3 \cdot H_2O = 2[Ag(NH_3)_2]^+ + 2OH^- + 3H_2O$

(4) $AgBr + 2Na_2S_2O_3$(过量) $= Na_3[Ag(S_2O_3)_2] + NaBr$

(5) $AgI + 2KCN = K[Ag(CN)_2] + KI$

(6) $Zn(OH)_2 + 2OH^- = [Zn(OH)_4]^{2-}$

(7) $HgI_2 + 2I^- = [HgI_4]^{2-}$

16. 有一白色硫酸盐 A,溶于水得蓝色溶液。在此溶液中加入 NaOH 得浅蓝色沉淀 B,加热 B 变成黑色物质 C。C 可溶于 H_2SO_4 溶液,在所得的溶液中逐滴加入 KI 溶液,先有棕褐色沉淀 D 析出,后又变成红棕色溶液 E 和白色沉淀 F。问 A,B,C,D,E 和 F 各为何物?写出有关反应方程式。

答:A 是 $CuSO_4$,B 是 $Cu(OH)_2$,C 是 CuO,D 是 $CuI+I_2$,E 是 KI_3 溶液,F 是 CuI。相关的反应方程式如下:

$$CuSO_4 \xlongequal{\text{溶解}} Cu^{2+} + SO_4^{2-}$$

$$Cu^{2+} + 2OH^- = Cu(OH)_2\downarrow$$

$$Cu(OH)_2 \xlongequal{\triangle} CuO + H_2O$$

$$CuO + H_2SO_4 = CuSO_4 + H_2O$$

$$2CuSO_4 + 4KI = 2CuI\downarrow + I_2 + 2K_2SO_4$$

$$I_2 + I^- \rightleftharpoons I_3^-$$

17. 解释下列现象:

(1) 将 SO_2 通入 $CuSO_4$ 和 NaCl 的浓混合溶液中,有白色的沉淀析出。

(2) 在 $AgNO_3$ 溶液中滴加 KCN 溶液时，先生成白色沉淀而后溶解，再加入 NaCl 溶液时无沉淀生成，但加入少许 Na_2S 溶液时就析出黑色沉淀。

(3) HgC_2O_4 难溶于水，但可溶于 NaCl 溶液中。

(4) 在 $Hg_2(NO_3)_2$ 溶液中通入 H_2S 时，有黑色的金属汞析出。

(5) 银可置换 HI 溶液中的氢，为什么却不能置换酸性更强的 $HClO_4$ 溶液中的氢？

答:(1) Cu^{2+}具有氧化性[$\varphi^\ominus(Cu^{2+}/Cu^+) = 0.159\ V$; $\varphi^\ominus(Cu^{2+}/Cu) = 0.340\ V$]，$SO_2$ 具有还原性[$\varphi^\ominus(SO_4^{2-}/SO_2) = 0.158\ V$]，加入 Cl^-形成 CuCl 沉淀（白色），降低了 Cu^+的浓度，增强了 Cu^{2+}的氧化能力，从而将 SO_2 氧化为 SO_4^{2-}。

$$2Cu^{2+} + 2Cl^- + SO_2 + 2H_2O \xlongequal{\quad} 2CuCl\downarrow + SO_4^{2-} + 4H^+$$

(2) 白色沉淀为 AgCN，加入过量的 KCN，AgCN 转化为可溶性的$[Ag(CN)_2]^-$配离子。$[Ag(CN)_2]^-$配离子稳定常数较大（约为 10^{20}），溶液中 Ag^+浓度很低，而 AgCl 的溶度积较大（$K_{sp}^\ominus = 1.77 \times 10^{-10}$），因此不会生成 AgCl 沉淀，而 Ag_2S 的溶度积极小（$K_{sp}^\ominus = 6.3 \times 10^{-50}$），因此即使 Ag^+浓度很低仍然可以生成黑色的 Ag_2S 沉淀。

(3) HgC_2O_4 的溶度积较大，加入 Cl^-生成 $HgCl_2$ 或$[HgCl_4]^{2-}$配离子，降低了 Hg^{2+}浓度，促进 HgC_2O_4 溶解沉淀平衡向溶解的方向移动。

(4) Hg_2^{2+} 是否发生歧化反应，与 Hg_2^{2+} 和 Hg^{2+}的浓度比相关。在 Hg^{2+}浓度大大减小的情况下，Hg_2^{2+} 可发生歧化反应。因此通入 H_2S 会生成 HgS 沉淀，降低了 Hg^{2+}浓度，Hg_2^{2+} 歧化为 Hg^{2+} 和 Hg。

(5) Ag 可以置换 HI 溶液中的氢，是因为产物 Ag^+与 I^-生成的 AgI 溶度积很小，降低了 Ag^+ 浓度，使 Ag^+/Ag 电对的电极电势低于氢电极的电极电势。而 $AgClO_4$ 可溶，$HClO_4$ 加入不影响 Ag^+/Ag 电对的电极电势。

18. 回答下列问题：

(1) $CuSO_4$ 是杀虫剂，为什么要和石灰乳混用？

(2) 废定影液可加 Na_2S 溶液再生。若 Na_2S 过量，则在用再生的定影液时，相片出现发花现象。

(3) 锌是最重要的微量生命元素之一，是生物体内多种酶的组成元素。$ZnCO_3$ 和 ZnO 亦可用于药膏，促进伤口愈合。为什么在炼锌厂附近却会造成严重的环境污染？

答:(1) 硫酸铜是强酸弱碱盐，其溶液呈酸性，对植物有伤害，加入石灰乳可中和其酸性。

(2) 定影的原理是用 $Na_2S_2O_3$ 与 Ag^+形成$[Ag(S_2O_3)_2]^{3-}$配离子，溶解洗去留在底片上未曝光的 AgBr。Ag_2S 的溶度积非常小，可将$[Ag(S_2O_3)_2]^{3-}$配离子中的 Ag^+转化为 Ag_2S 沉淀，释放出 $S_2O_3^{2-}$。若加入 Na_2S 过量，再生的定影液中含 S^{2-}，可在底片上留下黑色的 Ag_2S 沉淀，使相片发花。

(3) 因 Cd 和 Zn 在自然界中常共生在一起，炼锌厂会产生较多的 Cd 污染物。

19. 已知 298 K 时，

(1) $2Cu^+(aq) \rightleftharpoons Cu^{2+}(aq) + Cu(s)$ $\qquad K^\ominus = 1.8 \times 10^6$

(2) $CuCl(s) \rightleftharpoons Cu^+(aq) + Cl^-(aq)$ $\qquad K_{sp}^\ominus = 1.7 \times 10^{-7}$

试计算该温度下反应 $Cu^{2+}(aq)+Cu(s)+2Cl^{-}(aq) \rightleftharpoons 2CuCl(s)$ 的 $\Delta G^{\ominus}$，该反应在标准状态下能否自发进行？

解：$\Delta G^{\ominus}$ 可由 $K^{\ominus}$ 计算得到，$\Delta G^{\ominus}=-RT\ln K^{\ominus}$。

需判断是否自发进行的反应，其反应方程式可由(-1)×(1)-2×(2)得到。因此该反应的 $\Delta G^{\ominus}$ 为

$$
\begin{aligned}
\Delta G^{\ominus} &= -\Delta G^{\ominus}(1)-2\Delta G^{\ominus}(2)\\
&= RT\ln K^{\ominus}(1)+2RT\ln K^{\ominus}(2)\\
&= RT[\ln K^{\ominus}(1)+2\ln K^{\ominus}(2)]\\
&= 8.315\ \mathrm{J\cdot mol^{-1}\cdot K^{-1}}\times 298\ \mathrm{K}\times[\ln(1.8\times10^{6})+2\times\ln(1.7\times10^{-7})]\\
&= -41.6\ \mathrm{kJ\cdot mol^{-1}}
\end{aligned}
$$

所以该反应在标准状态下能自发进行。

20. 已知 Hg(g) 的 $\Delta_f H_m^{\ominus}$ 和 $S_m^{\ominus}$ 分别为 $61.3\ \mathrm{kJ\cdot mol^{-1}}$ 和 $175.0\ \mathrm{J\cdot mol^{-1}\cdot K^{-1}}$，其他有关数据查教材附录二。

(1) 计算汞在 25 ℃的蒸气压；

(2) 空气中汞蒸气含量若超过 $0.05\ \mathrm{mg\cdot m^{-3}}$，对人体有害。试通过计算来说明，在通风不良的室内若有汞直接暴露在空气中，对人体是否有害？

解：(1) 液态 Hg 在空气中蒸发：

$$Hg(s) \rightleftharpoons Hg(g)$$

标准平衡常数表达式为

$$K^{\ominus}=p(Hg)/p^{\ominus}$$

因此，可以通过 $K^{\ominus}$ 求算 Hg 在 25 ℃时的蒸气压 p(Hg)。

查教材附录二可知 $S_m^{\ominus}[Hg(l)]=75.9\ \mathrm{J\cdot mol^{-1}\cdot K^{-1}}$

$$\Delta H_m^{\ominus}=\Delta_f H_m^{\ominus}[Hg(g)]-\Delta_f H_m^{\ominus}[Hg(l)]=61.3\ \mathrm{kJ\cdot mol^{-1}}$$

$$\Delta S_m^{\ominus}=S_m^{\ominus}[Hg(g)]-S^{\ominus}[Hg(l)]=99.1\ \mathrm{J\cdot mol^{-1}\cdot K^{-1}}$$

根据吉布斯-亥姆霍兹方程，25 ℃时

$$
\begin{aligned}
\Delta G_m^{\ominus} &= \Delta H_m^{\ominus}-T\Delta S_m^{\ominus}\\
&= 61.3\ \mathrm{kJ\cdot mol^{-1}}-298\ \mathrm{K}\times 99.1\ \mathrm{J\cdot mol^{-1}\cdot K^{-1}}\\
&= 31.8\ \mathrm{kJ\cdot mol^{-1}}
\end{aligned}
$$

$$\ln K^{\ominus}=-\frac{\Delta G_m^{\ominus}}{RT}=-\frac{31.8\times10^{3}\ \mathrm{J\cdot mol^{-1}}}{8.315\ \mathrm{J\cdot mol^{-1}\cdot K^{-1}}\times 298\ \mathrm{K}}=-12.8$$

$$K^{\ominus}=2.7\times10^{-6}$$

因此：

$$p(Hg)=K^{\ominus}p^{\ominus}=2.7\times10^{-6}\times100\ \mathrm{kPa}=0.27\ \mathrm{Pa}$$

故 Hg 在 25 ℃时的蒸气压为 0.27 Pa。

(2) 计算饱和 Hg 蒸气压时 Hg 蒸气的含量,与有害含量值比较。

根据理想气体状态方程,有

$$PV = nRT$$

$$PV = \frac{m}{M}RT$$

$$\frac{m}{V} = \frac{PM}{RT}$$

饱和 Hg 蒸气压时:

$$\frac{m}{V} = \frac{0.27 \times 10^{-3}\ \text{kPa} \times 200.6\ \text{g} \cdot \text{mol}^{-1}}{8.315\ \text{kPa} \cdot \text{L} \cdot \text{mol}^{-1} \cdot \text{K}^{-1} \times 298\ \text{K}} = 2.2 \times 10^{-5}\ \text{g} \cdot \text{L}^{-1} = 22\ \text{mg} \cdot \text{m}^{-3}$$

大大超过对人体有害的 Hg 蒸气含量。

第十二章　d 区元素和 f 区元素

内容提要

1. 钛

钛在室温下不能与水或稀酸反应，但可溶于热盐酸或氢氟酸中。钛的化合物中以+4 氧化态的最稳定。TiO_2 为白色粉末，不溶于水、稀酸或碱溶液，但能溶于热的浓硫酸或氢氟酸中。$TiCl_4$ 是无色液体，极易水解，在潮湿的空气中由于水解而发烟。在强酸性介质中，Ti(Ⅳ)可被活泼金属还原为 Ti^{3+}。Ti^{3+} 呈紫色，有很强的还原性。

2. 钒

钒的化学性质相当复杂，5 个价电子都有成键作用，钒在化合物中主要氧化态为+5，但也存在+4，+3 和+2 氧化态。在酸性条件下，V^{2+} 和 V^{3+} 具有还原性，VO^{2+} 较稳定，而 VO_2^+ 具有氧化性。不同氧化态的钒具有不同颜色，相互转化也容易实现。不同氧化态钒的氧化物的酸碱性不同：VO 呈碱性，V_2O_3 呈碱性（带弱酸性），VO_2 呈两性，V_2O_5 呈酸性（带弱碱性）。V_2O_5 在冷的碱液中生成正钒酸盐，在热的碱液中生成偏钒酸盐，溶于强酸形成淡黄色的 VO_2^+。V_2O_5 具有氧化性，和盐酸反应可放出氯气。

3. 铬、钼、钨

三种元素组成周期系ⅥB 族，其价电子构型为 $(n-1)d^5ns^1$（W 为 $5d^46s^2$）。铬的主要氧化态为+2，+3 和+6，在酸性介质中，+2 氧化态具有强还原性，+6 氧化态具有强氧化性；在碱性介质中，+6 氧化态稳定。钼和钨在酸性介质中，均以+6 氧化态稳定。

(1) 铬(Ⅲ)化合物：Cr_2O_3 为两性氧化物，既能溶于酸，也能溶于碱。在铬(Ⅲ)溶液中加碱，可得到灰蓝色胶态 $Cr(OH)_3$ 沉淀，也显两性。$[Cr(NH_3)_6]^{3+}$ 并不能通过在 Cr^{3+} 溶液中加入氨水而得到，会生成 $Cr(OH)_3$ 沉淀。

(2) 铬(Ⅵ)化合物：$K_2Cr_2O_7$ 为橙红色晶体，易溶于水，在水溶液中 $Cr_2O_7^{2-}$ 与 CrO_4^{2-} 存在平衡，在中性溶液中两者浓度比约为 1。在 $K_2Cr_2O_7$ 溶液中分别加入 Ba^{2+}，Pb^{2+} 和 Ag^+ 时，得到的是相应的铬酸盐沉淀。在酸性溶液中，$Cr_2O_7^{2-}$ 和过氧化氢反应生成蓝色的过氧化铬 CrO_5，可用于鉴定 $Cr_2O_7^{2-}$。

(3) 钼和钨化合物：CrO_3 溶于水生成 H_2CrO_4，但 MoO_3 和 WO_3 不溶于水，只能溶解于氨水或强碱溶液中，生成相应的盐，如 $(NH_4)_2MO_4$ 和 Na_2WO_4。在钼酸盐或钨酸盐溶液中加入酸，就会析出钼酸或钨酸沉淀。钼酸、钨酸加热脱水，易变成相应的氧化物。铬、钼、钨三者含氧酸的酸性及氧化性趋势为 $H_2CrO_4 > H_2MoO_4 > H_2WO_4$。

4. 锰

锰的价电子结构为 $3d^54s^2$，能呈现+2，+3，+4，+6 和+7 等氧化态。常见的锰(Ⅱ)盐有 $MnSO_4 \cdot 5H_2O$、$MnCl_2 \cdot 4H_2O$ 和 $Mn(NO_3)_2 \cdot 3H_2O$ 等，都是粉红色晶体，易溶于水。Mn^{2+} 在酸性溶液中稳定，只有很强的氧化剂(如 $NaBiO_3$ 等)才能把它氧化成 MnO_4^-。在碱性溶液中，Mn^{2+} 先生成不稳定的白色 $Mn(OH)_2$ 沉淀，后者在空气中易被氧化为棕色的 $MnO(OH)_2$ 沉淀。重要的锰(Ⅳ)化合物是 MnO_2，在酸性溶液中具有氧化性，能与浓盐酸反应产生氯气，与硫酸反应产生氧气。在碱性介质中，MnO_2 有转化为绿色的锰(Ⅵ)酸盐倾向。锰(Ⅵ)化合物一般都不稳定，MnO_4^{2-} 在酸性溶液中可发生歧化反应；氯气可直接将 MnO_4^{2-} 氧化成 MnO_4^-。重要的锰(Ⅶ)化合物是 $KMnO_4$，为紫黑色晶体。水溶液中 MnO_4^- 呈紫红色，在酸性溶液中 MnO_4^- 不很稳定，会缓慢分解，有 MnO_2 沉淀产生。介质的酸碱性不仅影响 $KMnO_4$ 的氧化能力，也影响它的还原产物。在酸性介质、弱碱性或中性介质、强碱性介质中，其还原产物依次是 Mn^{2+}，MnO_2 和 MnO_4^{2-}。

5. 铁系元素

铁、钴、镍由于性质相似，统称为铁系元素。铁、钴、镍的价电子结构依次为 $3d^64s^2$，$3d^74s^2$，$3d^84s^2$，由于 3d 电子已超过 5 个，全部 d 电子参与成键变得困难了，所以一般条件下，铁呈+2，+3 氧化态，钴的+2 氧化态稳定，+3 氧化态具有强氧化性，镍一般只呈+2 氧化态。

(1) 氧化物和氢氧化物：FeO，CoO，NiO 均为碱性氧化物，不溶于碱，可溶于酸。Fe_2O_3 以碱性为主，但有一定的两性，与碱熔融可生成铁酸盐 $NaFeO_2$。Fe_2O_3，Co_2O_3，Ni_2O_3 都有氧化性，氧化能力随 Fe—Co—Ni 顺序增强。Co_2O_3 和 Ni_2O_3 与盐酸反应都能放出 Cl_2。铁的氧化物除 FeO 和 Fe_2O_3 外，还存在具有磁性的 Fe_3O_4(黑色)。在 Fe^{2+}，Co^{2+}，Ni^{2+} 的溶液中分别加入碱，可得到白色的 $Fe(OH)_2$，粉红色的 $Co(OH)_2$ 和绿色的 $Ni(OH)_2$。$Fe(OH)_2$ 被空气迅速氧化为红棕色的 $Fe(OH)_3$，$Co(OH)_2$ 也会慢慢地氧化为暗棕色的 $CoO(OH)$。但 $Ni(OH)_2$ 不会被空气氧化，只有在强碱性溶液中用强氧化剂(如 NaClO)才能将其氧化为黑色的 $NiO(OH)$。

(2) 盐类：+2 价铁盐、钴盐、镍盐都有未成对电子，所以它们的水合离子都呈现颜色。它们的强酸盐，如卤化物、硝酸盐、硫酸盐都易溶于水；而一些弱酸盐，如碳酸盐、磷酸盐、硫化物都难溶于水。可溶性盐从水溶液中结晶出来时，常含有相同数目的结晶水。它们的硫酸盐可与碱金属的硫酸盐形成相同类型的复盐。+3 价铁盐稳定，而+3 价钴盐和镍盐不稳定。Fe^{3+} 的溶液因水解呈现较强的酸性，当溶液的 pH 为 2.3 时，它的水解反应已很明显，且开始有沉淀产生；pH 为 4.1 时就完全沉淀。利用 Fe^{3+} 这一性质，可除去试剂中的铁杂质。

(3) 配合物：Fe^{2+}，Co^{2+}，Ni^{2+} 与氨水反应的产物不同，Fe^{2+} 与氨水得到的是 $Fe(OH)_2$ 或 $Fe(OH)_3$ 沉淀；Co^{2+} 和 Ni^{2+} 与氨水反应分别得到黄色的 $[Co(NH_3)_6]^{2+}$ 和紫色的 $[Ni(NH_3)_6]^{2+}$。$[Co(NH_3)_6]^{2+}$ 在空气中不稳定，慢慢被氧化为橙黄色的 $[Co(NH_3)_6]^{3+}$。铁系元素都能与 CN^- 形成配合物。在 Fe^{2+} 溶液中加入 KCN 溶液得到黄色的 $K_4[Fe(CN)_6]$，而在 Fe^{3+} 溶液中加入 KCN 溶液得到深红色的 $K_3[Fe(CN)_6]$。$K_4[Fe(CN)_6]$ 与 Fe^{3+} 反应或 $K_3[Fe(CN)_6]$ 与 Fe^{2+} 反应，都能生成同一蓝色沉淀的化合物 $K[Fe(CN)_6Fe]$。Co^{2+} 形成氰化物后还原性大为增强，$[Co(CN)_6]^{4-}$ 的水溶液稍稍加热，可以还原水产生 H_2。Fe^{3+} 与 SCN^- 可生成一系列配合物，如 $[Fe(NCS)]^{2+}$，$[Fe(NCS)_2]^+$，…，$[Fe(NCS)_6]^{3-}$，它们都呈红色，可用于鉴定 Fe^{3+}。Co^{2+} 与 SCN^- 作用生成蓝色的 $[Co(NCS)_4]^{2-}$，可用于鉴定 Co^{2+}。

习题解答

1. 试用 d 区元素价电子层结构的特点来说明 d 区元素的特性。

答： d 区元素价电子层结构是 $(n-1)d^{1\sim8}ns^{1\sim2}$。它们 ns 轨道上的电子数几乎保持不变，主要差别在于 $(n-1)d$ 轨道上的电子数不同。又因 $(n-1)d$ 轨道和 ns 轨道的能量相近，d 电子可以全部或部分参与成键，由此构成了 d 区元素的一些特性：全部是金属，一般具有较小的原子半径，较大的密度，较高的熔、沸点和良好的导热、导电性能。d 区元素的化学活泼性也较相近，大多具有可变的氧化态，不同氧化态之间在一定的条件下可互相转化，表现出氧化还原性。由于 d 轨道有未成对电子，在晶体场作用下 d 轨道发生分裂，未成对电子吸收可见光实现 d-d 跃迁，因此水合离子一般具有颜色。d 区元素的离子一般有高的电荷、小的半径和 9~17 不规则的外层电子构型，具有较大的极化力，且常具有未充满的 d 轨道，容易形成配合物。

2. 完成下列反应方程式：

(1) $TiO_2 + H_2SO_4$(浓) $\longrightarrow$

(2) $TiO^{2+} + Zn + H^+ \longrightarrow$

(3) $TiO_2 + C + Cl_2 \longrightarrow$

(4) $V_2O_5 + NaOH \longrightarrow$

(5) $V_2O_5 + H_2SO_4 \longrightarrow$

(6) $V_2O_5 + HCl \longrightarrow$

(7) $VO_2^+ + H_2C_2O_4 + H^+ \longrightarrow$

答： (1) $TiO_2 + H_2SO_4$(浓) $=\!=\!=$ $TiOSO_4 + H_2O$

(2) $2TiO^{2+} + Zn + 4H^+ = 2Ti^{3+} + Zn^{2+} + 2H_2O$

(3) $TiO_2 + 2C + 2Cl_2 \xlongequal{\triangle} TiCl_4 + 2CO$

(4) $V_2O_5 + 6NaOH = 2Na_3VO_4 + 3H_2O$

(5) $V_2O_5 + H_2SO_4 = (VO_2)_2SO_4 + H_2O$

(6) $V_2O_5 + 6HCl = 2VOCl_2 + Cl_2 + 3H_2O$

(7) $2VO_2^+ + H_2C_2O_4 + 2H^+ = 2VO^{2+} + 2CO_2\uparrow + 2H_2O$

3. 在酸性溶液中钒的电势图为

$$VO_2^+ \xrightarrow{1.0\ V} VO^{2+} \xrightarrow{0.36\ V} V^{3+} \xrightarrow{-0.25\ V} V^{2+} \xrightarrow{-1.1\ V} V$$

已知 $\varphi^\ominus(Zn^{2+}/Zn) = -0.76\ V$，$\varphi^\ominus(Sn^{2+}/Sn) = -0.14\ V$，$\varphi^\ominus(Fe^{3+}/Fe^{2+}) = 0.77\ V$。问实现下列变化，各使用什么还原剂为宜？

(1) $VO_2^+ \longrightarrow V^{2+}$

(2) $VO_2^+ \longrightarrow V^{3+}$

(3) $VO_2^+ \longrightarrow VO^{2+}$

解： 根据题中给出的电势图，可以求出 $\varphi^\ominus(VO_2^+/V^{2+})$ 和 $\varphi^\ominus(VO_2^+/V^{3+})$，选择适合的还原剂。

$$\varphi^{\ominus}(VO_2^+/V^{3+}) = \frac{\varphi^{\ominus}(VO_2^+/VO^{2+}) + \varphi^{\ominus}(VO^{2+}/V^{3+})}{2} = 0.68\ V$$

$$\varphi^{\ominus}(VO_2^+/V^{2+}) = \frac{2\varphi^{\ominus}(VO_2^+/V^{3+}) + \varphi^{\ominus}(V^{3+}/V^{2+})}{2+1} = 0.37\ V$$

选择还原剂时除考虑还原电势高低,还需要考虑产物不被还原剂进一步还原为更低氧化态的物质。因此还原剂选择如下:

(1) Zn

(2) Sn

(3) Fe^{2+}

4. 完成下列反应方程式:

(1) $(NH_4)_2Cr_2O_7 \xrightarrow{\triangle}$

(2) $Cr_2O_3 + NaOH \longrightarrow$

(3) $Cr^{3+} + NH_3 \cdot H_2O \longrightarrow$

(4) $Cr(OH)_4^- + Br_2 + OH^- \longrightarrow$

(5) $Cr_2O_7^{2-} + Pb^{2+} + H_2O \longrightarrow$

(6) $MoO_4^{2-} + NH_4^+ + PO_4^{3-} + H^+ \longrightarrow$

(7) $Na_2WO_4 + HCl \longrightarrow$

答:(1) $(NH_4)_2Cr_2O_7 \overset{\triangle}{=\!=\!=} N_2 + Cr_2O_3 + 4H_2O$

(2) $Cr_2O_3 + 2NaOH + 3H_2O =\!=\!= 2Na[Cr(OH)_4]$

(3) $Cr^{3+} + 3NH_3 \cdot H_2O =\!=\!= Cr(OH)_3\downarrow + 3NH_4^+$

(4) $2Cr(OH)_4^- + 3Br_2 + 8OH^- =\!=\!= 2CrO_4^{2-} + 6Br^- + 8H_2O$

(5) $Cr_2O_7^{2-} + 2Pb^{2+} + H_2O =\!=\!= 2PbCrO_4\downarrow + 2H^+$

(6) $12MoO_4^{2-} + 3NH_4^+ + PO_4^{3-} + 24H^+ =\!=\!= (NH_4)_3[PO_4(Mo_3O_9)_4]\downarrow + 12H_2O$

(7) $Na_2WO_4 + 2HCl =\!=\!= H_2WO_4\downarrow + 2NaCl$

5. $BaCrO_4$ 和 $BaSO_4$ 的溶度积相近,为什么 $BaCrO_4$ 可溶于强酸,而 $BaSO_4$ 则不溶?

答:CrO_4^{2-} 在溶液中存在着如下平衡:

$$4CrO_4^{2-} + 4H^+ \rightleftharpoons 2Cr_2O_7^{2-} + 2H_2O$$

在强酸溶液中,上述平衡向右移动,CrO_4^{2-} 浓度大大降低,$BaCrO_4$ 不断溶解,而产物 $BaCr_2O_7$ 是易溶物质,所以最终 $BaCrO_4$ 能溶于强酸中。

硫酸根是强酸酸根,$BaSO_4$ 溶液中不存在类似的能促进 $BaSO_4$ 溶解的平衡反应。

6. 以 $K_2Cr_2O_7$ 为主要原料制备 K_2CrO_4,Cr_2O_3 和 $CrCl_3$,用反应方程式表示各步反应。

答:(1) $K_2Cr_2O_7 + 2KOH =\!=\!= 2K_2CrO_4 + H_2O$

(2) $K_2Cr_2O_7 + H_2SO_4(浓) =\!=\!= 2CrO_3 + K_2SO_4 + H_2O$

$$4CrO_3 \overset{灼烧}{=\!=\!=} 2Cr_2O_3 + 3O_2$$

或者 $K_2Cr_2O_7$ 与 S 共热熔融:

$$K_2Cr_2O_7 + S \xlongequal{\triangle} Cr_2O_3 + K_2SO_4$$

（3）用制得的 Cr_2O_3 制取 $CrCl_3$：

$$Cr_2O_3 + 6HCl \xlongequal{} CrCl_3 + 3H_2O$$

7. 如果手头缺少 $(NH_4)_2Cr_2O_7$ 热力学函数值，如何用热力学原理判断，$(NH_4)_2Cr_2O_7$ 的下列两种分解过程，哪种反应趋势更大？

（1）$(NH_4)_2Cr_2O_7(s) \xlongequal{} Cr_2O_3(s) + N_2(g) + 4H_2O(g)$

（2）$(NH_4)_2Cr_2O_7(s) \xlongequal{} 2CrO_3(s) + 2NH_3(g) + H_2O(g)$

解：反应的标准摩尔吉布斯自由能变 $\Delta_r G_m^\ominus$ 的大小，可以定性判断反应趋势大小。

从教材中附录二中可以查得 Cr_2O_3, N_2, H_2O 在 298 K 时的 $\Delta_f G_m^\ominus$ 值。

假设 $\Delta_f G_m^\ominus[(NH_4)_2Cr_2O_7] = x\ kJ \cdot mol^{-1}$，则

$$\begin{aligned}\Delta_r G_m^\ominus(1) &= \Delta_f G_m^\ominus[Cr_2O_3,s] + \Delta_f G_m^\ominus(N_2,g) + 4\Delta_f G_m^\ominus(H_2O,g) - \Delta_f G[(NH_4)_2Cr_2O_7] \\ &= -1058.1\ kJ \cdot mol^{-1} + 0 + 4 \times (-228.6\ kJ \cdot mol^{-1}) - x\ kJ \cdot mol^{-1} \\ &= -1972.5\ kJ \cdot mol^{-1} - x\ kJ \cdot mol^{-1}\end{aligned}$$

$$\begin{aligned}\Delta_r G_m^\ominus(2) &= 2\Delta_f G^\ominus(CrO_3,s) + 2\Delta_f G_m^\ominus(NH_3,g) + \Delta_f G_m^\ominus(H_2O,g) - \Delta_f G_m^\ominus[(NH_4)_2Cr_2O_7] \\ &= 2 \times (-506.3\ kJ \cdot mol^{-1}) + 2 \times (-16.4\ kJ \cdot mol^{-1}) + (-228.6\ kJ \cdot mol^{-1}) - x\ kJ \cdot mol^{-1} \\ &= -1274.0\ kJ \cdot mol^{-1} - x\ kJ \cdot mol^{-1}\end{aligned}$$

可以看出，反应(1)具有更负的吉布斯自由能变，因此反应趋势更大。

8. 完成下列反应方程式：

（1）$MnO_2 + KOH + KClO_3 \xrightarrow{熔融}$

（2）$MnO_4^- + H_2O_2 + H^+ \longrightarrow$

（3）$MnO_4^- + NO_2^- + H_2O \longrightarrow$

（4）$MnO_4^- + NO_2^- + OH^- \longrightarrow$

（5）$K_2MnO_4 + HAc \longrightarrow$

答：（1）$3MnO_2 + 6KOH + KClO_3 \xlongequal{熔融} 3K_2MnO_4 + KCl + 3H_2O$

（2）$2MnO_4^- + 5H_2O_2 + 6H^+ \xlongequal{} 2Mn^{2+} + 5O_2\uparrow + 8H_2O$

（3）$2MnO_4^- + 3NO_2^- + H_2O \xlongequal{} 2MnO_2\downarrow + 3NO_3^- + 2OH^-$

（4）$2MnO_4^- + NO_2^- + 2OH^- \xlongequal{} 2MnO_4^{2-} + NO_3^- + H_2O$

（5）$3K_2MnO_4 + 4HAc \xlongequal{} 2KMnO_4 + MnO_2\downarrow + 4KAc + 2H_2O$

9. 以 MnO_2 为主要原料制备 $MnCl_2, K_2MnO_4$ 和 $KMnO_4$，用反应方程式来表示各步反应。

答：（1）$MnO_2 + 4HCl(浓) \xlongequal{} MnCl_2 + Cl_2\uparrow + 2H_2O$

（2）$3MnO_2 + 6KOH + KClO_3 \xlongequal{熔融} 3K_2MnO_4 + KCl + 3H_2O$

（3）$2K_2MnO_4 + Cl_2 \xlongequal{} 2KMnO_4 + 2KCl$

10. 完成下列反应方程式：

（1）$FeSO_4(s) + H_2SO_4(浓) \longrightarrow$

（2）$FeO + H_2SO_4(稀) \longrightarrow$

(3) $FeCl_3 + NaF \longrightarrow$

(4) $Co(OH)_3 + H_2SO_4 \longrightarrow$

(5) $Co^{2+} + SCN^- \longrightarrow$

(6) $Ni(OH)_2 + Br_2 + OH^- \longrightarrow$

(7) $Ni + CO \xrightarrow{\triangle}$

答:(1) $2FeSO_4(s) + 2H_2SO_4(浓) = Fe_2(SO_4)_3 + SO_2\uparrow + 2H_2O$

(2) $FeO + H_2SO_4(稀) = FeSO_4 + H_2O$

(3) $FeCl_3 + 6NaF = Na_3[FeF_6] + 3NaCl$

(4) $4Co(OH)_3 + 4H_2SO_4 = 4CoSO_4 + O_2\uparrow + 10H_2O$

(5) $Co^{2+} + 4SCN^- = [Co(NCS)_4]^{2-}$

(6) $2Ni(OH)_2 + Br_2 + 2OH^- = 2NiO(OH) + 2Br^- + 2H_2O$

(7) $Ni + 4CO \xlongequal{\triangle} Ni(CO)_4$

11. 铁能使 Cu^{2+} 还原,而铜能使 Fe^{3+} 还原,这两事实有无矛盾?

答: 查教材中附录四可知,$\varphi^\ominus(Cu^{2+}/Cu) = 0.340\ V$,$\varphi^\ominus(Fe^{2+}/Fe) = -0.440\ V$,$\varphi^\ominus(Fe^{3+}/Fe^{2+}) = 0.771\ V$。

(1) $Cu^{2+} + Fe = Cu + Fe^{2+}$

(2) $Cu + 2Fe^{3+} = Cu^{2+} + 2Fe^{2+}$

反应(1)中,$\varphi^\ominus(Cu^{2+}/Cu) > \varphi^\ominus(Fe^{2+}/Fe)$,标准状态时反应可以自发进行,Fe 被氧化为+2 氧化态。反应(2)中,$\varphi^\ominus(Fe^{3+}/Fe^{2+}) > \varphi^\ominus(Cu^{2+}/Cu)$,标准状态时反应可以自发进行,+3 氧化态 Fe^{3+} 被 Cu 还原为+2 氧化态。这两事实并不矛盾。

12. 用反应方程式说明下列现象:

(1) 在 Fe^{2+} 溶液中加入 NaOH 溶液,先生成灰绿色沉淀,然后沉淀逐渐变成红棕色。

(2) 过滤后,沉淀用酸溶解,加入几滴 KSCN 溶液,立刻变成血红色,再通入 SO_2 气体,则血红色消失。

(3) 向红色消失的溶液中滴加 $KMnO_4$ 溶液,其紫红色会褪去。

(4) 最后加入黄血盐溶液,生成蓝色沉淀。

答:(1) $Fe^{2+} + 2OH^- = Fe(OH)_2\downarrow$

纯净的 $Fe(OH)_2$ 呈白色,因含少量 Fe^{3+} 的氢氧化物呈灰绿色。

$$4Fe(OH)_2 + O_2 + 2H_2O = 4Fe(OH)_3$$

$Fe(OH)_3$ 为红棕色沉淀。

(2) $Fe(OH)_3 + 3H^+ = Fe^{3+} + 3H_2O$

$$Fe^{3+} + SCN^- = [Fe(NCS)]^{2+}$$

$[Fe(NCS)]^{2+}$ 溶液为血红色。

$$2[Fe(NCS)]^{2+} + SO_2 + 2H_2O = 2Fe^{2+} + 2SCN^- + SO_4^{2-} + 4H^+$$

Fe^{3+} 被还原为 Fe^{2+},$[Fe(NCS)]^{2+}$ 被破坏,血红色褪去。

(3) $MnO_4^- + 5Fe^{2+} + 8H^+ = Mn^{2+} + 5Fe^{3+} + 4H_2O$

MnO_4^- 被还原为 Mn^{2+},因此紫红色褪去。

但产物之一的 Fe^{3+} 为什么没有再生成血红色的 $[Fe(NCS)_6]^{3-}$ 配离子？因为 SCN^- 在酸性条件下可以被 MnO_4^- 氧化分解。

$$16MnO_4^- + 5SCN^- + 38H^+ = 16Mn^{2+} + 5SO_4^{2-} + 5NO_3^- + 5CO_2\uparrow + 19H_2O$$

另一种解释认为 SCN^- 与 MnO_4^- 的反应产物为 $(SCN)_2$,与 Cl^- 性质相似,反应方程式如下:

$$2MnO_4^- + 10SCN^- + 16H^+ = 2Mn^{2+} + 5(SCN)_2 + 8H_2O$$

(4) $Fe^{3+} + [Fe(CN)_6]^{4-} + K^+ = K[Fe(CN)_6Fe]\downarrow$;$Fe^{3+}$ 与黄血盐溶液反应生成蓝色的普鲁士蓝沉淀。

13. 指出下列实验结果,并写出反应方程式:

(1) 用浓盐酸分别处理 $Fe(OH)_3$,$CoO(OH)$ 及 $NiO(OH)$ 沉淀。

(2) 分别在 $FeSO_4$,$CoSO_4$ 及 $NiSO_4$ 溶液中加入过量的氨水,然后放置在无 CO_2 的空气中。

答:(1) +3 价铁盐稳定,而+3 价钴盐和镍盐不稳定,具有强氧化性。

浓盐酸处理 $Fe(OH)_3$ 沉淀	生成三氯化铁 $Fe(OH)_3 + 3HCl = FeCl_3 + 3H_2O$
浓盐酸处理 $CoO(OH)$ 沉淀	生成二氯化钴,释放出氯气 $2CoO(OH) + 6HCl = 2CoCl_2 + Cl_2\uparrow + 4H_2O$
浓盐酸处理 $NiO(OH)$ 沉淀	生成二氯化镍,释放出氯气 $2NiO(OH) + 6HCl = 2NiCl_2 + Cl_2\uparrow + 4H_2O$

(2) 铁盐、钴盐、镍盐与氨水反应的现象不同,是由于氨合物的稳定性不同。

$FeSO_4$ 加入过量氨水,并放置在空气中	先生成氢氧化亚铁然后氧化为氢氧化铁沉淀 $Fe^{2+} + 2NH_3\cdot H_2O = Fe(OH)_2\downarrow + 2NH_4^+$ $4Fe(OH)_2 + O_2 + 2H_2O = 4Fe(OH)_3$
$CoSO_4$ 加入过量氨水,并放置在空气中	生成黄色的 $[Co(NH_3)_6]^{2+}$ 配离子,后被慢慢氧化成橘黄色的 $[Co(NH_3)_6]^{3+}$ 配离子 $Co^{2+} + 6NH_3\cdot H_2O = [Co(NH_3)_6]^{2+} + 6H_2O$ $4[Co(NH_3)_6]^{2+} + O_2 + 2H_2O = 4[Co(NH_3)_6]^{3+} + 4OH^-$
$NiSO_4$ 加入过量氨水,并放置在空气中	生成紫色的 $[Ni(NH_3)_6]^{2+}$ 配离子 $Ni^{2+} + 6NH_3\cdot H_2O = [Ni(NH_3)_6]^{2+} + 6H_2O$

14. 已知 $Cr(CO)_6$,$Ru(CO)_5$ 和 $Pt(CO)_4$ 都是反磁性的羰基配合物。根据价键理论推测它们中心原子的杂化类型和分子的空间构型。

答:反磁性说明配合物没有未成对电子,三个羰基配合物都应该是内轨型。

	价电子构型	电子排布（反磁性情况）	中心原子杂化类型	分子的空间构型
$Cr(CO)_6$	$3d^54s^1$	$3d^6$	d^2sp^3	正八面体形
$Ru(CO)_5$	$4d^75s^1$	$4d^8$	dsp^3	三角双锥形
$Pt(CO)_4$	$5d^96s^1$	$5d^{10}$	sp^3	正四面体形

15. 找出实现下列变化所需的物质，并写出反应方程式：

(1) $Mn^{2+} \longrightarrow MnO_4^-$

(2) $Cr^{3+} \longrightarrow CrO_4^{2-}$

(3) $Fe^{3+} \longrightarrow [Fe(CN)_6]^{3-}$

(4) $Co^{2+} \longrightarrow [Co(CN)_6]^{3-}$

答：(1) $2Mn^{2+} + 5BiO_3^- + 14H^+ = 2MnO_4^- + 5Bi^{3+} + 7H_2O$

(2) $2Cr^{3+} + 3H_2O_2 + 10OH^- = 2CrO_4^{2-} + 8H_2O$

(3) $Fe^{3+} + 6CN^- = [Fe(CN)_6]^{3-}$

(4) $2Co^{2+} + 12CN^- + 2H_2O \overset{\triangle}{=} 2[Co(CN)_6]^{3-} + 2OH^- + H_2\uparrow$

16. 试用简单的方法分离下列混合离子：

(1) Fe^{2+} 和 Zn^{2+}　　(2) Mn^{2+} 和 Co^{2+}

(3) Fe^{3+} 和 Cr^{3+}　　(4) Al^{3+} 和 Cr^{3+}

答：(1) $Zn(OH)_2$ 显两性，而 $Fe(OH)_2$ 不显两性，所以加入过量 NaOH 可以分离。

(2) 利用两者氨合物稳定性的差异进行分离。加入氨水，形成 $Mn(OH)_2$ 沉淀，而 $Co(OH)_2$ 则形成可溶的 $[Co(NH_3)_6]^{2+}$ 配离子。

(3) $Cr(OH)_3$ 显两性，而 $Fe(OH)_3$ 不显两性，所以加入过量 NaOH 可以分离。

(4) 利用 Cr^{3+} 的还原性，在碱性溶液中用双氧水将其氧化为 CrO_4^{2-}；再加入 NH_4Cl，生成 $Al(OH)_3$ 沉淀。

$$2Cr^{3+} + 3H_2O_2 + 10OH^- = 2CrO_4^{2-} + 8H_2O$$

$$Al^{3+} + 4OH^- = Al(OH)_4^-$$

$$Al(OH)_4^- + NH_4^+ = Al(OH)_3\downarrow + NH_3 \cdot H_2O$$

17. 判断下列四种酸性未知液的定性分析报告是否合理。

(1) $K^+, NO_2^-, MnO_4^-, CrO_4^{2-}$　　(2) $Fe^{2+}, Mn^{2+}, SO_4^{2-}, Cl^-$

(3) $Fe^{3+}, Co^{3+}, I^-, Cl^-$　　(4) $Ba^{2+}, Cr_2O_7^{2-}, NO_3^-, Br^-$

答：(1) 不合理。酸性条件下，CrO_4^{2-} 可部分转化为 $Cr_2O_7^{2-}$，MnO_4^- 和 $Cr_2O_7^{2-}$ 具有强氧化性，可以氧化 NO_2^-，不能共存。

(2) 合理。

(3) 不合理。酸性条件下，Fe^{3+} 和 Co^{3+} 均可氧化 I^-，而且 Co^{3+} 可氧化 Cl^- 和水，不能共存。

(4) 不合理。酸性条件下，$Cr_2O_7^{2-}$ 可氧化 Br^-，而且 $Cr_2O_7^{2-}$ 会部分转化为 CrO_4^{2-}（取决于溶液

酸性的强弱)，会生成 $BaCrO_4$ 沉淀($K_{sp}^{\ominus} = 1.17 \times 10^{-10}$)，不能共存。

18. 简单回答下列问题：

(1) Mg 和 Ti 原子的外层都是两个电子，为什么 Ti 有+2，+3，+4 价，而 Mg 只有+2 价？

(2) 为什么 $TiCl_4$ 暴露在空气中会冒白烟？

(3) 为什么金属铬的密度、硬度、熔点都比金属镁的大？

(4) 在水溶液中，为什么 Ca^{2+}，Zn^{2+} 无色，而 Fe^{2+}，Mn^{2+}，Ti^{3+} 有色？

(5) Ni^{2+} 的半径为 69 pm，Mg^{2+} 的半径是 66 pm，它们的电荷数又相同，为什么 Ni^{2+} 形成配合物的能力比 Mg^{2+} 大得多？

(6) 同一周期元素的原子半径一般从左到右逐渐减小，为什么 Cu 的原子半径却比 Ni 的大？

答：(1) Mg 和 Ti 原子的最外层虽然都是两个电子，但镁原子的次外层只有 2s 和 2p 电子，与最外层 3s 电子的能级相差很大，不会参与成键；而钛原子次外层的两个 3d 电子与最外层两个 4s 电子的能级相差不大，可以参与成键，形成+2，+3，+4 价钛离子。

(2) $TiCl_4$ 易水解，暴露在空气中可以和空气中的水发生反应，生成不溶性的钛酸而发烟。

(3) 金属铬和金属镁单质中原子间以金属键相连。与镁原子相比，铬原子的价电子层中有 6 个电子可以参与成键，且原子半径小，金属键更强，因此表现为金属铬的密度、硬度、熔点都大。

(4) d 电子的 d-d 跃迁能级差一般对应于可见光光子的能量。钙、锌离子的核外电子构型分别为惰性气体电子构型和 18 电子构型，d 电子层全满，无 d-d 跃迁吸收，所以水溶液是无色的。而二价铁、锰离子和三价钛离子都有未成对的 d 电子，有 d-d 跃迁吸收，水溶液吸收可见光而显色。

(5) 有几个因素：一是 Mg^{2+} 只能形成外轨型配合物，而 Ni^{2+} 可利用内层空的 d 轨道形成内轨型配合物。内层轨道能量低，内轨型配合物一般比外轨型配合物稳定。二是两者的离子半径接近，电荷数相同，9~17 电子构型的 Ni^{2+} 极化力大于 8 电子构型的 Mg^{2+} 极化力。三是 $Ni^{2+}(d^8)$ 形成配合物能产生晶体场稳定化能。综合以上因素，Ni^{2+} 的配位能力比 Mg^{2+} 的配位能力强得多。

(6) 原子半径与核外电子层数、有效核电荷、核外电子间斥力、内层电子屏蔽作用、化学键型和测定方法有关。同一周期自左向右价电子进入相同壳层的轨道，有效核电荷的增大使其对电子的吸引增强，从而导致原子更加密实，原子半径总的变化趋势是减小。铜原子的价电子组态不是 $3d^9 4s^2$ 而是 $3d^{10} 4s^1$，d 电子层全充满，对 4s 电子的屏蔽作用较大，因而其原子半径比价电子组态为 $3d^8 4s^2$ 的镍的原子半径要大一些(3 pm)。

19. 两配合物(a)$[CoF_6]^{3-}$ 和(b)$[Co(en)_3]^{3+}$，它们的水溶液一份呈黄色，另一份呈蓝色。试指出黄色和蓝色各为何种配合物，并解释原因。

答：蓝色溶液为(a)，黄色溶液为(b)。

$[CoF_6]^{3-}$ 和 $[Co(en)_3]^{3+}$ 都是八面体配离子，配体的晶体场分裂能力 $F^- < en$，教材中表 8-5 给出了 $[CoF_6]^{3-}$ 和 $[Co(en)_3]^{3+}$ 的 Δ_o 分别为 13000 cm^{-1} 和 23300 cm^{-1}。$[CoF_6]^{3-}$ 中，Co^{3+} 的 d 电子吸收较长波长的光(光子能量低)发生能级跃迁，所以配合物溶液透过波长较短的光，呈现蓝色；而 $[Co(en)_3]^{3+}$ 中，Co^{3+} 的 d 电子吸收较短波长的光(光子能量高)发生能级跃迁，所以配合物溶液透过波长较长的光，呈现黄色。

20. 下列各对配合物中何者有较大的分裂能 Δ_o? 并解释原因。

(1) $[Cr(H_2O)_6]^{2+}$ 和 $[Cr(H_2O)_6]^{3+}$

(2) $[CrF_6]^{3-}$ 和 $[Cr(NH_3)_6]^{3+}$

(3) $[MnF_6]^{2-}$ 和 $[ReF_6]^{2-}$

(4) $[Co(en)_3]^{3+}$ 和 $[Rh(en)_3]^{3+}$

(5) $[Fe(CN)_6]^{3-}$ 和 $[Fe(CN)_6]^{4-}$

(6) $[Ni(H_2O)_6]^{2+}$ 和 $[Ni(en)_3]^{2+}$

答: 题中都是八面体配离子,八面体分裂能 Δ_o 取决于以下因素:

(1) 配体的晶体场分裂能力。教材中 196 页列出了配体分裂能力的次序(分光化学序)。

(2) 中心离子氧化态。配体相同时,中心离子氧化态越高,分裂能 Δ_o 越大。

(3) 过渡系列元素所属的周期数。周期数越大,Δ_o 也越大,每大一个周期,Δ_o 约增大 30%。

具体分析如下:

(1) $[Cr(H_2O)_6]^{2+}$和$[Cr(H_2O)_6]^{3+}$:$[Cr(H_2O)_6]^{3+}$中 Cr 为+3 氧化态,$[Cr(H_2O)_6]^{2+}$中 Cr 为+2 氧化态,因此$[Cr(H_2O)_6]^{3+}$有较大的分裂能 Δ_o。

(2) $[CrF_6]^{3-}$和$[Cr(NH_3)_6]^{3+}$:$[CrF_6]^{3-}$和$[Cr(NH_3)_6]^{3+}$中 Cr 均为+3 氧化态,F^-的分裂能力弱于 NH_3,因此$[Cr(NH_3)_6]^{3+}$有较大的分裂能 Δ_o。

(3) $[MnF_6]^{2-}$和$[ReF_6]^{2-}$:$[MnF_6]^{2-}$和$[ReF_6]^{2-}$中心离子属于同族、氧化态相同,配体相同;Mn 为第四周期,Re 为第六周期,因此$[ReF_6]^{2-}$有较大的分裂能 Δ_o。

(4) $[Co(en)_3]^{3+}$和$[Rh(en)_3]^{3+}$:$[Co(en)_3]^{3+}$和$[Rh(en)_3]^{3+}$中心离子属于同族、氧化态相同,配体相同;Co 为第四周期,Rh 为第五周期,因此$[Rh(en)_3]^{3+}$有较大的分裂能 Δ_o。

(5) $[Fe(CN)_6]^{3-}$和$[Fe(CN)_6]^{4-}$:$[Fe(CN)_6]^{3-}$中 Fe 为+3 氧化态,$[Fe(CN)_6]^{4-}$中 Fe 为+2 氧化态,因此$[Fe(CN)_6]^{3-}$有较大的分裂能 Δ_o。

(6) $[Ni(H_2O)_6]^{2+}$和$[Ni(en)_3]^{2+}$:$[Ni(H_2O)_6]^{2+}$和$[Ni(en)_3]^{2+}$中 Ni 均为+2 氧化态,H_2O 的分裂能力弱于 en,因此$[Ni(en)_3]^{2+}$有较大的分裂能 Δ_o。

21. 根据下列实验现象,写出有关的反应式:

(1) 在 $Cr_2(SO_4)_3$ 溶液中滴加 NaOH 溶液,先析出灰蓝色絮状沉淀,后又溶解,此时加入溴水,溶液颜色由绿变黄。

(2) 将 H_2S 通入用 H_2SO_4 酸化的 $K_2Cr_2O_7$ 溶液中,溶液的颜色由橙变绿,同时有乳白色沉淀析出。

(3) 黄色的 $BaCrO_4$ 沉淀溶解在浓盐酸中,得到一种绿色溶液。

(4) 在 Co^{2+}溶液中加入 KCN,稍稍加热有气体逸出。

(5) 在 $FeCl_3$ 溶液中通入 H_2S,有乳白色沉淀析出。

答:(1) 在硫酸铬溶液中滴加氢氧化钠,先析出灰蓝色絮状的氢氧化铬,继续滴加氢氧化钠,氢氧化铬溶解在过量的碱中,生成绿色的可溶性羟基配合物。加入溴水可将三价铬氧化为黄色的铬酸根。

$$Cr_2(SO_4)_3 + 6OH^- \xlongequal{\quad} 2Cr(OH)_3\downarrow(\text{灰蓝色}) + 3SO_4^{2-}$$

$$Cr(OH)_3 + OH^- = [Cr(OH)_4]^- \text{（绿色）}$$

$$2[Cr(OH)_4]^- + 3Br_2 + 8OH^- = 2CrO_4^{2-}\text{（黄色）} + 6Br^- + 8H_2O$$

（2）将硫化氢通入用硫酸酸化的重铬酸钾溶液，硫离子将橙色的重铬酸根还原为绿色的三价铬离子，并析出乳白色的单质硫。

$$K_2Cr_2O_7 + 3H_2S + 4H_2SO_4 = K_2SO_4 + Cr_2(SO_4)_3 + 3S\downarrow + 7H_2O$$

（3）在浓盐酸溶液中，铬酸根转化为重铬酸根，铬酸根的浓度大大降低，促进铬酸钡沉淀溶解平衡向溶解方向移动。生成的重铬酸根，可被氯离子还原为绿色的三价铬离子。

$$2BaCrO_4 + 2H^+ = 2Ba^{2+} + Cr_2O_7^{2-} + H_2O$$

$$Cr_2O_7^{2-} + 6Cl^- + 14H^+ = 2Cr^{3+} + 3Cl_2 + 7H_2O$$

（4）在含有二价钴离子的溶液中加入氰化钾，生成的内轨型六氰合钴（Ⅱ）配离子具有极强的还原性，稍稍加热即可将水还原，释放出氢气。

$$Co^{2+} + 6CN^- = [Co(CN)_6]^{4-}$$

$$2[Co(CN)_6]^{4-} + 2H_2O = 2[Co(CN)_6]^{3-} + 2OH^- + H_2\uparrow$$

（5）三价铁离子可以氧化硫化氢，析出单质硫。

$$2Fe^{3+} + H_2S = 2Fe^{2+} + S\downarrow + 2H^+$$

22. 有一黑色化合物 A，不溶于碱液，加热时可溶于浓盐酸而放出气体 B。将 A 与 NaOH 和 $KClO_3$ 共热，它就变成可溶于水的绿色化合物 C。若将 C 酸化，则得到紫红色溶液 D 和沉淀 A。用 Na_2SO_3 溶液处理 D 时也可得到沉淀 A。若用 H_2SO_4 酸化的 Na_2SO_3 溶液处理 D，则得到几近无色的溶液 E。问 A，B，C，D 和 E 各为何物？写出有关反应方程式。

答：A 是 MnO_2（黑色），B 是 Cl_2，C 是 K_2MnO_4（绿色），D 是 $NaMnO_4$（紫红色），E 是 $MnSO_4$（几近无色，Mn^{2+}浓溶液呈淡红色）。相关的反应方程式如下：

$$MnO_2 + 4HCl\text{（浓）} = MnCl_2 + Cl_2\uparrow + 2H_2O$$

$$3MnO_2 + 6NaOH + KClO_3 \xlongequal{\triangle} 3Na_2MnO_4 + KCl + 3H_2O$$

$$3Na_2MnO_4 + 4H^+ = 2NaMnO_4 + MnO_2\downarrow + 4Na^+ + 2H_2O$$

$$2NaMnO_4 + 3Na_2SO_3 + H_2O = 2MnO_2\downarrow + 3Na_2SO_4 + 2NaOH$$

$$2NaMnO_4 + 5Na_2SO_3 + 3H_2SO_4 = 2MnSO_4 + 6Na_2SO_4 + 3H_2O$$

23. 有一淡绿色晶体 A，可溶于水。在无氧操作下，在 A 溶液中加入 NaOH 溶液，得白色沉淀 B。B 在空气中慢慢地变成棕色沉淀 C。C 溶于 HCl 溶液得黄棕色溶液 D。在 D 中加几滴 KSCN 溶液，立即变成血红色溶液 E。在 E 中通 SO_2 气体或者加入 NaF 溶液均可使血红色褪去。在 A 溶液中加入几滴 $BaCl_2$ 溶液，得白色沉淀 F，F 不溶于 HNO_3 溶液。问 A，B，C，D，E 和 F 各为何物？写出有关反应方程式。

答:A是$FeSO_4$(淡绿色),B是$Fe(OH)_2$(白色),C是$Fe(OH)_3$(红色),D是$FeCl_3$(黄棕色),E是$[Fe(NCS)]^{2+}$(血红色),F是$BaSO_4$(白色)。相关的反应方程式如下:

$$FeSO_4 + 2NaOH \xlongequal{\quad} Na_2SO_4 + Fe(OH)_2\downarrow$$

$$4Fe(OH)_2 + O_2 + 2H_2O \xlongequal{\quad} 4Fe(OH)_3$$

$$Fe(OH)_3 + 3HCl \xlongequal{\quad} FeCl_3 + 3H_2O$$

$$Fe^{3+} + SCN^- \xlongequal{\quad} [Fe(NCS)]^{2+}$$

$$2[Fe(NCS)]^{2+} + SO_2 + 2H_2O \xlongequal{\quad} 2Fe^{2+} + 2SCN^- + SO_4^{2-} + 4H^+$$

$$[Fe(NCS)]^{2+} + 6F^- \xlongequal{\quad} FeF_6^{3-} + SCN^-$$

$$FeSO_4 + BaCl_2 \xlongequal{\quad} BaSO_4\downarrow + FeCl_2$$

24. 已知$[Fe(bipy)_3]^{3+} + e^- \rightleftharpoons [Fe(bipy)_3]^{2+}$的$\varphi^\ominus = 0.96\ V$,$[Fe(bipy)_3]^{3+}$的$\beta_3^\ominus = 1.8 \times 10^{14}$。求$[Fe(bipy)_3]^{2+}$的$\beta_3^\ominus$。

解:bipy为2,2′-联吡啶,是双齿螯合配体。

$[Fe(bipy)_3]^{3+}$和$[Fe(bipy)_3]^{2+}$完全解离的平衡方程式为

(1) $[Fe(bipy)_3]^{3+} \rightleftharpoons Fe^{3+} + 3bipy$

(2) $[Fe(bipy)_3]^{2+} \rightleftharpoons Fe^{2+} + 3bipy$

反应平衡常数为

$$K^\ominus(1) = 1/\beta_3^\ominus([Fe(bipy)_3]^{3+})$$

$$K^\ominus(2) = 1/\beta_3^\ominus([Fe(bipy)_3]^{2+})$$

反应平衡时,标准状态下$[Fe(bipy)_3]^{3+}$和$[Fe(bipy)_3]^{2+}$均为$1.0\ mol\cdot L^{-1}$,溶液中Fe^{2+}和Fe^{3+}浓度比为

$$\frac{[Fe^{3+}]}{[Fe^{2+}]} = \frac{\beta_3^\ominus([Fe(bipy)_3]^{2+})c([Fe(bipy)_3]^{3+})}{\beta_3^\ominus([Fe(bipy)_3]^{3+})c([Fe(bipy)_3]^{2+})} = \frac{\beta_3^\ominus([Fe(bipy)_3]^{2+})}{\beta_3^\ominus([Fe(bipy)_3]^{3+})}$$

查教材中附录十四可知$\varphi^\ominus(Fe^{3+}/Fe^{2+}) = 0.771\ V$。

根据能斯特方程:

$$\varphi^\ominus([Fe(bipy)_3]^{3+}/([Fe(bipy)_3]^{2+}) = \varphi^\ominus(Fe^{3+}/Fe^{2+}) + \frac{0.0592\ V}{1}\lg\frac{[Fe^{3+}]}{[Fe^{2+}]}$$

$$\varphi^\ominus([Fe(bipy)_3]^{3+}/([Fe(bipy)_3]^{2+}) = \varphi^\ominus(Fe^{3+}/Fe^{2+}) + 0.0592\ V\lg\frac{\beta_3^\ominus([Fe(bipy)_3]^{2+})}{\beta_3^\ominus([Fe(bipy)_3]^{3+})}$$

$$0.96\ V = 0.771\ V + 0.0592\ V\lg\frac{\beta_3^\ominus([Fe(bipy)_3]^{2+})}{1.8 \times 10^{14}}$$

$$\beta_3^\ominus([Fe(bipy)_3]^{2+}) = 2.8 \times 10^{17}$$

第十三章 生命元素及其在生物体内的应用

内容提要

1. 必需元素与非必需元素

生物赖以生存的化学元素称为生物的必需元素。目前,公认的必需元素共有 27 种,包括 12 种宏量元素(碳 C、氢 H、氧 O、氮 N、磷 P、硫 S、氯 Cl、钾 K、钠 Na、钙 Ca、镁 Mg、硅 Si)和 15 种微量元素(铁 Fe、氟 F、锌 Zn、铜 Cu、锡 Sn、钒 V、铬 Cr、锰 Mn、碘 I、硒 Se、钼 Mo、钴 Co、镍 Ni、砷 As、硼 B)。必需元素都在元素周期表的前 53 种之中。上述除了硼之外的 26 种生命元素被认为是人体必需元素,而硼主要是某些绿色植物和藻类生长的必需元素。

非必需元素是指其存在与否和生命的延续无关的元素。

2. 宏量元素与微量元素

宏量元素是指在体内的含量大于 $1\times10^2\ mg\cdot kg^{-1}$ 的元素,共 12 种。宏量元素在人体内的质量分数为 99.98%,是构成人体细胞、组织、器官的主要成分,也被称为造体元素。

微量元素是指在体内的含量小于 $1\times10^2\ mg\cdot kg^{-1}$ 的元素。微量元素在体内的含量虽低,但它们是维持人体正常生理功能或组织结构所必需的,在人体生物化学过程中起关键性作用。微量元素是某些蛋白质、酶、激素、维生素、核酸的组成成分,具有重要的生理功能,可维持人体的正常生命活动,如果缺少某些必需微量元素(或微量元素含量不平衡),就会引起疾病,甚至死亡,所以它们是保持生物体健康的元素。

3. 生物配体与生物金属配合物

生物配体是指在生物体内与金属离子配位并具有生物功能的配体。生物体内金属离子和生物配体形成的配合物称为生物金属配合物。

4. 伯特兰德最适营养浓度定律

伯特兰德最适营养浓度定律是指任何元素在机体的存在量都具有一定的适宜浓度范围,超过或者低于这个范围都会引起疾病。

5. 生物无机化学

生物无机化学是无机化学和生物化学相结合而发展起来的学科,它主要研究生物体内存在的各种化学元素,尤其是微量金属元素与体内生物配体形成的配位化合物,包括其形成、组成、转化、结构及其生物学功能。

6. 协同作用与拮抗作用

协同作用是指多种元素在共存体系(如细胞)中的生物学功能表现为相互促进的现象。拮抗作用是指多种元素在共存体系(如细胞)中的生物学功能表现为相互制约的现象。

习题解答

1. 生物无机化学是怎样的一门化学学科？它的主要内容和研究对象是什么？

答:生物无机化学是基于无机化学和生物学相互交叉、渗透而发展起来的一门交叉学科，又可称为无机生物化学或者生物配位化学。

生物无机化学主要研究生物体内存在的各种化学元素，尤其是微量金属元素与体内生物配体形成的配位化合物的组成、结构、形成和转化，以及它们在一系列重要生命活动中的作用。

2. 生物体内的化学元素有几类？划分的标准是什么？它们和元素周期表有何联系？

答:基于在生物体内的作用不同，生物体内的化学元素可分为必需元素、非必需元素和有毒元素。

必需元素(即生命元素)是生物赖以生存的化学元素，具有三个特征:(1) 该元素直接参与生理功能以及代谢过程;(2) 该元素在生物体内的作用不能被其他元素所取代;(3) 缺乏该元素时，生物体会发生病变。必需元素都在元素周期表的前 53 种之中。

非必需元素是指其存在与否和生命的延续无关的元素，一般为有益元素或辅助营养元素，如锶、铝、锑、碲等，没有这些元素生命也可维持，但不能认为是完全健康的。

有毒元素是指一些来自环境中的污染物元素，如铅、镉、汞等。

另外，基于在生物体内的含量不同，生物体内的化学元素也可分为宏量元素和微量元素。

宏量元素是指在体内的含量大于 $1\times10^2\ mg\cdot kg^{-1}$ 的元素，都是必需元素。人体必需元素共 12 种(O, C, H, N, P, S, K, Ca, Na, Cl, Mg, Si)，通常分布在元素周期表(短表)的最上部分，在 K-C-Cl线附近。

微量元素是指在体内的含量小于 $1\times10^2\ mg\cdot kg^{-1}$ 的元素，包括必需微量元素和非必需微量元素。人体必需微量元素有 14 种(Fe, F, Zn, Cu, Sn, V, Mn, Cr, I, Se, Mo, Ni, As, Co)，其中 10 种是金属元素，且绝大多数是过渡金属元素。

3. 谈谈微量元素与人体健康的密切关系。举出五种重要的必需微量元素和它们的生物生理功能。

答:必需微量元素是维持人体正常生理功能或组织结构所必需的，是保证人体健康必不可少的元素。

必需微量元素(主要是必需微量金属元素)通过下面 4 种作用参与生理功能:(1) 微量金属元素与蛋白结合形成金属蛋白参与生理过程;(2) 作为人体金属酶的活性中心;(3) 作为激素和维生素等的组成部分参与调节体内正常生理功能;(4) 参与人体中的氧化还原过程。

常见的必需微量元素及其生理功能如下:

锌(Zn)，是某些酶(锌酶)的组分或活化剂，参与糖类、脂质、蛋白质和核酸的合成与降解等代谢过程。例如，锌能影响细胞分裂、生长和再生，对儿童有重要营养功能，缺锌影响发育、智力和食欲。

铜(Cu)，主要存在于蛋白酶中，参与造血过程、铁的代谢、一些酶的合成、黑色素合成等，也可适当促进人体骨骼、神经系统及脑部等发育。

铁(Fe)，参加机体内血红蛋白、肌红蛋白、血红素类、辅助因子的构成并与其活性密切相关，主要参与造血、运输和携带营养物质。

锰(Mn),是丙酮酸羧化酶、超氧化物歧化酶、精氨酸酶等的组成成分,也能激活羧化酶、磷酸化酶等,参与骨质合成、糖和脂肪代谢、造血过程、抗氧化过程,对机体的生长、发育、繁殖和内分泌有影响。

钴(Co),是维生素 B_{12}的必需组分,对铁的代谢、血红蛋白的合成和红细胞的发育成熟等有重要作用。

钼(Mo),是人体多种酶的重要成分,对细胞内电子的传递、氧化代谢有作用,可以促进发育。

硒(Se),是人体红细胞谷胱甘肽氧化酶的组成部分,可以运输氧分子和清除自由基,主要起到抗氧化的作用,同时能增强人体免疫力、抵抗力,具有抗癌、抗肿瘤等作用。

铬(Cr),人体必需铬元素是指三价铬而非六价铬(有毒)。铬是胰岛素参与作用的糖代谢和脂肪代谢过程的必需元素,也是正常胆固醇代谢的必需元素,缺铬可引起糖尿病和动脉硬化等。

4. 举例说明微量元素的拮抗作用和协同作用。

答:在机体中多种元素的生物学功能如相互促进则称为协同作用,如相互制约则称为拮抗作用。

铜和铁的协同作用:铜和铁共同参与血红蛋白的合成,没有铜,铁不能进入血红蛋白分子中,所以如果机体中铁充足而铜缺乏,贫血症照样发生。

锌和镉的拮抗作用:镉能取代锌,使锌酶失活,从而干扰锌酶的生理作用,引起代谢紊乱而致病。

5. 为何说任何元素在体内过量都是有害的?

答:任何元素在体内的存在量都遵循伯特兰德最适营养浓度定律,即元素在体内具有一定的适宜浓度范围,超过或者低于这个范围都会引起疾病。例如,即使是必需元素,当其在体内的浓度太高,超过一定的界限时,生物体就会中毒甚至死亡。所以为了确保人体健康,必须弄清各种微量元素的最小必需量、实际摄入量,并最终拟定其最适量和致毒量。

第十四章　环境污染和环境化学

内容提要

1. 环境科学

环境科学是研究和调整人与自然的关系，以实现人与自然和谐共处为目的的学科，它主要运用自然科学和社会科学的有关理论、技术和方法来研究环境问题。环境科学有很多分支学科，包括环境化学、环境地学、环境生物学、环境物理学、环境医学、环境工程学等环境自然科学和环境管理学、环境经济学、环境法学等环境社会科学。

2. 环境化学

环境化学主要研究化学污染物质在环境介质中的存在、化学特性、行为和效应及其控制的化学原理和方法。环境化学是环境科学的基础核心部分，主要包括两个分支学科：环境污染化学和环境分析化学。其中，环境污染化学主要研究环境污染物在大气、水体和土壤中迁移转化的基本规律，是环境化学的核心内容。环境分析化学是以化学的原理、方法和技术来阐明环境问题和控制、治理污染物的学科。

3. 大气污染

大气污染主要包括自然污染和人为污染。自然污染是指火山喷发、森林火灾、海啸、地震等暂时性灾难而产生的污染，这类污染一般是局部和暂时性污染；人为污染是指由人为因素如日常生活、工业生产、交通出行等造成的污染，这类污染是大气污染的主要来源。

大气污染物种类很多，如按物理状态可分为气态污染物和颗粒污染物；如按形成过程则可分为一次污染物和二次污染物；如按化学组成可分为含硫化合物、含氮化合物、含碳化合物和含卤素化合物。

现今主要的大气污染问题有酸雨、光化学烟雾、臭氧层破坏、温室效应、PM2.5 等。

4. 水体污染

水体污染是指污染物大量排入水体，使水体的物理和化学性质或生物群落组成发生变化，从而降低了水体的使用价值的现象。

水体污染主要包括自然污染和人为污染。自然污染是指自然界本身的地球化学异常所释放的物质对水体造成的污染，如高矿化度地下水对河流的污染，这类污染具有持久性、长期性和地域性；人为污染是指由于人类活动所产生的污染，主要包括工业污染、农业污染和城市污染。

水体污染物可划分为 8 类，包括耗氧污染物、致病污染物、有机合成物、植物营养物、无机物及矿物质、由土壤岩石等冲刷下来的沉积物、放射性物质、热污染。这些污染物在水体中通常以可溶态或悬浮态存在。

5. 化学需氧量与生物化学需氧量

化学需氧量(COD)是指化学氧化剂氧化水中有机污染物换算出的所需氧的量。生物化学需氧量(BOD)是指水中的有机污染物经微生物分解所需消耗的氧的量。

6. 土壤污染

土壤污染是指土壤因受到采矿或工业废渣或农用化学物质的侵入,恶化土壤原有的理化性状,使土壤生产潜力减退、产品质量恶化并对人类和动植物造成危害的现象和过程。土壤污染源主要分为工业污染和农业污染。

土壤污染具有隐蔽性与滞后性、累积性与地域性、不可逆转性、持续性长、难治理性等特点。

习题解答

1. 试述环境化学在环境科学中的地位和作用。

答:环境科学是研究和调整人与自然的关系以实现人与自然和谐共处为目的的学科。环境是一个整体,涉及面相当广泛,所以环境科学有很多分支学科,其中环境化学是环境科学的基础核心部分。

环境化学主要是研究环境中化学污染物质的性质及其变化规律的学科,即研究在环境中有害化学物质的存在、行为和效应(生态效应、人体健康效应及其他环境效应)以及减少或消除其产生的学科。

2. 环境化学中的核心内容是什么?为什么?

答:环境化学的核心内容是环境污染化学。环境污染化学主要研究环境污染物在大气、水体和土壤中迁移转化的基本规律,研究内容包括污染物在环境中的来源、扩散、分布、形态、循环、反应和归宿等各个方面。环境污染化学的研究为环境质量评价、分析监测和控制治理等工作提供科学依据。

3. 酸雨、光化学烟雾、臭氧层遭破坏、温室效应等现象是怎样产生的?对人类生存环境有何影响?

答:酸雨:由于燃料燃烧、工业加工和矿石冶炼等所产生的二氧化硫(SO_2)和氮氧化物(NO_x)能分别转化为SO_3、硫酸和硝酸,当这些酸性物质溶入雨水,就会导致酸性降水,若雨水 $pH < 5.6$,则定义为酸雨。酸雨可使水生生物、植物等遭受损伤,影响其生长,减少水产品、森林和庄稼等的产量;抑制土壤有机物分解和氮的固定,使土壤贫瘠化;可使土壤或水体底泥中金属溶出,造成污染;也可腐蚀建筑材料、金属结构、名胜古迹等。

光化学烟雾:在太阳光紫外线照射下,大气中的碳氢化物(如烯烃类物质)、氮氧化物、氧等发生光化学反应形成的空气污染物,称为光化学烟雾。光化学烟雾常具有醛类污染,可使人体眼睛红肿、哮喘、喉头发炎,使植物叶子发白、枯萎、开裂等。

臭氧层遭破坏:人类大量使用的氯氟烃类化学品和燃煤、超音速飞机排放的氮氧化物等在光作用下循环破坏 O_3分子,致使臭氧层遭破坏而变薄,从而大大降低了其对短波紫外光的吸收,而使得生物受到损害,如可使人类皮肤癌发病率提高、抑制植物生长、杀死微生物、影响生态平衡。

温室效应:人口激增及人类活动使得大气中的 CO_2大量增加改变了大气组成,而大气中的

CO_2能吸收地面辐射出来的红外线，把能量截留在大气中，从而使大气温度升高，产生温室效应。温室效应能使地球气温变暖，冰川融化，海平面上升，世界气候反常。

4. 什么是 PM2.5？试简述其来源和成分。它对人类健康有何危害？目前有些什么治理措施？

答：PM2.5 是空气动力学当量直径小于或等于 2.5 μm 的固体颗粒或液滴的大气颗粒物的总称。

PM2.5 的主要来源是人为排放和天然来源：人为排放有化石燃料（煤、汽油、柴油等）、木柴和秸秆等的燃烧，以及施工扬尘、工业粉尘、厨房烟尘等；天然来源有火山灰、森林火灾、漂浮海盐、花粉、真菌孢子、细菌等。

PM2.5 的成分非常复杂，主要成分是元素碳、有机碳化物、硫酸盐、硝酸盐、铵盐以及各种金属元素，如钠、镁、钙、铝、铁等地壳含量丰富元素，也有铅、镉、铜、锌等重金属元素。

PM2.5 可直接被人体吸入并进入呼吸道及肺部深处，引发呼吸系统和心血管系统疾病，另外 PM2.5 中的有害气体、重金属等成分可被溶入血液，诱发癌症，尤其是肺癌。

目前对 PM2.5 的治理措施主要有：选用低碳燃料，提高燃油品质，开发利用清洁能源如太阳能、风能、电能、氢燃料、地热等，使用净化装置，并加强绿化环境等。

5. 解释水体富营养化的产生和危害。

答：水体富营养化现象是指当含有大量氮、磷、钾化合物的工业废水、生活污水、农业施肥水等排放到水体中时，大量有机化合物在水中降解，释放出营养元素，促进水中藻类丛生、植物疯长，造成水体通气不佳，溶解氧量减少，从而致使水生植物死亡、水面发黑、水体发臭、水中鱼类大量死亡，进而成为沼泽的现象。水体富营养化破坏水质，进而影响水产养殖和生态平衡，威胁人类健康。

6. 土壤污染有何特点？它和水体污染有何关系？

答：土壤污染的特点是持续性长、不易消失，且当暴风雨引起水土流失时，污染范围会扩大。

很多水体污染可引起土壤污染，如废水或污水中的有害物质会沉积于土壤中而造成土壤污染。另外土壤污染物可通过淋溶作用污染水体，引起水体污染。

7. 我国是一个以煤为主要燃料的国家。假设每年燃煤 1.4×10^9 t，煤的含硫量平均为 1.5%，燃烧后有 60%（均为质量分数）硫以 SO_2 形式排放到大气中，问排放 SO_2 总量为多少吨？

答：$1.4\times10^9\ \text{t}\times1.5\%\times60\%\times M(SO_2)/M(S)=2.52\times10^7\ \text{t}$

8. 试述你对警句“人类将自己毁灭自己”的看法。

答：人类人口剧增，对自然资源的耗用、生产活动的扩大和化学物质的大量使用，造成了大气、水体和土壤的全球性污染，而大气、水体和土壤中的有害化合物又通过生物链、食物链等生化过程反作用于人体，影响人类的健康、生存和繁衍。

人类在利用和改造大自然、发展经济和创造物质文明的同时，破坏了大自然环境和生态平衡，最终将失去人类赖以生存和发展的物质基础，导致毁灭。所以人们应采取积极的防范措施，以营造人与自然和谐共处的环境。

第十五章　核化学简介

内容提要

1. 核的结合能

核的结合能(B):在核力作用下核子结合成原子核所释放的能量。

$$B = -\Delta E = -\Delta m \cdot c^2$$

Δm 是原子核的质量亏损,c 是光速。

2. 核衰变

(1) 核衰变:不稳定核素自发地发射出射线变成另一种核素的过程。

(2) 核衰变类型:

① α 衰变:放射出 α 射线($_{2}^{4}He$)的衰变,能使原子核质量数减少 4 个单位,核电荷数减少 2 个单位。

② β 衰变:放射出电子($_{-1}^{0}e$)的衰变,能使原子核核电荷数增加 1 个单位,但质量数不变。

③ γ 衰变:由激发态原子核放射出 γ 射线跃迁到低能态的过程,γ 衰变既不改变核电荷数、也不改变质量数。

④ 正电子衰变:放射出带正电荷电子($_{1}^{0}e$)的衰变,能使原子核核电荷数减少 1 个单位,但质量数不变。

⑤ 电子俘获:核可以从核外的内电子层俘获 1 个电子,使原子核核电荷数减少 1 个单位,但质量数不变。

(3) 核衰变速率公式

$$\ln \frac{N_0}{N} = \lambda t$$

$$t_{1/2} = \frac{0.693}{\lambda}$$

N_0为起始时放射性核素的数目,N 为 t 时刻尚未衰变的核素数目,λ 为衰变常数,$t_{1/2}$为核素衰变掉一半所需的时间,即半衰期。

(4) 放射性活度(A):指某放射性试样在单位时间内衰变的核素。

$$A = \lambda N = \frac{0.693 m N_A}{M t_{1/2}}$$

N_A是阿伏伽德罗常数,M 为核素的摩尔质量。

3. 核反应

(1) 诱发核反应:是指在外界因素诱导下发生的核反应。按入射粒子的种类不同,可分为中子核反应、荷电粒子核反应和光核反应。

(2) 核裂变:是指由重的原子核(如铀核、钚核)分裂成两个或多个质量较小的原子核的一种核反应形式,核裂变伴随巨大的能量释放。

(3) 核聚变:由两个或两个以上轻原子核聚合成一个较重的核的过程称为核聚变,在高温下发生的聚变反应称为热核反应。

4. 放射性同位素技术的应用

放射性同位素技术最基本的特点源于放射性,所以其具有先进性、不可替代性、交叉渗透性以及应用广泛性。

放射性同位素技术可分为制备技术和应用技术:制备技术主要包括利用核反应堆与带电粒子加速器等手段,专门为获取放射性同位素及其制品的各种技术;应用技术是指运用放射性同位素及其制品已取得实际应用的技术,按应用功能可分为:(1)信息获取技术,如放射性同位素示踪技术、放射性鉴年法、放射免疫分析技术等;(2)辐射效应应用技术,如 β 射线和 γ 射线在工业、农业、医疗等方面的应用技术;(3)衰变能利用技术,如放射性同位素衰变能转变为光能、电能、热能等。

5. 辐射对生物的影响

辐射对生物体危害的程度取决于辐射的活度和能量、照射的时间、辐射源在体内还是体外等。在体外,γ 射线危害性特别大,其可穿透人体组织,伤害皮肤和组织;在体内 α 射线危险,其能有效地把能量转移至周围组织而引起机体损伤。

习题解答

1. 区别并解释下列各组术语:

(1) 核素和同位素;

(2) 核力和结合能;

(3) 放射性同位素和放射性元素。

答:(1) 核素:具有特定质子数和中子数的一类原子。

同位素:核电荷数相同,质量数不同的核素互称为同位素。

(2) 核力:原子核内核子之间的强吸引力称为核力。

结合能:在核力作用下核子结合成原子核所释放的能量称为核的结合能。

(3) 放射性同位素:是指原子核能自发地发射出射线,同时质子数或中子数发生变化,从而转变成另一种核素的同位素。

放射性元素:是指那些没有稳定同位素存在的元素,如某一元素的所有同位素都不稳定,即所有同位素都具有放射性,则该元素称为放射性元素。

2. 核反应和一般的化学反应有何不同?试比较之。

答:两者的不同主要表现为

(1) 核反应是原子核内部组成的变化,即由一种元素变成另一种元素;而一般的化学反应只是核外电子运动状态发生变化,元素种类始终不变。

(2) 在核反应中,同位素核的性质有很大的差别,如^{12}C的原子核是稳定的,而^{14}C的原子核可自发地进行衰变;在普通的化学反应中,同位素由于核外电子排布相同,其化学性质也基本相同。

(3) 核反应与元素的化学状态无关,如 Ra 和 Ra^{2+} 核反应无差别;而在化学反应中,元素的化学状态如氧化态不同,化学性质不同。

(4) 普通化学反应的反应速率受外界因素如温度、压力、浓度和催化剂等的影响;而核反应一般不受这些外界因素影响。

(5) 核反应放出的能量是结合能,而一般化学反应放出的能量是化学键的键能,前者比后者大千百万倍。

3. 一放射性核素在某时刻测定其放射性活度为 1568 Bq,1.00 h 后变成 1084 Bq。求此放射性核素的半衰期。

解:起始时:$A_0 = \lambda N_0$

1.00 h 后:$A = \lambda N$

所以

$$\frac{A_0}{A} = \frac{N_0}{N}$$

进一步根据公式

$$t_{1/2} = \frac{0.693}{\lambda}$$

和

$$\ln\frac{N_0}{N} = \lambda t$$

可得

$$t_{1/2} = \frac{0.693t}{\ln\frac{A_0}{A}} = \frac{0.693 \times 1.00\ \text{h}}{\ln\frac{1568}{1084}} = 1.88\ \text{h}$$

4. ^{35}S 放射 β 射线,它的半衰期为 88 d。试求:

(1) ^{35}S 的衰变常数;

(2) 0.16 g ^{35}S 在 1 s 内放射出多少 β 粒子?

(3) 0.16 g ^{35}S 45 d 后还剩下多少?

解:(1) 根据公式

$$t_{1/2} = \frac{0.693}{\lambda}$$

^{35}S 的衰变常数为

$$\lambda = \frac{0.693}{t_{1/2}} = \frac{0.693}{88\ \mathrm{d}} = 7.9 \times 10^{-3}\ \mathrm{d}^{-1}$$

（2）根据公式

$$A = \frac{0.693 m N_A}{M \cdot t_{1/2}}$$

β 粒子数为

$$\begin{aligned} A &= \frac{0.693 \times 0.16\ \mathrm{g} \times 6.02 \times 10^{23}\ \mathrm{mol}^{-1}}{35\ \mathrm{g \cdot mol^{-1}} \times 88\ \mathrm{d}} \\ &= \frac{0.693 \times 0.16\ \mathrm{g} \times 6.02 \times 10^{23}\ \mathrm{mol}^{-1}}{35\ \mathrm{g \cdot mol^{-1}} \times 88 \times 24 \times 60 \times 60\ \mathrm{s}} \\ &= 2.5 \times 10^{14}\ \mathrm{Bq} \end{aligned}$$

（3）根据

$$\frac{N_0}{N} = \frac{m_0}{m}$$

得

$$\ln\frac{m_0}{m} = \ln\frac{N_0}{N} = \lambda t = 7.9 \times 10^{-3}\ \mathrm{d}^{-1} \times 45\ \mathrm{d}$$

所以 $$m = 0.11\ \mathrm{g}$$

5. 第二次世界大战时期，手表厂常用氚（^3H）来涂抹荧光表的表盘和指针。要在黑暗中看清表盘至少需原氚量的 17%。假设有一只在 1944 年生产的手表，问它到哪一年还能在黑暗中读取时间？已知 ^3H 的 $t_{1/2}$ 为 12.3 年。

解：

$$\ln\frac{m_0}{m} = \ln\frac{m_0}{0.17m_0} = \ln\frac{N_0}{N} = \lambda t = \frac{0.693}{12.3\ \mathrm{a}} \times t$$

得 $$t = 31.4\ \mathrm{a}$$

则此表可读至 1944 年 + 31.4 年 = 1975 年 。

6. 为了测定 Hg_2I_2 的 $K_{sp}^{\ominus}$，某化学家用含放射性 ^{131}I 的 Hg_2I_2 试样，测得此试样每分钟每摩尔 I 裂变计数为 5.0×10^{11} 。然后将过量的此 Hg_2I_2 试样投入水中让其达溶解平衡，吸取饱和溶液 150.0 mL，测得其每分钟计数为 33。试计算 Hg_2I_2 的 $K_{sp}^{\ominus}$。

解： Hg_2I_2 的沉淀溶解平衡反应式为

$$Hg_2I_2(s) \rightleftharpoons Hg_2^{2+}(aq) + 2I^-(aq)$$

150.0 mL 溶液中 I^- 的物质的量为

$$n = \frac{33}{5.0 \times 10^{11}\ \text{mol}^{-1}} = 6.6 \times 10^{-11}\ \text{mol}$$

$$[\text{I}^-] = \frac{6.6 \times 10^{-11}\ \text{mol}}{0.15\ \text{L}} = 4.4 \times 10^{-10}\ \text{mol} \cdot \text{L}^{-1}$$

$$[\text{Hg}_2^{2+}] = \frac{[\text{I}^-]}{2} = 2.2 \times 10^{-10}\ \text{mol} \cdot \text{L}^{-1}$$

所以 $K_{sp}^{\ominus} = [\text{Hg}_2^{2+}] \cdot [\text{I}^-]^2 = 2.2 \times 10^{-10} \times (4.4 \times 10^{-10})^2 = 4.3 \times 10^{-29}$

7. 完成下列核反应方程式(式中 X 代表未知核素或未知粒子):

(1) $^{32}_{15}\text{P}$ 发生 β 衰变。

(2) $^{202}_{85}\text{At}$ 先放出 α 粒子,继后又放出 β 粒子。

(3) $^{18}_{8}\text{O}(\text{d},\text{p})\text{X}$。

(4) $^{123}_{52}\text{Te}(\text{X},\text{d})^{124}_{51}\text{I}$。

解:(1) $^{32}_{15}\text{P} \xrightarrow{\beta} {}^{32}_{16}\text{S} + {}^{0}_{-1}\text{e}$

(2) $^{202}_{85}\text{At} \xrightarrow{\alpha} {}^{198}_{83}\text{Bi} + {}^{4}_{2}\text{He}$, $^{198}_{83}\text{Bi} \xrightarrow{\beta} {}^{198}_{84}\text{Po} + {}^{0}_{-1}\text{e}$

(3) $^{18}_{8}\text{O} + {}^{2}_{1}\text{H} \longrightarrow {}^{19}_{8}\text{O} + {}^{1}_{1}\text{H}$,简写为 $^{18}_{8}\text{O}(\text{d},\text{P})\ {}^{19}_{8}\text{O}$

(4) $^{123}_{52}\text{Te} + 3({}^{1}_{0}\text{n}) \longrightarrow {}^{124}_{51}\text{I} + {}^{2}_{1}\text{H}$,简写为 $^{123}_{52}\text{Te}(3\text{n},\text{d})\ {}^{124}_{51}\text{I}$

8. 钾是人体必需的宏量元素,粮食中含有钾。自然界中存在钾的同位素之一 ^{40}K 是放射性核素。^{40}K 在自然界中丰度为 0.0117%,半衰期为 1.28×10^9 年。其放射性衰变以三种方式进行:98.2%为电子俘获,1.35%为 β 衰变,0.49%为正电子衰变。

(1) 写出 ^{40}K 三种衰变方程式;

(2) 求 1.00 g KCl 中含有 $^{40}\text{K}^+$ 的数目;

(3) ^{40}K 经受 1.00%放射性衰变需多长时间?

解:(1) 电子俘获: $^{40}_{19}\text{K} + {}^{0}_{-1}\text{e} \longrightarrow {}^{40}_{18}\text{Ar}$

β 衰变: $^{40}_{19}\text{K} \longrightarrow {}^{40}_{20}\text{Ca} + {}^{0}_{-1}\text{e}$

正电子衰变: $^{40}_{19}\text{K} \longrightarrow {}^{40}_{18}\text{Ar} + {}^{0}_{1}\text{e}$

(2) $^{40}\text{K}^+$ 的数目 = $^{40}\text{K}^+$ 的物质的量 × N_A

$$= \frac{m(\text{KCl})}{M(\text{KCl})} \times \text{存在丰度} \times N_A$$

$$= \frac{1.00\ \text{g}}{74.55\ \text{g} \cdot \text{mol}^{-1}} \times 0.0117\% \times 6.02 \times 10^{23}\ \text{mol}^{-1}$$

$$= 9.45 \times 10^{17}$$

(3) $$\ln\frac{m_0}{m} = \ln\frac{m_0}{(1 - 1.00\%)m_0} = \ln\frac{N_0}{N} = \lambda t = \frac{0.693}{1.28 \times 10^9\ \text{a}} \times t$$

求得

$$t = 1.86 \times 10^7\ \text{a}$$

9. 1999 年 6 月美国伯克利实验室宣布发现 118 号元素。试预测其电子结构和在周期表中的位置。

答:第 118 号元素的预测电子结构为

$$1s^2\ 2s^2\ 2p^6\ 3s^2\ 3p^6\ 4s^2\ 3d^{10}\ 4p^6\ 5s^2\ 4d^{10}\ 5p^6\ 6s^2\ 4f^{14}\ 5d^{10}\ 6p^6\ 7s^2\ 5f^{14}\ 6d^{10}\ 7p^6$$

该元素的价电子构型为 $7s^2\ 7p^6$,属于 p 区元素,在元素周期表中位于第七周期ⅧA 族(也称零族)。

10. ^{14}C 的半衰期为 5730 a。用计数器测出一块古代木炭每分钟可记录 620 次,而相同质量的新木炭每分钟可记录 1480 次。试计算古代木炭的年龄。

解:
$$\ln\frac{m_0}{m} = \ln\frac{1480}{620} = \ln\frac{N_0}{N} = \lambda t = \frac{0.693}{5730\ \text{a}} \times t$$

求得
$$t = 7194\ \text{a}$$

11. 什么是示踪技术?试举一例来说明放射性示踪技术在科学研究中的应用。

答:放射性示踪技术是利用放射性同位素为示踪剂,并通过它获得研究对象的特征和行为的技术。

放射性示踪技术在工业、农业、化学合成、生物医学等众多领域中都有重要的应用。例如,在光合作用中,利用 ^{14}C 来指示碳固定的途径,^{18}O 来指示 CO_2 转变为葡萄糖;在疾病诊断中,如通过口服示踪剂 $Na^{131}I$ 后,在甲状腺部位检测 ^{131}I 聚集的速度和数量,来诊断甲状腺功能是否正常;在生物学上,利用 ^{35}S 和 ^{32}P 分别对噬菌体壳蛋白中的硫和核酸中的磷进行标记,通过噬菌体感染大肠杆菌实验,研究证明了 DNA 而非蛋白质是生物遗传的主要物质基础。

12. 什么是放射免疫法?它有什么特点?

答:放射免疫法是一种用放射性核素为标记物的免疫学测定方法。放射免疫法结合了放射性元素和免疫反应的特性,具有高灵敏性、高特异性、低检测限、操作简单、应用范围广等特点。

第十六章　定量分析化学概论

内容提要

略。

习题解答

略。

第十七章　定量分析的误差和分析结果的数据处理

内容提要

1. 有效数字

有效数字就是实际能测定到的数字。数字的保留位数是由测量仪器的准确度所决定的。

（1）有效数字的计位规则

① 仪器能测定的数据都计位。

② 数据中“0”是否为有效数字取决于它的作用，若作为普通数字使用，它就是有效数字；若仅起定位作用，则不是有效数字。

③ 分析化学计算中常遇到分数、倍数关系，并非测定所得，可视为无限位有效数字，而对 pH、lg$K$ 等对数值，其有效数字的位数仅取决于小数部分的位数。

（2）有效数字的运算规则

① 修约规则：不同位数的有效数字进行运算时，应先修约，后运算。按照“四舍六入五成双”的原则修约数字。

② 运算规则：

加减运算：各数据及最后计算结果所保留的位数由各数据中小数点后位数最少的一个数字所决定。

乘除运算：各数据及计算结果所保留的位数取决于有效数字位数最少的那个数据。

2. 误差的产生及表示方法

定量分析的目的是要获得被测组分的准确含量。但在实际分析过程中误差是客观存在的。我们要对分析结果进行评价，弄清误差产生的原因，采取减小误差的有效措施，使分析结果尽量接近真实值。

$$\text{绝对误差} = \text{测定值} - \text{真实值}$$

$$\text{相对误差} = \frac{\text{测定值} - \text{真实值}}{\text{真实值}} \times 100\%$$

$$\text{绝对偏差}(d) = \text{个别测定值}(x) - \text{算术平均值}(\bar{x})$$

$$\text{相对偏差} = \frac{\text{绝对偏差}(d)}{\text{算术平均值}(\bar{x})} \times 100\%$$

$$\text{平均偏差}(\bar{d}) = \frac{\sum_{i=1}^{n} |d_i|}{n}$$

$$相对平均偏差 = \frac{\bar{d}}{\bar{x}} \times 100\%$$

$$标准偏差(s) = \sqrt{\frac{\sum_{i=1}^{n} d_i^2}{n-1}}$$

$$相对标准偏差(CV) = \frac{s}{\bar{x}} \times 100\%$$

3. 有限实验数据的统计处理

(1) 随机误差的分布符合高斯正态分布曲线,数学方程为

$$y = f(x) = \frac{1}{\sigma\sqrt{2\pi}} e^{\frac{-(x-\mu)^2}{2\sigma^2}}$$

若令

$$z = \frac{\pm(x-\mu)}{\sigma}$$

则

$$y = \frac{1}{\sigma\sqrt{2\pi}} e^{-\frac{z^2}{2}}$$

(2) 平均值的置信区间:用少量测定值的平均值 $\bar{x}$,估计 μ 的范围。

$$\mu = \bar{x} \pm \frac{ts}{\sqrt{n}}$$

(3) Q 检验法:在统计学上用 Q 检验法来判断离群值的取舍。

$$Q_{计算} = \frac{离群值 - 邻近值}{最大值 - 最小值}$$

(4) t 检验法:用于判断测定平均值 $\bar{x}$ 与真实值之间是否存在显著差异。

$$t_{计算} = \frac{|\bar{x} - \mu|}{\frac{s}{\sqrt{n}}}$$

(5) 分析结果的数据处理:

① 根据实验记录,将测定结果按大小顺序排列。

② 用 Q 检验法检验有无离群值,并将离群值舍去。

③ 根据所有保留值,求出平均值 $\bar{x}$。

④ 求出平均偏差 $\bar{d}$。

⑤ 求出标准偏差 s。

⑥ 求出变异系数 CV。

⑦ 求出置信水平为 95%时的置信区间。

4. 提高分析结果准确度的方法

（1）选择合适的分析方法。

（2）减小测量的相对误差。

（3）消除测定过程中的系统误差。

（4）增加平行测定次数，减小随机误差。

习题解答

1. 在以下数值中，各数值包含多少位有效数字？

（1）0.004050　（2）5.6×10^{-11}　（3）1000

（4）96500　（5）6.20×10^{10}　（6）23.4082

解：（1）4 位；（2）2 位；（3）4 位；（4）5 位；（5）3 位；（6）6 位。

2. 设下列数值中最后一位是不定值，请用正确的有效数字表示下列各数的答案。

（1）$\dfrac{3.30 \times 4.62 \times 10.84}{5.68 \times 10^4}$　（2）$\dfrac{4.30 \times 20.52 \times 3.90}{0.001050}$

（3）$\dfrac{40.0 \times 5.05 \times 10^4}{2.483 \times 0.002120}$　（4）$\dfrac{0.0432 \times 7.5 \times 2.12 \times 10^2}{0.00622}$

（5）$321.46 + 5.5 - 0.5868$　（6）$2.136 \div 23.05 + 185.71 \times 2.283 \times 10^{-4} - 0.00081$

解：（1）$\dfrac{3.30 \times 4.62 \times 10.84}{5.68 \times 10^4} = 2.91 \times 10^{-3}$

（2）$\dfrac{4.30 \times 20.52 \times 3.90}{0.001050} = 3.28 \times 10^5$

（3）$\dfrac{40.0 \times 5.05 \times 10^4}{2.483 \times 0.002120} = 3.84 \times 10^8$

（4）$\dfrac{0.0432 \times 7.5 \times 2.12 \times 10^2}{0.00622} = 1.1 \times 10^4$

（5）$321.46 + 5.5 - 0.5868 = 326.4$

（6）$2.136 \div 23.05 + 185.71 \times 2.283 \times 10^{-4} - 0.00081 = 0.09267 + 0.04240 - 0.00081$

$= 0.13426$

3. 有一分析天平的称量误差为 ±0.2 mg，如称取试样为 0.2000 g，其相对误差是多少？如称取试样为 2.0000 g，其相对误差又是多少？它说明了什么问题？

解：（1）$\dfrac{\pm 0.2 \times 10^{-3}\ \text{g}}{0.2000\ \text{g}} \times 100\% = \pm 0.1\%$

（2）$\dfrac{\pm 0.2 \times 10^{-3}\ \text{g}}{2.0000\ \text{g}} \times 100\% = \pm 0.01\%$

当系统误差相同时，取样越多，相对误差越小。

4. 某一操作人员在滴定时，溶液过量 0.10 mL，假如滴定的总体积为 2.10 mL，其相对误差为多少？如果滴定的总体积为 25.80 mL,其相对误差又是多少？说明了什么问题？

解:(1) $\frac{+0.10\ \text{mL}}{2.00\ \text{mL}} \times 100\% = +5.0\%$

(2) $\frac{+0.10\ \text{mL}}{25.70\ \text{mL}} \times 100\% = +0.39\%$

在同样过量 0.10 mL 的情况下,用的体积越大,相对误差越小。

5. 如果要使分析结果的准确度为0.2%。应在灵敏度为0.0001 g 和0.001 g 的分析天平上分别称取试样多少克？如果要求称取试样为 0.5 g 以下,取哪种灵敏度的天平较为合适？

解:灵敏度为 0.0001 g 时,不确定的范围是 0.0002 g,则

$$\frac{0.0002\ \text{g}}{m_1} = 0.2\% \qquad m_1 = 0.1000\ \text{g}$$

灵敏度为 0.001 g 时,不确定的范围 0.002 g,则

$$\frac{0.002\ \text{g}}{m_2} = 0.2\% \qquad m_2 = 1.000\ \text{g}$$

如果要求称取试样为 0.5 g 以下,取灵敏度为 0.0001 g 的天平较为合适。

6. 用标准 HCl 溶液标定 NaOH 溶液浓度时,经 5 次滴定,所用 HCl 溶液的体积(单位均为 mL)分别为 27.34,27.36,27.35,27.37 和 27.40。请计算分析结果:(1)平均值;(2)平均偏差和相对平均偏差;(3)标准偏差和相对标准偏差。

解:(1) $\bar{x} = \frac{27.34 + 27.36 + 27.35 + 27.37 + 27.40}{5}\ \text{mL} = 27.36\ \text{mL}$

(2) $\bar{d} = \frac{|-0.02| + |0.00| + |-0.01| + |0.01| + |0.04|}{5} = 0.02$

$$\text{相对平均偏差} = \frac{\bar{d}}{\bar{x}} \times 100\% = \frac{0.02}{27.36} \times 100\% = 0.07\%$$

(3) $s = \sqrt{\frac{0.02^2 + 0.00^2 + 0.01^2 + 0.01^2 + 0.04^2}{5-1}} = 0.02$

$$CV = \frac{s}{\bar{x}} \times 100\% = \frac{0.02}{27.36} \times 100\% = 0.07\%$$

7. 测定 NaCl 试样中氯的质量分数。多次测定结果 $w(\text{Cl})$ 为:0.6012,0.6018,0.6030,0.6045,0.6020 和 0.6037。请计算分析结果:(1)平均值;(2)平均偏差和相对平均偏差;(3)标准偏差和相对标准偏差。

解:(1) $\bar{x} = \frac{0.6012 + 0.6018 + 0.6030 + 0.6045 + 0.6020 + 0.6037}{6} = 0.6027$

(2) $\bar{d} = \frac{|-0.0015| + |-0.0009| + |0.0003| + |0.0018| + |-0.0007| + |0.0010|}{6}$

$= 0.0010$

$$\text{相对平均偏差} = \frac{\bar{d}}{\bar{x}} \times 100\% = \frac{0.0010}{0.6027} \times 100\% = 0.17\%$$

(3) $s=\sqrt{\dfrac{0.0015^2+0.0009^2+0.0003^2+0.0018^2+0.0007^2+0.0010^2}{6-1}}=0.0013$

$$CV=\frac{s}{\bar{x}}\times 100\%=\frac{0.0013}{0.6027}\times 100\%=0.22\%$$

8. 假如取纯 NaCl 为试样,请计算第 7 题分析结果平均值的绝对误差和相对误差。

解:纯 NaCl 中:

$$w(\mathrm{Cl})=\frac{35.45}{58.44}=0.6066$$

第 7 题分析结果平均值的绝对误差和相对误差分别为

$$\text{绝对误差}=0.6027-0.6066=-0.0039$$

$$\text{相对误差}=\frac{-0.0039}{0.6066}\times 100\%=-0.64\%$$

9. 有一甘氨酸试样,需分析其中氮的质量分数,分送至 5 个单位,所得分析结果 $w(\mathrm{N})$ 为 0.1844,0.1851,0.1872,0.1880 和 0.1882。请计算分析结果:(1) 平均值;(2) 平均偏差;(3) 标准偏差;(4) 置信水平为 95%的置信区间。

解:(1) $\bar{x}=\dfrac{0.1844+0.1851+0.1872+0.1880+0.1882}{5}=0.1866$

(2) $\bar{d}=\dfrac{|-0.0022|+|-0.0015|+|0.0006|+|0.0014|+|0.0016|}{5}=0.0015$

(3) $s=\sqrt{\dfrac{0.0022^2+0.0015^2+0.0006^2+0.0014^2+0.0016^2}{5-1}}=0.0017$

(4) 当 $n=5$,$f=4$,95%置信水平时,查教材中表 17-1 可知 $t=2.78$。所以,有

$$\mu=\bar{x}\pm\frac{ts}{\sqrt{n}}=0.1866\pm\frac{2.78\times 0.0017}{\sqrt{5}}=0.1866\pm 0.0021$$

即总体平均值在 0.1845~0.1887。

10. 标定 NaOH 溶液的浓度时获得以下分析结果(单位均为 $\mathrm{mol\cdot L^{-1}}$):0.1021,0.1022,0.1023 和 0.1030。问:

(1) 对于最后一个分析结果 0.1030,按照 Q 检验法是否可以舍弃?

(2) 溶液准确浓度应该怎样表示?

(3) 计算平均值在置信水平为 95%时的置信区间。

解:(1) $Q_{\text{计算}}=\dfrac{\text{离群值}-\text{邻近值}}{\text{最大值}-\text{最小值}}=\dfrac{0.1030-0.1023}{0.1030-0.1021}=\dfrac{0.0007}{0.0009}=0.78$

查教材中表 17-2 得 4 次的 $Q(90\%)=0.76$,所以 $Q_{\text{计算}}>Q_{\text{表}}$,因此该数值应舍弃。

(2) 根据保留值,求出平均值:

$$\bar{x}=\frac{0.1021+0.1022+0.1023}{3}\ \mathrm{mol\cdot L^{-1}}=0.1022\ \mathrm{mol\cdot L^{-1}}$$

（3）求出标准偏差：

$$s=\sqrt{\frac{0.0001^2+0^2+0.0001^2}{3-1}}=0.0001$$

当 $n=3$，$f=2$，95%置信水平时，查教材中表 17-1 可知 $t=4.30$。所以，有

$$\mu=\bar{x}\pm\frac{ts}{\sqrt{n}}=0.1022\ \mathrm{mol\cdot L^{-1}}\pm\frac{4.30\times0.0001}{\sqrt{3}}\ \mathrm{mol\cdot L^{-1}}$$
$$=(0.1022\pm0.0002)\ \mathrm{mol\cdot L^{-1}}$$

即总体平均值在 0.1020~0.1024。

11. 某学生测定 HCl 溶液的浓度，获得以下分析结果（单位均为 $\mathrm{mol\cdot L^{-1}}$）：0.1031，0.1030，0.1038 和 0.1032。请问按 Q 检验法判断 0.1038 分析结果可否舍弃？如果第 5 次的分析结果是 0.1032。这时 0.1038 分析结果需要舍弃吗？

解：（1）$Q_{计算}=\dfrac{离群值-邻近值}{最大值-最小值}=\dfrac{0.1038-0.1032}{0.1038-0.1030}=\dfrac{0.0006}{0.0008}=0.75$

查教材中表 17-2 得 4 次的 $Q(90\%)=0.76$，所以 $Q_{计算}<Q_{表}$，因此，该数值不能舍弃。

$$\bar{x}=\frac{0.1031+0.1030+0.1038+0.1032}{4}\ \mathrm{mol\cdot L^{-1}}=0.1033\ \mathrm{mol\cdot L^{-1}}$$

（2）$Q_{计算}=\dfrac{离群值-邻近值}{最大值-最小值}=\dfrac{0.1038-0.1032}{0.1038-0.1030}=\dfrac{0.0006}{0.0008}=0.75$

查教材中表 17-2 得 5 次的 $Q(90\%)=0.64$，所以 $Q_{计算}>Q_{表}$，因此，该数值应舍弃。

$$\bar{x}=\frac{0.1031+0.1030+0.1032+0.1032}{4}\ \mathrm{mol\cdot L^{-1}}=0.1031\ \mathrm{mol\cdot L^{-1}}$$

第十八章　重量分析法

内容提要

1. 重量分析法对沉淀形式和称量形式的要求

(1) 对沉淀形式的要求:

① 沉淀的溶解度要小,即要求沉淀反应必须定量完成。

② 沉淀的纯度要高,且易于过滤和洗涤。

③ 沉淀易于转化为适宜的称量形式。

(2) 对称量形式的要求:

① 有确定的化学组成且与化学式相符。

② 性质稳定,不受空气中组分(如 CO_2,H_2O 等)的影响。

③ 具有较大的摩尔质量,以减小称量的相对误差,提高分析的准确度。

另外,对沉淀剂的要求是:选择性要好,过量的沉淀剂易挥发,在沉淀干燥或灼烧时可被除去。

2. 影响沉淀溶解度的因素

(1) 同离子效应:由于加入与构晶离子相同的离子而使沉淀溶解度减小的效应。

(2) 盐效应:在难溶电解质的饱和溶液中,由于加入其他易溶强电解质,使难溶电解质的溶解度增大的效应。

(3) 酸效应:溶液的酸度对沉淀溶解度的影响。

(4) 配位效应:在难溶化合物的溶解平衡体系中,加入配位剂以增大溶解度的作用。

3. 影响沉淀纯度的因素

(1) 共沉淀:当沉淀析出时,溶液中一些在该条件下本来是可溶的杂质与沉淀一起析出的现象。可分为吸附共沉淀、包藏共沉淀和混晶共沉淀。

(2) 后沉淀:当沉淀过程结束后,将沉淀与母液放置一段时间,溶液中某些原本难以沉淀出来的杂质会逐渐析出在沉淀表面的现象。

4. 沉淀的形成与沉淀条件

(1) 沉淀的类型:沉淀可按其颗粒的大小分为晶形、凝乳状和无定形三种沉淀。

(2) 沉淀形成的一般过程:

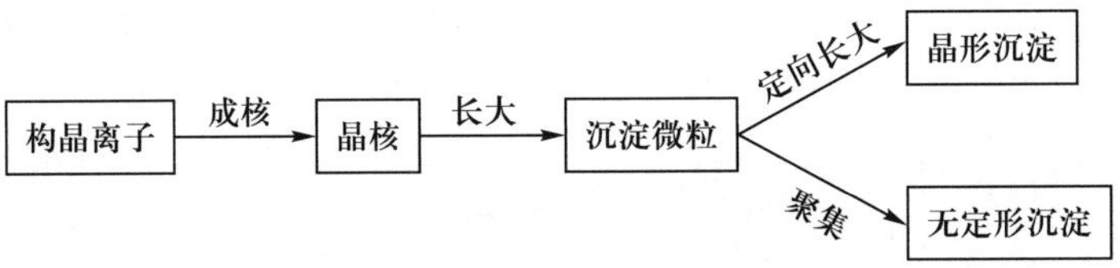

(3) 沉淀条件的选择:

(a) 晶形沉淀:

① 沉淀作用在适当稀的溶液中进行。

② 沉淀作用应在热溶液中进行。

③ 在不断搅拌下缓慢加入沉淀剂。

④ 沉淀完全后进行陈化。

(b) 无定形沉淀:

① 沉淀作用在较浓溶液和热溶液中进行。

② 快速加入沉淀剂。

③ 加入适量电解质防止形成胶体溶液。

④ 沉淀完毕后不必陈化,立即过滤、洗涤。

5. 沉淀的过滤、洗涤、烘干或灼烧和分析结果的计算

(1) 沉淀的过滤、洗涤、烘干或灼烧:对沉淀的过滤,可按沉淀的性质选用疏密程度不同的快、中、慢速滤纸。对于需要灼烧的沉淀,常用无灰滤纸(灰分 $\leqslant 0.2$ mg)。

沉淀的过滤和洗涤均采用倾滗法。洗涤是为了除去吸附于沉淀表面的杂质和母液,同时也要尽量减少因洗涤而带来的沉淀的溶解损失和避免形成胶体。

经洗涤后的沉淀可采用烘箱或红外灯干燥。有些沉淀需用灼烧的方法将沉淀形式定量地转化为称量形式。

沉淀经干燥或灼烧后,冷却、称量直至恒重。

(2) 结果的计算:

$$w(\text{被测物})=\frac{m(\text{称量形式})}{m(\text{试样})}\cdot F$$

F 称换算因数,其数值可由被测物含量表示形式和沉淀称量表示形式的定量关系中得到。

习题解答

1. 忽略离子强度的影响,计算下列难溶化合物的溶解度。

(1) PbF_2在 pH = 3.0 溶液中;

(2) AgI 在 10 mol · L^{-1}的氨水溶液中。

解:(1) PbF_2的 $K_{sp}^{\ominus}=3.30\times10^{-8}$, HF 的 $K_a^{\ominus}=6.31\times10^{-4}$ 。

因为

$$\alpha_{F(H)}=\frac{2s}{[F^-]}=1+\frac{[H^+]}{K_a^{\ominus}}=1+\frac{10^{-3}}{6.31\times10^{-4}}=2.58$$

故

$$[F^-]=\frac{2s}{\alpha_{F(H)}}=\frac{2s}{2.58}$$

代入 $K_{sp}^{\ominus}$关系,得

$$K_{sp}^{\ominus} = 3.30 \times 10^{-8} = [Pb^{2+}][F^-]^2 = s \times \left(\frac{2s}{2.58}\right)^2$$

故

$$s = 3.80 \times 10^{-3}\ mol \cdot L^{-1}$$

(2) AgI 的 $K_{sp}^{\ominus} = 8.52 \times 10^{-17}$,$Ag^+ - NH_3$ 配合物的 $\lg\beta_1 = 3.24$,$\lg\beta_2 = 7.05$。

因为

$$\alpha_{Ag(NH_3)} = \frac{s}{[Ag^+]} = 1 + \beta_1[NH_3] + \beta_2[NH_3]^2$$
$$= 1 + 10^{3.24} \times 10 + 10^{7.05} \times 10^2 = 1.12 \times 10^9$$

故

$$[Ag^+] = \frac{s}{1.12 \times 10^9}$$

代入 $K_{sp}^{\ominus}$ 关系,得

$$K_{sp}^{\ominus} = 8.52 \times 10^{-17} = [Ag^+][I^-] = \frac{s}{1.12 \times 10^9} \times s$$

故

$$s = 3.09 \times 10^{-4}\ mol \cdot L^{-1}$$

2. 写出重量分析计算中换算因数的表示式:

沉淀形式	称量形式	含量表示形式	换算因数
$MgNH_4PO_4$	$Mg_2P_2O_7$	P_2O_5	
Ag_3AsO_4	AgCl	As_2O_3	
$KB(C_6H_5)_4$	$KB(C_6H_5)_4$	K_2O	
$Ni(C_4H_7N_2O_2)_2$	$Ni(C_4H_7N_2O_2)_2$	Ni	

解: $2MgNH_4PO_4 \sim Mg_2P_2O_7 \sim P_2O_5$ $\qquad F = \frac{M(P_2O_5)}{M(Mg_2P_2O_7)}$

$2Ag_3AsO_4 \sim 6AgCl \sim As_2O_3$ $\qquad F = \frac{M(As_2O_3)}{6M(AgCl)}$

$2KB(C_6H_5)_4 \sim 2KB(C_6H_5)_4 \sim K_2O$ $\qquad F = \frac{M(K_2O)}{2M[KB(C_6H_5)_4]}$

$Ni(C_4H_7N_2O_2)_2 \sim Ni(C_4H_7N_2O_2)_2 \sim Ni$ $\qquad F = \frac{M(Ni)}{M[Ni(C_4H_7N_2O_2)_2]}$

3. 用硫酸钡重量分析法测定试样中钡的含量,灼烧时因部分 $BaSO_4$ 还原为 BaS,使钡的测定值为标准结果的 98.0%,求 $BaSO_4$ 沉淀中含有 BaS 多少?

解：

$$BaSO_4 \xrightarrow{\text{灼烧}} BaS + 2O_2\uparrow$$

$$w(BaS)=\frac{2.0\%\times m(s)\times\frac{M(BaS)\times\frac{1}{2}}{M(O_2)}}{98.0\%\times m(s)}\times 100\%$$

$$=\frac{2.0\times 169.37\ g\cdot mol^{-1}}{98.0\times 32.00\ g\cdot mol^{-1}\times 2}\times 100\%=5.4\%$$

4. 重量分析法测定某试样中的铝含量，是用8-羟基喹啉作沉淀剂，生成$Al(C_9H_6ON)_3$。若1.0210 g试样产生了0.1882 g沉淀，问试样中铝的质量分数为多少？

解：

$$w(Al)=\frac{m[Al(C_9H_6ON)_3]\times\frac{M(Al)}{M[Al(C_9H_6ON)_3]}}{m(s)}\times 100\%$$

$$=\frac{0.1882\ g\times 26.98\ g\cdot mol^{-1}}{1.0210\ g\times 459.43\ g\cdot mol^{-1}}\times 100\%=1.082\%$$

5. 植物试样中磷的定量测定方法是，先处理试样，使磷转化为PO_4^{3-}，然后将其沉淀为磷钼酸氨$(NH_4)_3PO_4\cdot 12MoO_3$，并称其质量。如果由0.2711 g试样中得到了1.1682 g沉淀，计算试样中P和P_2O_5的质量分数。

解：

$$w(P)=\frac{m[(NH_4)_3PO_4\cdot 12MoO_3]\times\frac{M(P)}{M[(NH_4)_3PO_4\cdot 12MoO_3]}}{m(s)}\times 100\%$$

$$=\frac{1.1682\ g\times 30.97\ g\cdot mol^{-1}}{0.2711\ g\times 1876.35\ g\cdot mol^{-1}}\times 100\%=7.112\%$$

$$w(P_2O_5)=\frac{m[(NH_4)_3PO_4\cdot 12MoO_3]\times\frac{M(P_2O_5)}{2M[(NH_4)_3PO_4\cdot 12MoO_3]}}{m(s)}\times 100\%$$

$$=\frac{1.1682\ g\times 141.95\ g\cdot mol^{-1}}{0.2711\ g\times 1876.35\ g\cdot mol^{-1}\times 2}\times 100\%=16.30\%$$

6. 用重量分析法分析某试样中的含铁量，并以Fe_2O_3为称量形式。要求所得结果达到4位有效数字。如果Fe含量为11%~15%，问最少称取多少试样可以得到100.0 mg的沉淀？

解：

$$w(Fe)=\frac{m(Fe_2O_3)\times\frac{2M(Fe)}{M(Fe_2O_3)}}{m(s)}=11\%\sim 15\%$$

即

$$\frac{100.0\times10^{-3}\ \text{g}\times2\times\dfrac{55.85\ \text{g}\cdot\text{mol}^{-1}}{159.69\ \text{g}\cdot\text{mol}^{-1}}}{m(\text{s})}=11\%\sim15\%$$

得

$$m(\text{s})=0.4663\sim0.6359\ \text{g}$$

第十九章　滴定分析法

内容提要

1. 滴定分析法的分类及对化学反应的要求

（1）按照滴定方式的不同滴定法可分为直接滴定法、返滴定法、置换滴定法和间接滴定法；按照标准溶液配制方法的不同滴定法可分为直接法和间接法。

（2）滴定分析法对化学反应的要求：①反应必须定量完成；②反应速率快或有简便方法可以加速反应；③有简便合适的确定滴定终点的方法；④有合适的消除干扰的方法。

（3）基准物质应符合的条件：①纯度高，一般应在99.9%以上，易制备和提纯；②组成和化学式完全相符；③性质稳定，不分解，不吸潮，不吸收大气中 CO_2，不失结晶水等；④有较大的摩尔质量，以减小称量的相对误差。

2. 酸碱滴定法

（1）酸碱指示剂：是一些有机弱酸或弱碱，其变色与溶液 pH 有关。

指示剂变色范围：$pH = pK_{HIn} \pm 1$。

常用的酸碱指示剂包括甲基橙、溴酚蓝、溴甲酚绿、甲基红、酚酞、百里酚酞。

（2）酸碱滴定曲线和滴定突跃：以加入的酸或碱标准溶液的量为横坐标，混合溶液的 pH 为纵坐标作图，所得到的曲线为酸碱滴定曲线。化学计量点前后由 1 滴滴定剂所引起的溶液 pH 的急剧变化称为滴定突跃。滴定突跃的大小与溶液的浓度及酸、碱的强度密切相关。

（3）酸碱滴定中化学计量点 pH 的计算：

① 强酸强碱的滴定，在化学计量点时，溶液呈中性，故

$$[H^+] = [OH^-] = 10^{-7}\ mol \cdot L^{-1} \qquad pH = 7.0$$

② 强碱滴定弱酸的化学计量点：

$$[OH^-] = \sqrt{K_b c} = \sqrt{\frac{K_w}{K_a}c}$$

强酸滴定弱碱的化学计量点：

$$[H^+] = \sqrt{K_a c} = \sqrt{\frac{K_w}{K_b}c}$$

③ 多元酸（碱）的滴定（最简式）：

第一化学计量点　　$[H^+] = \sqrt{K_{a_1} \cdot K_{a_2}}$

第二化学计量点 $[H^+]=\sqrt{K_{a_2}\cdot K_{a_3}}$

3. 配位滴定法

(1) 配位滴定曲线:溶液中 pM 随滴定剂(如 EDTA)加入体积变化的曲线称滴定曲线。滴定突跃的大小是决定配位滴定准确度的重要依据。影响滴定突跃的主要因素是配合物的条件稳定常数和被测金属离子的浓度。

(2) 金属指示剂:金属指示剂是一些有机染料,它能与金属离子形成与游离指示剂颜色不同的有色配合物。

(3) 配位滴定中酸度的控制:在 EDTA 滴定过程中,会不断有 H^+释放出来,使溶液的酸度增加,$\lg\alpha_Y$ 增大,而 $\lg K'_{MY}$值变小,影响了滴定反应的完全程度。因此,在配位滴定中常加入缓冲溶液来控制溶液酸度。配位滴定中对酸度的要求是既要满足 $\lg c\cdot K'_{MY}\geqslant 6$ 的条件,且金属离子不发生水解以及终点时指示剂颜色变化时的条件。

(4) 混合离子的滴定:通常测定混合离子的方法是控制溶液酸度或使用掩蔽剂法。

① 用控制溶液酸度的方法进行分步滴定:通过调节溶液的 pH,可以改变被测离子和干扰离子与 EDTA 所形成配合物的稳定性,从而消除干扰,利用酸效应曲线可方便地解决这些问题。

② 使用掩蔽剂法进行分别滴定:当有几种金属离子共存时,加入一种试剂与干扰离子 N 起反应以大大降低其浓度,达到减少或消除 N 对待测离子 M 的干扰。常用的方法有配位掩蔽、氧化还原掩蔽和沉淀掩蔽。

4. 氧化还原滴定法

(1) 氧化还原滴定法的特点:由于氧化还原反应机理较复杂,反应速率慢,常伴有副反应。因此,在氧化还原滴定中要注意控制反应条件,加快反应速率,防止副反应的发生以满足滴定反应的要求。

(2) 滴定曲线:氧化还原滴定曲线以反应电对的电极电势为纵坐标,以滴定剂的体积或滴定分数为横坐标绘制。氧化还原滴定突跃的大小取决于反应中两电对的电极电势之差。相差越大则突跃越大。若要使滴定突跃明显,可设法降低还原剂电对的电极电势。根据滴定突跃的大小可选择合适的指示剂。

(3) 氧化还原滴定中的指示剂:氧化还原滴定法中的指示剂有以下几类。

① 自身指示剂:利用滴定剂或被测物质本身的颜色变化来指示终点。

② 特殊指示剂:有些物质本身并不具有氧化还原性,但它能与滴定剂或被测物产生特殊的颜色以指示终点。

③ 氧化还原指示剂:这类指示剂具有氧化还原性,其氧化态和还原态具有不同的颜色,在滴定过程中,因被氧化或还原而发生颜色变化以指示终点。

5. 沉淀滴定法

(1) 沉淀滴定法对沉淀的要求:沉淀滴定法要求沉淀的溶解度小,即反应需定量、完全;沉淀的组成要固定,即被测离子与沉淀剂之间要有准确的化学计量关系;沉淀反应速率快;沉淀吸附的杂质少;且要有适当的指示剂指示滴定终点。

(2) 沉淀滴定法的指示剂:沉淀滴定法的指示剂有两类。一类是稍过量的滴定剂与指示剂形成有颜色的化合物而显示终点；另一类是利用指示剂被沉淀吸附的性质，在化学计量点时产生颜色的改变以指示终点。

（3）常用的沉淀滴定方法：

① 莫尔法——铬酸钾作指示剂：在含有 Cl^- 的中性或弱碱性溶液中，以 K_2CrO_4 作指示剂，用 $AgNO_3$ 溶液直接滴定 Cl^-。该法主要用于测定氯化物中的 Cl^- 和溴化物中的 Br^-；凡能与 Ag^+ 生成沉淀的阴离子，能与 CrO_4^{2-} 生成沉淀的阳离子，能与 Ag^+ 形成配合物的物质对测定都有干扰；不能用 NaCl 溶液滴定 Ag^+。

② 福尔哈德法——铁铵矾作指示剂：用铁铵矾 $[FeNH_4(SO_4)_2 \cdot 12H_2O]$ 作指示剂的福尔哈德法，按滴定方式可分为直接法和返滴定法。该法可用于测定 Cl^-，Br^-，I^-，SCN^- 和 Ag^+ 等。但强氧化剂、氮的氧化物、铜盐、汞盐等能与 SCN^- 作用，干扰测定，需预先除去。

③ 吸附指示剂法——法扬司法：吸附指示剂是一类有机染料，它的阴离子在溶液中易被带正电荷的胶状沉淀所吸附，使分子结构发生变化而引起颜色的变化，以指示滴定终点。

习题解答

1. 写出下列各酸碱水溶液的质子条件式：

（1）NH_4Cl　（2）NH_4Ac　（3）$HAc+H_3BO_3$

（4）$H_2SO_4+HCOOH$　（5）$NaH_2PO_4+Na_2HPO_4$　（6）$NaNH_4HPO_4$

解：（1）NH_4Cl　$c(H^+) = c(NH_3) + c(OH^-)$

（2）NH_4Ac　$c(H^+) + c(HAc) = c(NH_3) + c(OH^-)$

（3）$HAc + H_3BO_3$　$c(H^+) = c(OH^-) + c(Ac^-) + c(H_4BO_4^-)$

（4）$H_2SO_4 + HCOOH$　$c(H^+) = c(OH^-) + c(HCOO^-) + c(HSO_4^-) + 2c(SO_4^{2-})$

（5）$\underset{c_1}{NaH_2PO_4} + \underset{c_2}{Na_2HPO_4}$

以 NaH_2PO_4 和 H_2O 为参考水准：

$$c(H^+) + c(H_3PO_4) = c(OH^-) + c(HPO_4^{2-}) + 2c(PO_4^{3-}) - c_2$$

以 Na_2HPO_4 和 H_2O 为参考水准：

$$c(H^+) + c(H_2PO_4^-) + 2c(H_3PO_4) - c_1 = c(OH^-) + c(PO_4^{3-})$$

（6）$NaNH_4HPO_4$

$$c(H^+) + c(H_2PO_4^-) + 2c(H_3PO_4) = c(OH^-) + c(PO_4^{3-}) + c(NH_3)$$

2. 计算下列溶液的 pH：

（1）50 mL 0.10 $mol \cdot L^{-1}$ H_3PO_4 溶液

（2）50 mL 0.10 $mol \cdot L^{-1}$ H_3PO_4 溶液+25 mL 0.10 $mol \cdot L^{-1}$ NaOH 溶液

（3）50 mL 0.10 $mol \cdot L^{-1}$ H_3PO_4 溶液+50 mL 0.10 $mol \cdot L^{-1}$ NaOH 溶液

（4）50 mL 0.10 $mol \cdot L^{-1}$ H_3PO_4 溶液+75 mL 0.10 $mol \cdot L^{-1}$ NaOH 溶液

解:(1) 已知 H_3PO_4的 $K_{a_1}=7.11\times10^{-3}$,$K_{a_2}=6.34\times10^{-8}$,$K_{a_3}=4.79\times10^{-13}$。

因为

$$K_{a_1} \gg K_{a_2} \gg K_{a_3}, \qquad \frac{c}{K_{a_1}} = \frac{0.1}{7.11\times10^{-3}} < 500$$

故应用一元弱酸的近似公式:

$$c(H^+) = \frac{-K_{a_1}+\sqrt{K_{a_1}^2+4cK_{a_1}}}{2}$$

$$= \frac{-7.11\times10^{-3}+\sqrt{(7.11\times10^{-3})^2+4\times0.10\times7.11\times10^{-3}}}{2}\ \text{mol}\cdot\text{L}^{-1}$$

$$= 0.023\ \text{mol}\cdot\text{L}^{1}$$

$$pH = 1.64$$

(2) 50 mL 0.10 mol · L^{-1} H_3PO_4溶液 + 25 mL 0.10 mol · L^{-1} NaOH 溶液。

H_3PO_4与 NaOH 反应后溶液组成为 H_3PO_4 + NaH_2PO_4, 两者的浓度比为 1∶1,此时溶液为缓冲溶液,因此:

$$pH = pK_{a_1} = 2.15$$

(3) 50 mL 0.10 mol · L^{-1} H_3PO_4溶液 + 50 mL 0.10 mol · L^{-1} NaOH 溶液。

H_3PO_4与 NaOH 等摩尔反应生成浓度为 0.050 mol · L^{-1}的 NaH_2PO_4溶液,由于

$$\frac{c}{K_{a_1}} = \frac{0.05}{7.11\times10^{-3}} = 7.0 < 20$$

故应用近似式计算:

$$c(H^+) = \sqrt{\frac{K_{a_2}c}{1+\frac{c}{K_{a_1}}}} = \sqrt{\frac{6.34\times10^{-8}\times0.050}{1+7}}\ \text{mol}\cdot\text{L}^{-1} = 1.99\times10^{-5}\ \text{mol}\cdot\text{L}^{-1}$$

$$pH = 4.70$$

(4) 50 mL 0.10 mol · L^{-1} H_3PO_4溶液 + 75 mL 0.10 mol · L^{-1} NaOH 溶液。

H_3PO_4与 NaOH 反应后溶液组成为 NaH_2PO_4 + Na_2HPO_4, 两者的浓度比为 1∶1,此时溶液为缓冲溶液,因此:

$$pH = pK_{a_2} = 7.20$$

3. 讨论下列物质能否用酸碱滴定法直接滴定?使用什么标准溶液和指示剂?

(1) NH_4Cl　　(2) NaF　　(3) 乙胺

(4) H_3BO_3　　(5) 硼砂　　(6) 柠檬酸

解:(1) NH_4^+是弱酸。

$$K_a = \frac{K_w}{K_b} = 10^{-9.25}$$

因为 $c \cdot K_a < 10^{-8}$，所以 NH_4Cl 不能用酸碱滴定法直接滴定。

（2）F^- 是弱碱。

$$K_b = \frac{K_w}{K_a} = 10^{-10.8}$$

因为

$$c \cdot K_b < 10^{-8}$$

所以 NaF 不能用酸碱滴定法直接滴定。

（3）乙胺是弱碱。

$$K_b = 4.27 \times 10^{-4}$$

可以用 0.1000 $mol \cdot L^{-1}$ HCl 标准溶液直接滴定，计量点产物为 $CH_3CH_2NH_3^+$。

$$c(H^+) = \sqrt{cK_a} = 1.1 \times 10^{-6}\ mol \cdot L^{-1}$$

pH = 5.96，可选用甲基红作指示剂，其 $pK_{HIn} = 5.0$，变色范围为 4.4（红）~ 6.2（黄）。

（4）H_3BO_3 是弱酸。

$$K_a = 6 \times 10^{-10}$$

因为

$$c \cdot K_a < 10^{-8}$$

所以不能用酸碱滴定法直接滴定。但可用甘露醇强化，使其生成配合酸，再用 NaOH 标准溶液滴定，化学计量点的 pH = 9.0，可选用酚酞作指示剂。

（5）硼砂 $Na_2B_4O_7 \cdot 10H_2O$：

$$B_4O_7^{2-} + 5H_2O \xlongequal{\quad} 2H_3BO_3 + 2H_2BO_3^-$$

$H_2BO_3^-$ 具有较强的碱性，$K_b = 1.7 \times 10^{-5}$，可以用 HCl 标准溶液直接滴定。化学计量点时 pH = 5.1，可以选用甲基红作指示剂。

（6）柠檬酸的 $K_{a_1} = 10^{-3.03}$，$K_{a_2} = 10^{-4.76}$，$K_{a_3} = 10^{-6.4}$。

因为

$$\frac{K_{a_1}}{K_{a_2}} < 10^4, \qquad \frac{K_{a_2}}{K_{a_3}} < 10^4$$

$$c \cdot K_{a_3} = 10^{-8}$$

不能分步滴定，只能滴定总量。以酚酞作指示剂，用 0.1000 $mol \cdot L^{-1}$ NaOH 标准溶液直接滴定。

4. 某一含有 Na_2CO_3，$NaHCO_3$及杂质的试样 0.6020 g，加水溶解，用 0.2120 $mol \cdot L^{-1}$ HCl 溶液滴定至酚酞终点，用去 20.50 mL；继续滴定至甲基橙终点，又用去 24.08 mL。求 Na_2CO_3和 $NaHCO_3$的质量分数。

解：

		Na_2CO_3	$NaHCO_3$
		↓	↓
酚酞	V_1	$NaHCO_3$	↓
		↓	↓
甲基橙	V_2	H_2CO_3	H_2CO_3

滴定 Na_2CO_3至 $NaHCO_3$消耗 HCl 溶液的体积为 V_1，溶液中原有的 $NaHCO_3$滴定至 H_2CO_3消耗 HCl 溶液的体积为 $V_2 - V_1$，因此：

$$w(Na_2CO_3) = \frac{c(HCl) \cdot V_1 \cdot M(Na_2CO_3)}{m(s)}$$

$$= \frac{0.2120\ mol \cdot L^{-1} \times 20.50 \times 10^{-3}\ L \times 106.0\ g \cdot mol^{-1}}{0.6020\ g} \times 100\% = 76.52\%$$

$$w(NaHCO_3) = \frac{c(HCl) \cdot (V_2 - V_1) \cdot M(NaHCO_3)}{m(s)}$$

$$= \frac{0.2120\ mol \cdot L^{-1} \times (24.08 - 20.50) \times 10^{-3}\ L \times 84.01\ g \cdot mol^{-1}}{0.6020\ g} \times 100\%$$

$$= 10.59\%$$

5. 已知某试样可能含有 Na_3PO_4，Na_2HPO_4，NaH_2PO_4和惰性物质。称取该试样 1.0000 g，用水溶解。试样溶液以甲基橙作指示剂，用 0.2500 $mol \cdot L^{-1}$ HCl 溶液滴定，用去 32.00 mL。含同样质量的试样溶液以百里酚酞作指示剂，需上述 HCl 溶液 12.00 mL。求试样组成和含量。

解：

		Na_3PO_4	NaH_2PO_4	Na_2HPO_4
		↓		↓
百里酚酞	V_1	Na_2HPO_4		↓
		↓		↓
甲基橙	V_2	NaH_2PO_4		NaH_2PO_4

因为 $V_2 > 2V_1$，所以溶液中含有 Na_3PO_4和 Na_2HPO_4。

$$w(Na_3PO_4) = \frac{0.2500\ mol \cdot L^{-1} \times 12.00 \times 10^{-3}\ L \times 163.94\ g \cdot mol^{-1}}{1.0000\ g} = 49.18\%$$

$$w(Na_2HPO_4) = \frac{0.2500\ mol \cdot L^{-1} \times (32.00 - 12.00 \times 2) \times 10^{-3}\ L \times 141.96\ g \cdot mol^{-1}}{1.0000\ g}$$

$$= 28.39\%$$

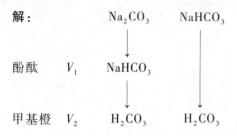

6. 用凯氏定氮法处理 0.300 g 某食物试样，生成的 NH_3 收集在硼酸溶液中，滴定消耗 0.100 $mol \cdot L^{-1}$ HCl 溶液 25.0 mL。计算试样中蛋白质的质量分数（将氮的质量分数乘以 6.25 即得蛋白质分数）。

解：
$$w = \frac{0.100\ mol \cdot L^{-1} \times 25.0 \times 10^{-3}\ L \times 14.01\ g \cdot mol^{-1}}{0.300\ g} \times 6.25 = 0.730$$

7. 试设计下列混合液的分析方法：

（1）HCl 和 NH_4Cl　　（2）硼酸和硼砂

（3）$NaHCO_3$ 和 Na_2CO_3　　（4）NaOH 和 Na_3PO_4

解：（1）准确取一份试液，以甲基红作指示剂，用 NaOH 标准溶液直接滴定至橙色，计算 HCl 溶液的浓度。在上述溶液中加入甲醛，充分反应后以酚酞作指示剂，用 NaOH 标准溶液滴定至橙色，计算氯化铵的含量。

（2）准确取一份试液，以甲基红作指示剂，用 HCl 标准溶液滴定硼砂。另取一份试液，加入过量的甘露醇，以酚酞作指示剂，用 NaOH 标准溶液滴定硼酸的总量。扣除硼砂所产生的硼酸的量，即得混合液中硼酸的量。

（3）准确取一份试液，先以酚酞作指示剂，用 HCl 标准溶液滴定碳酸根至碳酸氢根；然后向溶液中加入甲基橙指示剂，继续用 HCl 标准溶液滴定碳酸氢根的总量。

（4）准确取一份试液，先以酚酞作指示剂，用 HCl 标准溶液滴定氢氧化钠和磷酸根的含量；然后向溶液中加入甲基橙指示剂，继续用 HCl 标准溶液滴定所生成的磷酸氢根的量。

8. 在铜氨配合物的水溶液中，若 $[Cu(NH_3)_4]^{2+}$ 的浓度是 $[Cu(NH_3)_3]^{2+}$ 浓度的 100 倍，问水溶液中氨的平衡浓度。

解：查表知铜氨配合物的 $\lg\beta_3 = 11.02$，$\lg\beta_4 = 13.32$。

$$[Cu(NH_3)_3]^{2+} + NH_3 \rightleftharpoons [Cu(NH_3)_4]^{2+}$$

$$\frac{\beta_4}{\beta_3} = \frac{c[Cu(NH_3)_4^{2+}]}{c[Cu(NH_3)_3^{2+}] \cdot c(NH_3)} = \frac{100}{c(NH_3)} = 10^{2.30}$$

$$c(NH_3) = 100 \times 10^{-2.30} = 10^{-0.30} = 0.50\ mol \cdot L^{-1}$$

9. 将 20.00 mL 0.100 $mol \cdot L^{-1}$ $AgNO_3$ 溶液加到 20.0 mL 0.250 $mol \cdot L^{-1}$ NaCN 溶液中，所得混合液 pH 为 11.0。计算溶液中 Ag^+，CN^- 和 $[Ag(CN)_2]^-$ 平衡浓度。

解：查表知 $[Ag(CN)_2]^-$ 的 $\beta_2 = 1.26 \times 10^{21}$，因为稳定常数极大，所以当反应 $Ag^+ + 2CN^- \rightleftharpoons [Ag(CN)_2]^-$ 达到平衡时，可看作 Ag^+ 与 CN^- 完全反应，生成 $[Ag(CN)_2]^-$，其浓度为

$$c[Ag(CN)_2^-] = \frac{20.00\ mL \times 0.100\ mol \cdot L^{-1}}{20.00\ mL \times 2} = 0.0500\ mol \cdot L^{-1}$$

溶液中剩余的 CN^- 的分析浓度为 0.0250 $mol \cdot L^{-1}$。HCN 为弱酸，查表知其 $K_a = 6.17 \times 10^{-10}$，依据平衡，得

$$c(H^+) = K_a \frac{c(HCN)}{c(CN^-)}$$

$$10^{-11.0}=6.17\times10^{-10}\times\frac{0.0250\ \text{mol}\cdot\text{L}^{-1}-c(\text{CN}^-)}{c(\text{CN}^-)}$$

$$c(\text{CN}^-)=0.0246\ \text{mol}\cdot\text{L}^{-1}$$

$$c(\text{Ag}^+)=\frac{c[\text{Ag(CN)}_2^-]}{c^2(\text{CN}^-)\cdot\beta_2}=\frac{0.0500\ \text{mol}\cdot\text{L}^{-1}}{0.0246^2\times1.26\times10^{21}}=6.56\times10^{-20}\ \text{mol}\cdot\text{L}^{-1}$$

因此,溶液中 Ag^+,CN^-,$[Ag(CN)_2]^-$ 的平衡浓度分别为 $6.56\times10^{-20}\ mol\cdot L^{-1}$, $0.0246\ mol\cdot L^{-1}$ 和 $0.0500\ mol\cdot L^{-1}$。

10. 计算 $\lg K'_{MY}$:

(1) pH = 5.0 $\lg K'_{ZnY}$

(2) pH = 10.0 $\lg K'_{AlY}$

(3) pH = 9.0 $[NH_3]+[NH_4^+]=0.20\ mol\cdot L^{-1}$ $[CN^-]=10^{-5}\ mol\cdot L^{-1}$ $\lg K'_{NiY}$

解:(1) $\lg K'_{ZnY}=\lg K_{ZnY}-\lg\alpha_{Zn(OH)}-\lg\alpha_{Y(H)}$

$=16.5-0-6.6=9.9$

(2) $\lg K'_{AlY}=\lg K_{AlY}-\lg\alpha_{Al(OH)}-\lg\alpha_{Y(H)}+\lg\alpha_{AlY(OH)}$

$$\alpha_{AlY(OH)}=1+c(OH^-)K^{OH}_{Al(OH)Y}=1+10^{-4}\times10^{8.1}$$

$$\lg\alpha_{AlY(OH)}=4.1\quad（数字较大,应考虑）$$

$$\lg K'_{AlY}=16.1-17.3-0.5+4.1=2.4$$

(3) $K_b(NH_3)=1.76\times10^{-5}$, $K_a(NH_3)=5.68\times10^{-10}$, $K_a(HCN)=6.17\times10^{-10}$

$$[NH_3]=\frac{cK_a}{[H^+]+K_a}=0.072\ mol\cdot L^{-1}=10^{-1.14}\ mol\cdot L^{-1}$$

$$[CN^-]=\frac{cK_a}{[H^+]+K_a}=3.8\times10^{-6}\ mol\cdot L^{-1}=10^{-5.42}\ mol\cdot L^{-1}$$

$$\begin{aligned}\alpha_{Ni(NH_3)}&=1+\beta_1[NH_3]+\beta_2[NH_3]^2+\beta_3[NH_3]^3+\beta_4[NH_3]^4+\beta_5[NH_3]^5+\beta_6[NH_3]^6\\&=1+10^{-1.14}\times10^{2.80}+10^{-2.28}\times10^{5.04}+10^{-3.42}\times10^{6.77}+10^{-4.56}\times10^{7.96}+\\&\quad10^{-5.70}\times10^{8.71}+10^{-6.84}\times10^{8.74}\\&=10^{3.81}\end{aligned}$$

$$\alpha_{Ni(CN)}\approx1+\beta_4[CN^-]^4=1+10^{31.3}\times10^{-21.68}=10^{9.6}$$

$$\alpha_{Ni(OH)}=10^{0.1}$$

$$\alpha_{Ni}=\alpha_{Ni(NH_3)}+\alpha_{Ni(CN)}+\alpha_{Ni(OH)}=10^{3.81}+10^{9.6}+10^{0.1}\approx10^{9.6}$$

$$\lg\alpha_{Y(H)}=1.4$$

$$\lg K'_{NiY}=\lg K_{NiY}-\lg\alpha_{Ni}-\lg\alpha_{Y(H)}=18.6-9.6-1.4=7.6$$

11. 以 0.02 mol·L^{-1} EDTA 溶液滴定同浓度的含 Pb^{2+} 试剂，且含酒石酸分析浓度为 0.2 mol·L^{-1}，溶液 pH 为 10.0。问于化学计量点时的 $\lg K'_{PbY}$，$c(Pb^{2+})$ 和酒石酸铅配合物的浓度（酒石酸铅配合物的 $\lg K=3.8$）。

解：$\alpha_{Pb}=\alpha_{Pb(OH)}+\alpha_{PbL}-1$

$$=10^{2.7}+(1+0.1\times10^{3.8})-1=10^{3.1}$$

$$\lg K'_{PbY}=\lg K_{PbY}-\lg\alpha_{Pb}-\lg\alpha_{Y(H)}$$

$$=18.0-3.1-0.5=14.4$$

在化学计量点时，$[Pb']=[Y']$，则

$$[Pb']=\sqrt{\frac{[PbY]}{K'_{PbY}}}=\sqrt{\frac{0.01}{10^{14.4}}}=10^{-8.2}\ \mathrm{mol\cdot L^{-1}}=6.3\times10^{-9}\ \mathrm{mol\cdot L^{-1}}$$

$$[Pb]=\frac{[Pb']}{\alpha_{Pb}}=\frac{10^{-8.2}}{10^{3.1}}\ \mathrm{mol\cdot L^{-1}}=10^{-11.3}\ \mathrm{mol\cdot L^{-1}}$$

设酒石酸铅的浓度为 $[PbL]$，则

$$K_{PbL}=\frac{[PbL]}{[Pb][L]}$$

$$[PbL]=K_{PbL}\cdot[Pb][L]$$

$$=10^{3.8}\times10^{-11.3}\times0.1\ \mathrm{mol\cdot L^{-1}}$$

$$=3.2\times10^{-9}\ \mathrm{mol\cdot L^{-1}}$$

因此，化学计量点时 $\lg K'_{PbY}$ 为 14.4，铅和酒石酸铅配合物的浓度分别为 6.3×10^{-9} mol·L^{-1} 和 3.2×10^{-9} mol·L^{-1}。

12. 吸取含 Bi^{3+}，Pb^{2+}，Cd^{2+} 的试液 25.00 mL，以二甲酚橙作指示剂，在 pH = 1.0 时用 0.02015 mol·L^{-1} EDTA 溶液滴定，用去 20.28 mL。然后调 pH 至 5.5，继续用 EDTA 溶液滴定，又用去 30.16 mL。再加入邻二氮菲，用 0.02002 mol·L^{-1} Pb^{2+} 标准溶液滴定，用去 10.15 mL。计算溶液中 Bi^{3+}，Pb^{2+}，Cd^{2+} 的浓度。

解：pH = 1.0 时，只有 Bi^{3+} 可与 EDTA 络合，故

$$c(Bi^{3+})=\frac{0.02015\ \mathrm{mol\cdot L^{-1}}\times20.28\ \mathrm{mL}}{25.00\ \mathrm{mL}}=0.01635\ \mathrm{mol\cdot L^{-1}}$$

pH = 5.5 时，用 EDTA 溶液滴定，测定的是 Pb^{2+} 和 Cd^{2+} 的总量：

$$c(Pb^{2+},Cd^{2+})=\frac{0.02015\ \mathrm{mol\cdot L^{-1}}\times30.16\ \mathrm{mL}}{25.00\ \mathrm{mL}}=0.02431\ \mathrm{mol\cdot L^{-1}}$$

滴定 Pb^{2+} 和 Cd^{2+} 的总量之后，再加入邻二氮菲，可释放出与 Cd^{2+} 结合的 EDTA，再用 Pb^{2+} 标准溶液滴定，故 Cd^{2+} 的浓度为

$$c(Cd^{2+})=\frac{0.02002\ mol\cdot L^{-1}\times 10.15\ mL}{25.00\ mL}=0.008128\ mol\cdot L^{-1}$$

Pb^{2+}的浓度为

$$c(Pb^{2+})=0.02431mol\cdot L^{-1}-0.008128\ mol\cdot L^{-1}=0.01618\ mol\cdot L^{-1}$$

因此,溶液中Bi^{3+},Pb^{2+},Cd^{2+}的浓度分别为0.01635 $mol\cdot L^{-1}$,0.01618 $mol\cdot L^{-1}$和0.008128 $mol\cdot L^{-1}$。

13. 请问下列测定拟定分析方案:

(1) Ca^{2+}与 EDTA 混合液中两者的测定;

(2) Mg^{2+},Zn^{2+}混合液中两者的测定;

(3) Fe^{3+},Al^{3+},Ca^{2+},Mg^{2+}混合液中各组分的测定。

答:(1) Ca^{2+}与 EDTA 混合液中两者的测定。

首先判断哪种过量:在 pH = 10 左右的溶液中,加入钙指示剂,若溶液呈红色则表示 Ca^{2+}过量,呈蓝色则表示 EDTA 过量。再根据情况进行分析。

Ca^{2+}过量:取一份试液,加入缓冲溶液调节 pH 至 10 左右,并以钙指示剂作指示剂,用 EDTA 标准溶液滴定过量的钙离子。另取一份试液,调节 pH 至 10 左右,加入氟化铵,使钙离子形成沉淀后,用锌标准溶液滴定 EDTA 的总量。两者相加即可得到钙离子的量。

EDTA 过量:取一份试液,加入缓冲溶液调节 pH 至 10 左右,并以铬黑 T 作指示剂,用锌标准溶液滴定过量 EDTA 的量。另取一份试液,调节 pH 至 10 左右,加入氟化铵,使钙离子形成沉淀后,用锌标准溶液滴定 EDTA 的总量。两者相减即可得到钙离子的量。

(2) Mg^{2+},Zn^{2+}混合液中两者的测定。

取一份试液,加氨-氯化铵缓冲溶液,调节 pH = 10,以铬黑 T 作指示剂,用 EDTA 标准溶液滴定镁、锌离子的总量;另取一份试液,加六次甲基四胺-盐酸缓冲液,调节 pH = 5 ~ 6,以二甲酚橙作指示剂,以 EDTA 标准溶液滴定锌离子的含量,用差减法得镁离子的含量。

(3) Fe^{3+},Al^{3+},Ca^{2+},Mg^{2+}混合液中各组分的测定。

Fe^{3+}的测定:取一份试液,调节溶液的 pH = 2,加热至 60℃,以磺基水杨酸作指示剂,以 EDTA 标准溶液滴定溶液中 Fe^{3+}的含量。

Al^{3+}的测定:在上述滴定铁后的溶液中,准确加入过量的 EDTA 标准溶液,加入六次甲基四胺缓冲溶液,调节 pH = 5,煮沸 1~2 min,取下稍冷,以二甲酚橙作指示剂,用锌标准溶液返滴定过量的 EDTA,测得溶液中 Al^{3+}的含量。

Ca^{2+}的测定:另取一份试液,酸性条件下,以三乙醇胺掩蔽 Fe^{3+}和 Al^{3+},用 NaOH 调溶液 pH 约为 13,Mg^{2+}生成沉淀,用钙指示剂作指示剂,用 EDTA 标准溶液滴定溶液中 Ca^{2+}含量。

Mg^{2+}的测定:另取一份试液,酸性条件下,以三乙醇胺掩蔽 Fe^{3+}和 Al^{3+},加氨-氯化铵缓冲溶液,调节 pH = 10,以铬黑 T 作指示剂,用 EDTA 标准溶液滴定溶液中 Ca^{2+}和 Mg^{2+}的含量,减去 Ca^{2+}的量得到 Mg^{2+}的含量。

14. 用一定体积(mL)的 $KMnO_4$溶液恰能氧化一定质量的 $KHC_2O_4\cdot H_2C_2O_4\cdot 2H_2O$,同样质量的 $KHC_2O_4\cdot H_2C_2O_4\cdot 2H_2O$ 恰能被所需 $KMnO_4$溶液体积(mL)一半的 0.2000 $mol\cdot L^{-1}$ NaOH 溶液所中和。计算 $KMnO_4$溶液的浓度。

解:设 $KHC_2O_4\cdot H_2C_2O_4\cdot 2H_2O$ 的物质的量为 n,$KMnO_4$的浓度为 c,体积为 V。

有关反应方程式为

$$2MnO_4^- + 5C_2O_4^{2-} + 16H^+ \xlongequal{} 2Mn^{2+} + 10CO_2\uparrow + 8H_2O$$

$$H_2C_2O_4 + 2OH^- \xlongequal{} C_2O_4^{2-} + 2H_2O$$

$$HC_2O_4^- + OH^- \xlongequal{} C_2O_4^{2-} + H_2O$$

得 $$MnO_4^- \sim 2.5C_2O_4^{2-} \qquad 3OH^- \sim KHC_2O_4\cdot H_2C_2O_4\cdot 2H_2O$$

故 $$2.5cV = 2n \qquad 0.2000\times 0.5V = 3n$$

$$2.5cV = \frac{2}{3}\times(0.2000\times 0.5V)$$

$$c = \frac{2\times 0.2000\ \mathrm{mol\cdot L^{-1}}\times 0.5}{3\times 2.5} = 0.02667\ \mathrm{mol\cdot L^{-1}}$$

15. 称取含 Pb_2O_3 试样 1.2340 g,用 20.00 mL 0.2500 mol · L^{-1} $H_2C_2O_4$ 溶液处理,Pb(Ⅳ)还原至 Pb(Ⅱ)。调节溶液 pH,使 Pb(Ⅱ)定量沉淀为 PbC_2O_4。过滤,滤液酸化后,用 0.04000 mol · L^{-1} $KMnO_4$ 溶液滴定,用去 10.00 mL;沉淀用酸溶解后,用同浓度的 $KMnO_4$ 溶液滴定,用去 30.00 mL。计算试样中 PbO 和 PbO_2 的含量。

解:有关反应方程式为

$$PbO_2 + H_2C_2O_4 + 2H^+ \xlongequal{} Pb^{2+} + 2CO_2\uparrow + 2H_2O$$

$$Pb^{2+} + C_2O_4^{2-} \xlongequal{} PbC_2O_4$$

$$2MnO_4^- + 5C_2O_4^{2-} + 16H^+ \xlongequal{} 2Mn^{2+} + 10CO_2\uparrow + 8H_2O$$

根据题意计算得

$$n(H_2C_2O_4)_{总} = 0.2500\ \mathrm{mol\cdot L^{-1}}\times 20.00\ \mathrm{mL} = 5.000\ \mathrm{mmol}$$

$$n(Pb)_{总} = 0.04000\ \mathrm{mol\cdot L^{-1}}\times 30.00\ \mathrm{mL}\times 2.5 = 3.000\ \mathrm{mmol}$$

$$n(H_2C_2O_4)_{余} = 0.04000\ \mathrm{mol\cdot L^{-1}}\times 10.00\ \mathrm{mL}\times 2.5 = 1.000\ \mathrm{mmol}$$

用于还原的 $H_2C_2O_4$的物质的量即为 PbO_2的物质的量。故

$$n(PbO_2) = 5.000\ \mathrm{mmol} - 1.000\ \mathrm{mmol} - 3.000\ \mathrm{mmol} = 1.000\ \mathrm{mmol}$$

$$n(PbO) = 3.000\ \mathrm{mmol} - 1.000\ \mathrm{mmol} = 2.000\ \mathrm{mmol}$$

$$w(PbO_2) = \frac{1.000\times 10^{-3}\ \mathrm{mol}\times 239.2\ \mathrm{g\cdot mol^{-1}}}{1.2340\ \mathrm{g}}\times 100\% = 19.38\%$$

$$w(PbO) = \frac{2.000\times 10^{-3}\ \mathrm{mol}\times 223.2\ \mathrm{g\cdot mol^{-1}}}{1.2340\ \mathrm{g}}\times 100\% = 36.18\%$$

16. 称取含有苯酚的试样 0.5000 g,溶解后加入 0.1000 $mol \cdot L^{-1}$ $KBrO_3$ 溶液(其中含有过量 KBr)25.00 mL,加酸酸化,放置待反应完全,加入过量 KI。用 0.1003 $mol \cdot L^{-1}$ $Na_2S_2O_3$ 溶液滴定析出的 I_2,用去 29.91 mL。求苯酚含量。

解:有关反应方程式为

$$BrO_3^- + 5Br^- + 6H^+ \xlongequal{} 3Br_2 + 3H_2O$$

$$C_6H_5OH + 3Br_2 \xlongequal{} C_6H_2Br_3OH + 3HBr$$

$$Br_2 + 2I^- \xlongequal{} 2Br^- + I_2$$

$$I_2 + 2S_2O_3^{2-} \xlongequal{} S_4O_6^{2-} + 2I^-$$

$$C_6H_5OH \sim 3Br_2 \sim BrO_3^- \sim 3I_2 \sim 6S_2O_3^{2-}$$

根据题意计算得

$$n(BrO_3^-) = 0.1000\ mol \cdot L^{-1} \times 25.00\ mL = 2.500\ mmol$$

$$n(Br_2)_{总} = 2.500\ mmol \times 3 = 7.500\ mmol$$

$$n(S_2O_3^{2-}) = 0.1003\ mol \cdot L^{-1} \times 29.91\ mL = 3.000\ mmol$$

与 I^- 反应的 $$n(Br_2) = 3.000\ mmol \times \frac{1}{2} = 1.500\ mmol$$

与苯酚反应的 $$n(Br_2) = 7.500\ mmol - 1.500\ mmol = 6.000\ mmol$$

$$n(苯酚) = 6.000\ mmol \times \frac{1}{3} = 2.000\ mmol$$

因此,试样中苯酚的含量为

$$w = \frac{94.11\ g \cdot mol^{-1} \times 2.000 \times 10^{-3}\ mol}{0.5000\ g} \times 100\% = 37.64\%$$

17. 称取 1.0000 g 卤化物的混合物,溶解后配制在 500 mL 容量瓶中。吸取 50.00 mL,加入过量溴水将 I^- 氧化至 IO_3^-,煮沸除去过量溴。冷却后加入过量 KI,然后用了 19.26 mL 0.05000 $mol \cdot L^{-1}$ $Na_2S_2O_3$ 溶液滴定。计算 KI 的含量。

解:有关反应方程式为

$$3Br_2 + I^- + 3H_2O \xlongequal{} IO_3^- + 6Br^- + 6H^+$$

$$IO_3^- + 5I^- + 6H^+ \xlongequal{} 3I_2 + 3H_2O$$

$$I_2 + 2S_2O_3^{2-} \xlongequal{} S_4O_6^{2-} + 2I^-$$

$$KI \sim IO_3^- \sim 3I_2 \sim 6S_2O_3^{2-}$$

KI 的含量为

$$w = \frac{0.0500\ mol \cdot L^{-1} \times 19.26 \times 10^{-3}\ L \times \frac{1}{6} \times 166.0\ g \cdot mol^{-1}}{1.0000\ g \times 0.1} \times 100\% = 26.64\%$$

18. 药典规定测定 $CuSO_4 \cdot 5H_2O$ 含量的方法是：取本品 0.5 g，精确称量，置于碘瓶中加蒸馏水 50 mL。溶解后加 HAc 4 mL，KI 2 g。用约 $0.1\ mol \cdot L^{-1}\ Na_2S_2O_3$ 标准溶液滴定，近终点时加淀粉指示剂 2 mL，继续滴定至蓝色消失。

（1）写出上述测定反应的主要方程式。

（2）为什么取样是 0.5 g 左右？

（3）为什么在近终点时才加入淀粉指示剂？

（4）写出 $CuSO_4 \cdot 5H_2O$ 含量的计算公式。

解：（1）测定反应的主要方程式为

$$2CuSO_4 + 4KI = I_2 + 2CuI\downarrow + 2K_2SO_4$$

$$I_2 + 2Na_2S_2O_3 = 2NaI + Na_2S_4O_6$$

（2）主要考虑误差。用约 $0.1\ mol \cdot L^{-1}\ Na_2S_2O_3$ 标准溶液滴定时，要使体积的相对误差小于 0.1%，至少需要消耗 20 mL 标准溶液，此时称取样品约 0.5 g 左右。

（3）淀粉对碘有吸附作用，在滴定开始阶段，待测液中碘很多，都吸附在淀粉上，不易与 $Na_2S_2O_3$ 反应，给滴定带来误差，所以要在近终点时才可以加入指示剂。

（4）$CuSO_4 \cdot 5H_2O$ 含量的计算公式为

$$w = \frac{c(Na_2S_2O_3)V(Na_2S_2O_3) \times 10^{-3} \times 249.7}{m} \times 100\%$$

19. 含 KI 的试液 25.00 mL，用 10.00 mL $0.05\ mol \cdot L^{-1}\ KIO_3$ 溶液处理后，煮沸溶液除去 I_2，冷却后加入过量 KI 使其与剩余的 KIO_3 反应，然后将溶液调至中性。最后以 $0.1008\ mol \cdot L^{-1}\ Na_2S_2O_3$ 溶液滴定，用去 21.14 mL。求 KI 试液的浓度。

解：有关反应方程式为

$$IO_3^- + 5I^- + 6H^+ = 3I_2 + 3H_2O$$

$$I_2 + 2S_2O_3^{2-} = S_4O_6^{2-} + 2I^-$$

由反应可知 $IO_3^- \sim 5KI$，$IO_3^- \sim 3I_2 \sim 6S_2O_3^{2-}$

因此

$$c_{KI} = \frac{5 \times \left[c(KIO_3)V(KIO_3) - \frac{1}{6}c(Na_2S_2O_3)V(Na_2S_2O_3)\right]}{V_{KI}}$$

$$= \frac{5 \times \left(0.0500\ mol \cdot L^{-1} \times 10.00\ mL - \frac{1}{6} \times 0.1008\ mol \cdot L^{-1} \times 21.14\ mL\right)}{25.00\ mL}$$

$$= 0.02897\ mol \cdot L^{-1}$$

20. 称取一定量的乙二醇试液，用 50.00 mL KIO_4 溶液处理，待反应完全后，将溶液调至 pH = 8.0，加入过量 KI，滴定释放出的 I_2 用去 14.00 mL $0.05000\ mol \cdot L^{-1}\ Na_3AsO_3$ 溶液。另取

上述 KIO_4 溶液 50.00 mL，调节 pH = 8.0，加过量 KI，用去 40.00 mL 同浓度 Na_3AsO_3 溶液滴定。求试液中乙二醇的含量(mg)。

解：酸性溶液中 KIO_4 氧化乙二醇：

$$CH_2OHCH_2OH + IO_4^- = 2HCHO + IO_3^- + H_2O$$

在弱碱性溶液中用过量 KI 还原剩余的 IO_4^-（弱碱性溶液中 IO_3^- 不与 I^- 作用）：

$$IO_4^- + 2I^- + H_2O = IO_3^- + I_2 + 2OH^-$$

用亚砷酸盐标准溶液滴定生成的 I_2：

$$I_2 + AsO_3^{3-} + H_2O = 2I^- + AsO_4^{3-} + 2H^+$$

因此 $$CH_2OHCH_2OH \sim IO_4^- \sim I_2 \sim AsO_3^{3-}$$

$$\begin{aligned} m(\text{乙二醇}) &= c(AsO_3^{3-})[V(AsO_3^{3-},2) - V(AsO_3^{3-},1)] \times M(CH_2OHCH_2OH) \\ &= 0.05000\ mol \cdot L^{-1} \times (40.00 - 14.00)\ mL \times 62.07\ g \cdot mol^{-1} \\ &= 80.69\ mg \end{aligned}$$

21. 吸取 50.00 mL 含有 IO_3^- 和 IO_4^- 的试液，用硼砂调溶液 pH，并用过量 KI 处理，使 IO_4^- 转变为 IO_3^-。同时，滴定形成的 I_2 用去 18.40 mL 0.1000 $mol \cdot L^{-1}$ $Na_2S_2O_3$ 溶液。另取 10.00 mL 试液，用强酸酸化后，加入过量 KI，需同浓度的 $Na_2S_2O_3$ 溶液完成滴定，用去 48.70 mL。计算试液中 IO_3^- 和 IO_4^- 的浓度。

解：在弱碱性溶液中： $IO_4^- + 2I^- + H_2O = IO_3^- + I_2 + 2OH^-$

在酸性溶液中： $$IO_4^- + 7I^- + 8H^+ = 4I_2 + 4H_2O$$

$$IO_3^- + 5I^- + 6H^+ = 3I_2 + 3H_2O$$

$Na_2S_2O_3$ 与 I_2 的反应： $$I_2 + 2S_2O_3^{2-} = S_4O_6^{2-} + 2I^-$$

第一次滴定： $$IO_4^- \sim I_2 \sim 2S_2O_3^{2-}$$

第二次滴定： $$IO_4^- \sim 4I_2 \sim 8S_2O_3^{2-}, \quad IO_3^- \sim 3I_2 \sim 6S_2O_3^{2-}$$

根据第一次滴定数据可计算 IO_4^- 的浓度：

$$c(IO_4^-) = \frac{0.1000\ mol \cdot L^{-1} \times 18.40\ mL}{2 \times 50.00\ mL} = 0.01840\ mol \cdot L^{-1}$$

在 IO_4^- 的浓度已知的情况下，根据第二次滴定数据计算 IO_3^- 的浓度：

$$c(IO_3^-) = \frac{\frac{1}{6} \times (0.1000\ mol \cdot L^{-1} \times 0.04870\ L - 0.01840\ mol \cdot L^{-1} \times 0.01000\ L \times 8)}{0.01000\ L}$$

$$= 0.05663\ mol \cdot L^{-1}$$

因此，试液中 IO_3^- 和 IO_4^- 的浓度分别为 0.05663 $mol \cdot L^{-1}$ 和 0.01840 $mol \cdot L^{-1}$。

22. 称取含有 $H_2C_2O_4 \cdot 2H_2O$, KHC_2O_4 和 K_2SO_4 的混合物 2.7612 g,溶于水后转移至 100 mL 容量瓶。吸取试液 10.00 mL,以酚酞作指示剂,滴定用去 16.25 mL 0.1920 $mol \cdot L^{-1}$ NaOH 溶液;另取一份试液 10.00 mL,以硫酸酸化后,加热,用 0.03950 $mol \cdot L^{-1}$ $KMnO_4$ 溶液滴定,消耗 $KMnO_4$ 溶液 19.95 mL。

(1) 求固体混合物中各组分的含量。

(2) 若在酸碱滴定中,用甲基橙指示剂代替酚酞,对测定结果有何影响?

解:(1) 有关的反应式为

$$H_2C_2O_4 + 2OH^- = C_2O_4^{2-} + 2H_2O$$

$$HC_2O_4^- + OH^- = C_2O_4^{2-} + H_2O$$

$$2MnO_4^- + 5C_2O_4^{2-} + 16H^+ = 2Mn^{2+} + 10CO_2\uparrow + 8H_2O$$

$$2OH^- \sim H_2C_2O_4 \cdot 2H_2O, \qquad OH^- \sim KHC_2O_4$$

$$MnO_4^- \sim 2.5C_2O_4^{2-}$$

$$n(NaOH) = 0.1920\ mol \cdot L^{-1} \times 16.25\ mL = 3.120\ mmol$$

$$n(KMnO_4) = 0.03950\ mol \cdot L^{-1} \times 19.95\ mL = 0.7880\ mmol$$

$$n(C_2O_4^{2-}) = 2.5n(KMnO_4) = 2.5 \times 0.7880\ mmol = 1.970\ mmol$$

设 $H_2C_2O_4 \cdot 2H_2O$ 为 x mmol, KHC_2O_4 为 $(1.970 - x)$mmol,则

$$2x + (1.970 - x) = 3.120$$

得

$$x = 1.150\ mmol$$

$$n(KHC_2O_4) = 1.970\ mmol - 1.150\ mmol = 0.820\ mmol$$

$$w(H_2C_2O_4 \cdot 2H_2O) = \frac{1.150 \times 10^{-3}\ mol \times 10 \times 126.1\ g \cdot mol^{-1}}{2.7612\ g} \times 100\% = 52.52\%$$

$$w(KHC_2O_4) = \frac{0.820 \times 10^{-3}\ mol \times 10 \times 128.1\ g \cdot mol^{-1}}{2.7612\ g} \times 100\% = 38.04\%$$

$$w(K_2SO_4) = 100\% - 52.52\% - 38.04\% = 9.44\%$$

(2) 若在酸碱滴定中,用甲基橙指示剂代替酚酞指示剂,则会使中和反应不完全,使 $H_2C_2O_4 \cdot 2H_2O$ 和 KHC_2O_4 的测定结果都偏低。

23. 设计用氧化还原滴定法测定各组分含量的分析方案:

(1) Fe^{3+} 和 Cr^{3+} 的混合液;

(2) As_2O_3 和 As_2O_5 的混合物。

答:(1) $KMnO_4$ 法测定 Cr^{3+}。准确移取一定体积的混合液,加入一定体积的 H_2SO_4,直接用 $KMnO_4$ 标准溶液滴定至溶液出现微红色,计算可得混合液中 Cr^{3+} 的含量;用碘量法滴定 Fe^{3+}。另取一份溶液放置在碘量瓶中,加入过量 KI 溶液和一定体积的 HCl 溶液,盖好瓶塞,在暗处放

置 5 min，用水稀释后，以硫代硫酸钠标准溶液滴定至溶液呈淡黄色，加入 2 mL 淀粉指示剂，继续滴定至蓝色消失，计算得 Fe^{3+}的含量。

(2) As_2O_3和 As_2O_5混合物以 NaOH 溶液溶解后，得到亚砷酸钠和砷酸钠的混合液。调节酸度至微碱性（pH ≈ 8），以淀粉作指示剂，用碘标准溶液滴定其中的亚砷酸根，计算可得混合物中 As_2O_3的含量。

$$AsO_3^{3-} + I_2 + H_2O = AsO_4^{3-} + 2I^- + 2H^+$$

将此溶液用 HCl 溶液调至酸性，加入过量 KI 溶液，使溶液中全部砷酸根定量转化为亚砷酸根和碘，用硫代硫酸钠标准溶液滴定析出的碘，从而间接计算出原试液中砷酸根的浓度，计算可得混合物中 As_2O_5的含量。

$$AsO_4^{3-} + 2I^- + 2H^+ = AsO_3^{3-} + I_2 + H_2O$$

$$I_2 + 2S_2O_3^{2-} = S_4O_6^{2-} + 2I^-$$

24. 称取一含银废液 2.075 g，加适量硝酸，以铁铵矾作指示剂，用 0.04634 $mol \cdot L^{-1}$ NH_4SCN 溶液滴定，用去 25.50 mL。求废液中银的含量。

解：滴定反应式为

$$Ag^+ + SCN^- = AgSCN$$

因此

$$w(Ag) = \frac{0.04634\ mol \cdot L^{-1} \times 0.02550\ L \times 107.9\ g \cdot mol^{-1}}{2.075\ g} \times 100\% = 6.145\%$$

25. 称取某含砷农药 0.2000 g，溶于硝酸后转化为 H_3AsO_4，调至中性，加 $AgNO_3$ 溶液使其沉淀为 Ag_3AsO_4。沉淀经过滤、洗涤后再溶解于稀 HNO_3 溶液中，以铁铵矾作指示剂，用 0.1180 $mol \cdot L^{-1}$ NH_4SCN 溶液滴定，用去 33.85 mL。求农药中 As_2O_3的含量。

解：由题意可知存在如下关系：

$$As_2O_3 \sim 2Ag_3AsO_4 \sim 6Ag^+ \sim 6SCN^-$$

$$w(As_2O_3) = \frac{\frac{1}{6}[c(SCN^-)V(SCN^-)] \times M(As_2O_3)}{m}$$

$$= \frac{0.1180\ mol \cdot L^{-1} \times 0.03385\ L \times 197.8\ g \cdot mol^{-1}}{6 \times 0.2000\ g} \times 100\%$$

$$= 65.84\%$$

26. 称取含有 NaCl 和 NaBr 的试样 0.3760 g，溶解后，滴定用去 21.11 mL 0.1043 $mol \cdot L^{-1}$ $AgNO_3$ 溶液；另取同样质量的试样，溶解后，加过量 $AgNO_3$ 溶液，得到的沉淀经过滤、洗涤、干燥后称量为 0.4020 g。计算试样中 NaCl 和 NaBr 的质量分数。

解：NaCl 和 NaBr 的物质的量之和为

$$n(NaCl + NaBr) = 0.1043\ mol \cdot L^{-1} \times 21.11\ mL = 2.202\ mmol$$

设试样中 NaCl 的物质的量为 x mmol，则 NaBr 的物质的量为 $(2.202-x)$ mmol。

$$143.32x + 187.78 \times (2.202 - x) = 0.4020 \times 10^3$$

$$x = 0.2585\ \text{mmol}$$

即
$$n(\text{NaCl}) = 0.2585\ \text{mmol}$$

$$n(\text{NaBr}) = 2.202\ \text{mmol} - 0.2585\ \text{mmol} = 1.944\ \text{mmol}$$

$$w(\text{NaCl}) = \frac{58.44\ \text{g} \cdot \text{mol}^{-1} \times 0.2585 \times 10^{-3}\ \text{mol}}{0.3760\ \text{g}} \times 100\% = 4.018\%$$

$$w(\text{NaBr}) = \frac{102.9\ \text{g} \cdot \text{mol}^{-1} \times 1.944 \times 10^{-3}\ \text{mol}}{0.3760\ \text{g}} \times 100\% = 53.20\%$$

27. 某试样含有 $KBrO_3$，KBr 和惰性物质。称取 1.000 g 试样溶解后配制于 100 mL 容量瓶中。吸取 25.00 mL 试液，于 H_2SO_4 溶液介质中用 Na_2SO_3 将 BrO_3^- 还原至 Br^-，然后调至中性，用莫尔法测定 Br^-，用去 0.1010 mol · L^{-1} $AgNO_3$ 溶液 10.51 mL。另吸取 25.00 mL 试液用 H_2SO_4 溶液酸化后加热除去 Br_2，再调至中性，用上述 $AgNO_3$ 溶液滴定过剩 Br^- 时用去 3.25 mL。计算试样中 $KBrO_3$ 和 KBr 的含量。

解：Na_2SO_3 在酸性溶液中还原 $KBrO_3$ 的反应方程式为

$$BrO_3^- + 3SO_3^{2-} = Br^- + 3SO_4^{2-}$$

用莫尔法测定 Br^- 时，溶液中原有的 Br^- 以及生成的 Br^- 均与 $AgNO_3$ 反应：

$$Br^- + Ag^+ = AgBr$$

$$BrO_3^- \sim Br^- \sim Ag^+$$

此时
$$n(KBrO_3 + KBr) = 0.1010\ \text{mol} \cdot \text{L}^{-1} \times 10.51\ \text{mL} = 1.062\ \text{mmol}$$

酸性溶液中发生下列反应：

$$BrO_3^- + 5Br^- + 6H^+ = 3Br_2 + 3H_2O$$

反应剩余的 Br^- 再与 $AgNO_3$ 反应。

$$BrO_3^- \sim 5Br^- \sim 5Ag^+$$

因此：
$$n_{余}(KBr) = 0.1010\ \text{mol} \cdot \text{L}^{-1} \times 3.25\ \text{mL} = 0.328\ \text{mmol}$$

滴定前已反应掉 1 份 $KBrO_3$，5 份 KBr，则

$$n(KBrO_3) = \frac{1.062\ \text{mmol} - 0.328\ \text{mmol}}{6} = 0.122\ \text{mmol}$$

$$n(KBr) = \frac{(1.062 - 0.328)\ \text{mmol} \times 5}{6} + 0.328\ \text{mmol} = 0.940\ \text{mmol}$$

$$w(KBrO_3) = \frac{167.0\ g \cdot mol^{-1} \times 0.122 \times 10^{-3}\ mol \times 4}{1.000\ g} \times 100\% = 8.15\%$$

$$w(KBr) = \frac{119.0\ g \cdot mol^{-1} \times 0.940 \times 10^{-3}\ mol \times 4}{1.000\ g} \times 100\% = 44.74\%$$

28. 请设计测定下列试样中氯含量的分析方案:

(1) NH_4Cl, $BaCl_2$和 $FeCl_3$;

(2) NaCl 和 Na_2SO_4的混合物。

答:(1) NH_4Cl:调节试液 pH 至 7 左右,以铬酸钾作指示剂,用硝酸银标准溶液滴定,即可测定氯化铵中氯的含量。

$BaCl_2$:用硝酸酸化试液,加入过量的硝酸银标准溶液,以铁铵矾作指示剂,用硫氰酸铵标准溶液滴定过量的硝酸银,即可测定氯化钡中氯的含量。

$FeCl_3$:用硝酸酸化试液,加入过量的硝酸银标准溶液,用硫氰酸铵标准溶液滴定过量的硝酸银,即可测定氯化铁中氯的含量。

(2) 用硝酸酸化含有氯化钠和硫酸钠的试液,加入过量的硝酸银标准溶液,以铁铵矾作指示剂,用硫氰酸铵标准溶液滴定过量的硝酸银,即可测定混合物中氯的含量。

第二十章　比色法和分光光度法

内容提要

1. 光度分析法的特点

（1）方法灵敏度高，测定下限可达 $10^{-5}\%\sim10^{-4}\%$。

（2）方法的准确度能满足微量组分测定的要求。比色法相对误差为 5%～10%，分光光度法相对误差为 2%～5%。若使用精度高的仪器，误差可减小至 1%～2%。

（3）操作简便快速，仪器设备简单。

2. 光吸收的基本定律

（1）朗伯-比尔定律：数学表达式为

$$A = \lg\frac{I_0}{I_t} = \kappa bc$$

它表明：当一束单色光通过含有吸光物质的溶液后，溶液的吸光度与吸光物质的浓度及吸收层厚度成正比。比例常数 κ 与吸光物质的性质、入射光波长及温度等因素有关，该常数称吸收系数。

吸光度 A 与透光度 T 的关系为

$$T = \frac{I_t}{I_0}$$

$$A = \lg\frac{1}{T}$$

（2）吸光度的加和性：溶液中同时存在多种彼此不发生相互作用的吸光物质时，溶液总吸光度等于各组分的吸光度之和，即

$$A = A_1 + A_2 + \cdots + A_n$$

该规律可用于多组分的测定。

（3）对朗伯-比尔定律的偏离：朗伯-比尔定律所描述的吸光度与被测物质的浓度在一定条件下成线性关系。在实际工作中，当实验条件超越了一定范围，则会出现偏离线性关系的现象。引起偏离的主要原因如下：

① 朗伯-比尔定律假设吸收粒子间无相互作用，因此仅在稀溶液的情况下适用。浓度较高时（通常 $c > 0.01\ \mathrm{mol\cdot L^{-1}}$），吸光物质的分子或离子间的平均距离缩小，相邻吸光微粒的电荷

分布相互影响,从而改变了它对光的吸收能力。

② 非单色入射光可引起偏离。

③ 由于被测物质在溶液中发生缔合、解离或溶剂化、互变异构,以及配合物的逐级形成等化学原因,造成对比尔定律的偏离。

3. 分光光度计的基本部件

(1) 光源:在可见、近红外区,常用钨灯或碘钨灯作为光源;在紫外区常采用氢灯或氘灯。

(2) 单色器:将光源发出的连续光谱分解为单色光的色散元件,分为棱镜或光栅。棱镜是利用各种波长光折射率不同实现分光的;光栅则是利用光的衍射和干涉作用实现分光的。

(3) 吸收池:盛放试样的液槽。玻璃吸收池仅适用于可见区,石英吸收池适用于紫外、可见区。

(4) 检测系统:一种将光信号转换成电信号的装置。

(5) 读数指示器:指示器的作用是把光电流或放大的信号以适当的方式显示或记录下来。

4. 分光光度法仪器测量误差

$$\frac{\Delta c}{c}=\frac{0.434\Delta T}{T\lg T}$$

不同的吸光度读数造成不同程度的浓度相对误差。在 $T=36.8\%(A=0.434)$ 处的浓度相对误差最小。通常, T 读数在 $10\%\sim70\%(A=1.0\sim0.15)$ 范围内,浓度的相对误差较小。

5. 分光光度法的某些应用

(1) 单组分溶液浓度的测定:

① 工作曲线法:选定入射光波长,配制一系列不同浓度的标准溶液,在相同条件下测定相应吸光度值,作工作曲线 ($A-c$)。在相同条件下,测定样品的吸光度值,由工作曲线即可查得相应的浓度值 ($A_X \rightarrow c_X$)。实际工作中常用本方法。

② 比较法:在相同条件下,分别测定已知浓度标准溶液及样品的吸光度值,浓度比等于吸光度比。

$$\frac{A_{样}}{A_{标}}=\frac{c_{样}}{c_{标}}$$

(2) 多组分溶液浓度的测定:假设溶液中存在两种组分 X 和 Y。在波长 λ_1 和 λ_2 时测定吸光度 A_1 和 A_2, 由吸光度值的加和性得联立方程:

$$A_1=\kappa_{X_1}bc_X+\kappa_{Y_1}bc_Y$$

$$A_2=\kappa_{X_2}bc_X+\kappa_{Y_2}bc_Y$$

摩尔吸收系数值 $\kappa_{X_1},\kappa_{Y_1},\kappa_{X_2},\kappa_{Y_2}$, 可用 X 和 Y 的纯溶液在两种波长下测得,解联立方程组可求出 c_X 和 c_Y 值。

(3) 酸碱解离常数的测定:一元弱酸 HL 按下式解离:

$$HL \rightleftharpoons H^+ + L^- \qquad K_a=\frac{[H^+][L^-]}{[HL]}$$

$$pK_a = pH + \lg \frac{A - A_{L^-}}{A_{HL} - A}$$

其中，A_{HL} 为 $c = [HL]$ 时的吸光度，A_{L^-} 为 $c = [L^-]$ 时的吸光度。

(4) 配合物组成的测定：用吸光光度法测定有色配合物组成的方法有饱和法、连续变化法、斜率比法和平衡移动法等。

习题解答

1. 将下列透光度值换算为吸光度：

(1) 1%　(2) 10%　(3) 50%　(4) 75%　(5) 99%

解：由公式 $A = -\lg T$ 得

(1) $A = -\lg 0.01 = 2.000$

(2) $A = -\lg 0.10 = 1.000$

(3) $A = -\lg 0.50 = 0.301$

(4) $A = -\lg 0.75 = 0.125$

(5) $A = -\lg 0.99 = 0.0044$

2. 将下列吸光度值换算为透光度：

(1) 0.01　(2) 0.10　(3) 0.50　(4) 1.00

解：根据 $A = -\lg T$ 得 $T = 10^{-A}$，则

(1) $T = 10^{-0.01} = 97.7\%$

(2) $T = 10^{-0.10} = 79.4\%$

(3) $T = 10^{-0.50} = 31.6\%$

(4) $T = 10^{-1.00} = 10.0\%$

3. 有一有色溶液，用 1.0 cm 吸收池在 527 cm 处测得其透光度 $T=60\%$，如果浓度加倍，则

(1) T 值为多少？

(2) A 值为多少？

(3) 用 5.0 cm 吸收池时，要获得 $T=60\%$，则该溶液的浓度应为原来浓度的多少倍？

解： $A = -\lg T = \kappa bc$，则

$$-\lg 0.60 = 0.222$$

浓度加倍时：

(1) $\lg T = -0.444$，则　　$T = 36\%$

(2) $A = -\lg T = 0.444$

(3) $b_1 = 1.0$ cm 时：$\kappa b_1 c_1 = 0.222$

　　$b_2 = 5.0$ cm 时：$\kappa b_2 c_2 = 0.222$

由 $\kappa b_1 c_1 = \kappa b_2 c_2$ 得

$$\frac{c_2}{c_1} = \frac{b_1}{b_2} = \frac{1.0}{5.0} = 0.2$$

因此，用 5.0 cm 吸收池时，要获得 $T = 60\%$，则该溶液的浓度应为原来溶液的 0.2 倍。

4. 有两种不同浓度的 $KMnO_4$ 溶液，当液层厚度相同时，在 527 nm 处的透光度 T 分别为 (1)65.0%，(2)41.8%。求它们的吸光度 A 各为多少？(3)若已知溶液(1)的浓度为 $6.51\times 10^{-4}\ mol\cdot L^{-1}$，问溶液(2)的浓度为多少？

解：(1) $A_1 = \kappa bc = -\lg T = -\lg 0.650 = 0.187$

(2) $A_2 = -\lg 0.418 = 0.379$

(3) 当 $c_1 = 6.51\times 10^{-4}\ mol\cdot L^{-1}$ 时，有

$$\kappa b = \frac{A_1}{c_1} = \frac{0.187}{6.51\times 10^{-4}\ mol\cdot L^{-1}} = 287\ mol^{-1}\cdot L$$

$$c_2 = \frac{A_2}{\kappa b} = \frac{0.379}{287\ mol^{-1}\cdot L} = 1.32\times 10^{-3}\ mol\cdot L^{-1}$$

5. 在 pH=3 时，于 655 nm 处测得偶氮胂(Ⅲ)与镧的紫蓝色配合物的摩尔吸收系数为 $4.50\times 10^4\ L\cdot mol^{-1}\cdot cm^{-1}$。如果在 25 mL 容量瓶中有 30 μg La^{3+}，用偶氮胂(Ⅲ)显色，用 2.0 cm 的吸收池在 655 nm 处测量，其吸光度为多少？

解：$A = \kappa bc$

$$= 4.50\times 10^4\ L\cdot mol^{-1}\cdot cm^{-1}\times 2.0\ cm\times \frac{30\times 10^{-6}\ g}{138.9\ g\cdot mol^{-1}\times 0.025\ L}$$

$= 0.78$

6. 有一含有 0.088 mg Fe^{3+} 的溶液用 SCN^- 显色后，用水稀释到 50.00 mL，以 1.0 cm 的吸收池在 480 nm 处测得吸光度为 0.740，计算 $Fe(SCN)^{2+}$ 配合物的摩尔吸收系数。

解：

$$\kappa = \frac{A}{bc}$$

$$= \frac{0.740}{1.0\ cm\times \dfrac{0.088\times 10^{-3}\ g}{55.85\ g\cdot mol^{-1}\times 50.00\times 10^{-3}\ L}}$$

$$= 2.35\times 10^4\ L\cdot mol^{-1}\cdot cm^{-1}$$

7. 当光度计的透光度测量的读数误差 $\Delta T = 0.01$ 时，测得不同浓度的某吸光溶液的吸光度为 0.010，0.100，0.200，0.434，0.800 和 1.20。利用吸光度与浓度成正比以及吸光度与透光度的关系，计算由仪器读数误差引起的浓度测量的相对误差。

解：

$$T = 10^{-A},\qquad \lg T = -A$$

$$\frac{\Delta c}{c} = \frac{0.434\Delta T}{T\lg T}$$

当 $A = 0.010$ 时，$T = 10^{-0.010}$，$\lg T = -0.010$，又 $\Delta T = 0.01$，故

$$\frac{\Delta c}{c} = \frac{0.434\Delta T}{T\lg T} = \frac{0.434\times 0.01}{10^{-0.010}\times(-0.010)} = -44.4\%$$

同理，当 $A = 0.100, 0.200, 0.434, 0.800, 1.20$ 时，有

$$\frac{\Delta c}{c} = -5.46\%,\ -3.44\%,\ -2.72\%,\ -3.42\%,\ -5.73\%$$

8. 设有 X 和 Y 两种组分的混合物。X 组分在波长 λ_1 和 λ_2 处的摩尔吸收系数分别为 $1.98\times10^3\ cm^{-1}\cdot mol^{-1}\cdot L$ 和 $2.80\times10^4\ cm^{-1}\cdot mol^{-1}\cdot L$。Y 组分在波长 λ_1 和 λ_2 处的摩尔吸收系数分别为 $2.04\times10^4\ cm^{-1}\cdot mol^{-1}\cdot L$ 和 $3.13\times10^2\ cm^{-1}\cdot mol^{-1}\cdot L$。液层厚度相同，在 λ_1 处测得总吸光度为 0.301，在 λ_2 处为 0.398。求算 X 和 Y 两组分的浓度。

解：

$$A_{1X} = \kappa_{1X}bc_X\ ,\ A_{1Y} = \kappa_{1Y}bc_Y$$

$$A_{1总} = A_{1X} + A_{1Y} = \kappa_{1X}bc_X + \kappa_{1Y}bc_Y \tag{1}$$

同理

$$A_{2总} = A_{2X} + A_{2Y} = \kappa_{2X}bc_X + \kappa_{2Y}bc_Y \tag{2}$$

由(1)得

$$c_X = \frac{A_{1总} - \kappa_{1Y}bc_Y}{\kappa_{1X}b}$$

代入(2)得

$$c_Y = \frac{\kappa_{1X}A_{2总} - \kappa_{2X}A_{1总}}{\kappa_{1X}\kappa_{2Y}b - \kappa_{2X}\kappa_{1Y}b}$$

设 $b = 1.0$ cm，则

$$c_Y = \frac{1.98\times10^3\times0.398 - 2.80\times10^4\times0.301}{1.98\times10^3\times3.13\times10^2\times1.0 - 2.80\times10^4\times2.04\times10^4\times1.0}$$

$$= 1.34\times10^{-5}\ mol\cdot L^{-1}$$

$$c_X = \frac{0.301 - 2.04\times10^4\times1.0\times1.34\times10^{-5}}{1.98\times10^3\times1.0} = 1.40\times10^{-5}\ mol\cdot L^{-1}$$

9. 某有色配合物的 0.0010% 水溶液在 510 nm 处，用 2 cm 吸收池测得透光度 T 为 0.420，已知 $\kappa_{510} = 2.5\times10^3\ L\cdot mol^{-1}\cdot cm^{-1}$。试求此有色配合物的摩尔质量。

解：

$$A = -\lg T = -\lg 0.420 = 0.377$$

$$c = \frac{A}{\kappa b} = \frac{0.377}{2.5\times10^3\ L\cdot mol^{-1}\cdot cm^{-1}\times2.0\ cm} = 7.54\times10^{-5}\ mol\cdot L^{-1}$$

因此，1000 mL 溶液中含有色物质 $7.54\times10^{-5}M_r$ g。已知配合物的含量为 0.0010%，故

$$M_r = \frac{1000\ g\times\frac{0.0010}{100}}{7.54\times10^{-5}\ mol} = 132.6\ g\cdot mol^{-1}$$

10. 浓度为 2.0×10^{-4} mol·L^{-1}的甲基橙溶液,在不同 pH 的缓冲溶液中,于 520 nm 波长处,用 1 cm 吸收池测得吸光度值。计算甲基橙的 pK_a 值。

pH	0.88	1.17	2.99	3.41	3.95	4.89	5.50
A	0.890	0.890	0.692	0.552	0.385	0.260	0.260

解:根据指示剂的平衡反应式

$$HIn \rightleftharpoons H^+ + In^-$$

可知

$$K_a = \frac{[H^+][In^-]}{[HIn]}$$

$$pK_a = pH + \lg\frac{[HIn]}{[In^-]}$$

依题意可见在 520 nm 波长下 HIn 和 In^-都有吸收,所以

$$A = \kappa_{HIn}[HIn] + \kappa_{In^-}[In^-] = \kappa_{HIn}\frac{[H^+]c}{[H^+]+K_a} + \kappa_{In^-}\frac{K_a c}{[H^+]+K_a}$$

整理后得

$$K_a = \frac{c\kappa_{HIn} - A}{A - c\kappa_{In^-}}[H^+]$$

令

$$c\kappa_{HIn} = A_a, \qquad c\kappa_{In^-} = A_b$$

$$K_a = [H^+]\frac{A_a - A}{A - A_b}$$

$$pK_a = pH + \lg\frac{A - A_b}{A_a - A}$$

由题中数据可知: $A_a = 0.890, \qquad A_b = 0.260$

当 pH = 3.41 时, $pK_a = 3.41 + \lg\frac{0.552 - 0.260}{0.890 - 0.552} = 3.35$

当 pH = 2.99 时, $pK_a = 2.99 + \lg\frac{0.692 - 0.260}{0.890 - 0.692} = 3.33$

当 pH = 3.95 时, $pK_a = 3.95 + \lg\frac{0.385 - 0.260}{0.890 - 0.385} = 3.34$

取以上三个数据的平均值,得

$$pK_a = 3.34$$

第二十一章　分析化学中常用的分离方法和生物试样的前处理

内容提要

1. 分析化学中分离程序的意义

对试样中微量、痕量元素进行分析测定前，一般都需运用富集或分离技术对试样进行处理，其意义在于：能降低测定下限、可消除干扰、能消除基体效应、参比标准可用单一材料等。常用的分离方式有微量-常量分离、常量-微量分离、微量-微量分离。

2. 分析化学中常用的分离方法

（1）挥发与蒸馏分离：利用物质所具有的挥发性或低沸点特性将它们与干扰物质进行分离的方法。此分离方法对非金属元素特别有效。

（2）沉淀分离：根据溶度积原理，利用沉淀反应将被测组分与干扰物质进行分离的方法，包含无机沉淀剂沉淀分离、有机沉淀剂沉淀分离和共沉淀分离和富集。

无机沉淀剂沉淀分离：基于金属化合物的溶解度差异，通过控制溶液酸度的方法使某些金属化合物彼此分离的方法，有氢氧化物沉淀分离和金属硫化物沉淀分离 2 种。

有机沉淀剂沉淀分离：基于有机沉淀剂对金属离子形成沉淀进行分离的方法。相对于无机沉淀剂分离法，有机沉淀剂沉淀分离法具有更强的选择性、更高的灵敏度、更好的沉淀性能等优点。

共沉淀分离和富集：在试样中加入其他离子与沉淀剂（无机或有机沉淀剂）形成沉淀时，可将痕量组分定量地共沉淀下来，然后再将沉淀溶解在少量溶剂中，以达到分离和富集的目的。

（3）溶剂萃取分离：将被测组分或干扰物质从一个液相（水相）转移到互不相溶的另一个液相（有机相）中以达到与其他组分分离的目的，此类分离方法包含 3 类：配合物萃取体系、离子缔合物萃取体系和三元配合物萃取体系。

分配系数 K_D：在分配达到平衡时，如果溶质 A 在两相中存在的形式相同，根据分配定律，它在两个溶剂中的浓度比在一定温度条件下为一常数。

分配比 D：在分配达到平衡时，溶质 A 在两相中的总浓度（即各种存在形式的物种浓度之和）之比。

萃取百分率 E：被萃取物在有机相中的总量和其在两相中的总量之比。

分离效率 β：相同条件下，两组分于同一萃取体系内在两相中分配比的比值。

n 次萃取的总效率 $E=\left\{1-\left[\dfrac{V(\text{水})/V(\text{有})}{D+V(\text{水})/V(\text{有})}\right]^n\right\}\times 100\%$

（4）色谱分离：又称层析分析，是利用混合物各组分的物理化学性质的差异，使各组分在两相中的分配比不同而实现分离的方法。常用的色谱分离法有纸色谱、薄层色谱和凝胶色谱。

(5) 离子交换分离:利用离子交换树脂与溶液中的离子发生交换反应而使离子分离的方法。基于离子交换树脂中活性基团不同,可分为阳离子交换树脂和阴离子交换树脂分离法。

(6) 区带电泳法:在一个电场作用下,在某一种支持介质上,将一个混合物分离成若干条区带(若干个组分)的电泳过程。此分离方法对生物样品如氨基酸、蛋白质、核酸等的分离分析非常有效。

3. 生物试样的前处理

对于生物试样的检测,需要保证:正确的生物采样、良好的预处理和前处理。

常用的生物试样有血浆、血清、尿液、唾液、毛发、指甲、穿刺液等。

生物试样的保存措施:控制溶液的 pH、加入保护剂或防腐剂、冷藏或冷冻。

蛋白质的去除:沉淀法、超速离心、酸消化、酶消化、光辐射消化。

生物试样的消化:干式消化(高温或低温干式消化)、湿式消化(酸消化和微波消化)、光辐射消化、酶消化。

习题解答

1. 已知 $Mg(OH)_2$ 的 $K_{sp}^{\ominus}=1.8\times10^{-11}$,试计算 MgO 悬浮液所能控制的溶液的 pH。

解: MgO 在水中具有下列平衡:

$$MgO+H_2O \longrightarrow Mg(OH)_2 \rightleftharpoons Mg^{2+}+2OH^-$$

则

$$K_{sp}^{\ominus}=[Mg^{2+}][OH^-]^2$$

所以

$$[OH^-]=\sqrt{\frac{K_{sp}^{\ominus}}{[Mg^{2+}]}}$$

即$[OH^-]$与$[Mg^{2+}]$的平方根成反比。

把 MgO 悬浮液加入酸性溶液中,MgO 溶解而使$[Mg^{2+}]$达一定值时,溶液的 pH 就为一定的数值。

例如:当$[Mg^{2+}]=0.1\ mol\cdot L^{-1}$时:

$$[OH^-]=\sqrt{\frac{1.8\times10^{-11}}{0.1}}\ mol\cdot L^{-1}=1.34\times10^{-5}\ mol\cdot L^{-1}$$

所以 $pOH\approx4.9\qquad pH\approx9.1$

当溶液中$[Mg^{2+}]$改变时,溶液的 pH 也会随之改变,但其改变极其缓慢。$[Mg^{2+}]$改变一个数量级,pH 改变 0.5。一般地,可通过调控 MgO 悬浮液中$[Mg^{2+}]$在 0.01~1.0 $mol\cdot L^{-1}$,来控制溶液 pH 在 8.6~9.6。

2. 在 $NH_3\cdot H_2O$ 浓度为 0.10 $mol\cdot L^{-1}$ 和 NH_4Cl 浓度为 1.0 $mol\cdot L^{-1}$时,能使一含有 Fe^{3+},

Mg^{2+}的溶液中的两种离子分离完全吗？

解：氨和铵盐组成的缓冲溶液，解离平衡为

$$NH_3 \cdot H_2O \rightleftharpoons NH_4^+ + OH^-$$

则

$$K_b^{\ominus} = \frac{[NH_4^+][OH^-]}{[NH_3 \cdot H_2O]}$$

得

$$[OH^-] = \frac{K_b^{\ominus}[NH_3 \cdot H_2O]}{[NH_4^+]}$$

查教材中附录三可知 $K_b^{\ominus} = 1.76 \times 10^{-5}$。则计算得

$$[OH^-] = 1.76 \times 10^{-6}\ mol \cdot L^{-1}$$

查教材中附录五可知 $K_{sp}^{\ominus}[Fe(OH)_3] = 2.79 \times 10^{-39}$；$K_{sp}^{\ominus}[Mg(OH)_2] = 5.61 \times 10^{-12}$。则溶液中 Fe^{3+}，Mg^{2+}的最大浓度分别为

$$[Mg^{2+}] = \frac{K_{sp}^{\ominus}[Mg(OH)_2]}{[OH^-]^2} = \frac{5.61 \times 10^{-12}}{(1.76 \times 10^{-6})^2}\ mol \cdot L^{-1} = 1.8\ mol \cdot L^{-1}$$

$$[Fe^{3+}] = \frac{K_{sp}^{\ominus}[Fe(OH)_3]}{[OH^-]^3} = \frac{2.79 \times 10^{-39}}{(1.76 \times 10^{-6})^3}\ mol \cdot L^{-1} = 5.1 \times 10^{-22}\ mol \cdot L^{-1}$$

所以，此 $0.10\ mol \cdot L^{-1}$氨和 $1.0\ mol \cdot L^{-1}$铵盐组成的缓冲溶液可以使 Fe^{3+}和 Mg^{2+}完全分离（Mg^{2+}可以以常规浓度存在，而 Fe^{3+}几乎都以沉淀形式存在）。

3. 有一物质在氯仿和水之间的分配比（D）为 9.6。含有该物质浓度为 $0.150\ mol \cdot L^{-1}$的水溶液 50 mL，用氯仿萃取如下：

（1）40 mL 萃取 1 次；

（2）每次 20.0 mL 萃取 2 次；

（3）每次 10.0 mL 萃取 4 次；

（4）每次 5.0 mL 萃取 8 次。

假设多次萃取时 D 值不变，问留在水相中的该物质的浓度是多少？

解：首先根据公式

$$E = \left\{1 - \left[\frac{V(水)/V(有)}{D + V(水)/V(有)}\right]^n\right\} \times 100\%$$

计算萃取总效率；然后留在水相中的该物质的浓度为

$$x = 0.150\ mol \cdot L^{-1} \times (1 - E)$$

（1）
$$E = \left[1 - \left(\frac{50/40}{9.6 + 50/40}\right)^1\right] \times 100\% = 88.48\%$$

$$x = 0.150\ \text{mol}\cdot\text{L}^{-1}\times(1-88.48\%) = 0.0173\ \text{mol}\cdot\text{L}^{-1}$$

(2)
$$E = \left[1-\left(\frac{50/20}{9.6+50/20}\right)^{2}\right]\times 100\% = 95.73\%$$

$$x = 0.150\ \text{mol}\cdot\text{L}^{-1}\times(1-95.73\%) = 6.40\times10^{-3}\ \text{mol}\cdot\text{L}^{-1}$$

(3)
$$E = \left[1-\left(\frac{50/10}{9.6+50/10}\right)^{4}\right]\times 100\% = 98.62\%$$

$$x = 0.150\ \text{mol}\cdot\text{L}^{-1}\times(1-98.62\%) = 2.06\times10^{-3}\ \text{mol}\cdot\text{L}^{-1}$$

(4)
$$E = \left[1-\left(\frac{50/5}{9.6+50/5}\right)^{8}\right]\times 100\% = 99.54\%$$

$$x = 0.150\ \text{mol}\cdot\text{L}^{-1}\times(1-99.54\%) = 6.89\times10^{-4}\ \text{mol}\cdot\text{L}^{-1}$$

4. 某一弱酸 HA 的 $K_a^{\ominus}=2\times10^{-5}$,它在某有机溶剂和在水中的分配系数为 30.0。当水溶液的 pH 为 1.0 和 5.0 时,分配比各为多少？用等体积的有机溶剂萃取,E 各为多少？

解:HA 为一元弱酸,在水溶液中有 HA 和 A^- 两种物种,pH 不同,两种物种的分布分数不同:

$$\delta_{HA} = \frac{[H^+]}{[H^+]+K_a}$$

$$\delta_{A^-} = \frac{K_a}{[H^+]+K_a}$$

在 pH = 1.0 时,$[H^+]=0.1\ \text{mol}\cdot\text{L}^{-1}$,则

$$\delta_{HA} = \frac{[H^+]}{[H^+]+K_a} = \frac{0.1}{0.1+2\times10^{-5}} = 1$$

表明此弱酸都以 HA 一种形式存在。

其 $K_D=30.0$,即分配比 $D=30.0$,则

$$E = \frac{D}{D+\dfrac{V(\text{水})}{V(\text{有})}}\times100\% = \frac{30.0}{30.0+1}\times100\% = 96.8\%$$

在 pH = 5.0 时,$[H^+]=1.0\times10^{-5}\ \text{mol}\cdot\text{L}^{-1}$,则

$$\delta_{HA,w} = \frac{[H^+]}{[H^+]+K_a} = \frac{1.0\times10^{-5}}{1.0\times10^{-5}+2\times10^{-5}} = \frac{1}{3}$$

则 $\delta_{A^-,w}=2/3$;假设 $\delta_{HA,w}=x$,$\delta_{A^-,w}=2x$,根据

$$K_{D,HA} = 30.0 = \frac{\delta_{HA,o}}{\delta_{HA,w}}$$

得出 $\delta_{HA,o}=30x$,则

$$D = \frac{\delta_{HA,o}}{\delta_{HA,w} + \delta_{A^-,w}} = \frac{30.0x}{x + 2x} = 10.0$$

$$E = \frac{10.0}{10.0 + 1} \times 100\% = 90.9\%$$

5. 有一试样含 KNO_3,称取该试样 0.2786 g,溶于水后,让它通过强酸型阳离子交换树脂,流出液用 0.1075 mol·L^{-1}的 NaOH 溶液滴定,用甲基橙作指示剂,用去了 NaOH 溶液体积为 23.85 mL,计算试样中 KNO_3 的纯度。

解:KNO_3 通过强酸型阳离子交换树脂,进行如下反应:

$$R—SO_3H + K^+ \rightleftharpoons R—SO_3K + H^+$$

H^+用 NaOH 溶液滴定,所以

$$n(NaOH) = n(H^+) = n(KNO_3)$$

故 KNO_3 的纯度为

$$\frac{m(KNO_3)}{m_{总}} \times 100\% = \frac{n(KNO_3) \cdot M(KNO_3)}{0.2786\ g} \times 100\%$$

$$= \frac{0.1075\ mol \cdot L^{-1} \times 23.85 \times 10^{-3}\ L \times 101.1\ g \cdot mol^{-1}}{0.2786\ g} \times 100\%$$

$$= 93.04\%$$

综合测试题（1）

一、选择题

1. 在密闭系统中，2.33 kPa，20 ℃ 时，$H_2O(l) \rightleftharpoons H_2O(g)$，压缩体积而压力不变，正确的解释是 ……（　）

（A）$H_2O(g)$ 的行为不理想　　（B）有水蒸气从容器中逸出

（C）压力测量不准　　（D）有些水蒸气凝结为液态水

2. 已知 HCN(aq) 与 NaOH(aq) 反应，其中和热是 $-12.1\ kJ\cdot mol^{-1}$，$H^+(aq) + OH^-(aq) \xlongequal{} H_2O(l)$，$\Delta_r H_m^{\ominus} = -55.6\ kJ\cdot mol^{-1}$，则 1 mol HCN 在溶液中解离的热效应（$kJ\cdot mol^{-1}$）是 ……（　）

（A）-67.7　　（B）-43.5　　（C）43.5　　（D）99.1

3. 500 K 时，反应 $SO_2(g) + \frac{1}{2}O_2(g) \rightleftharpoons SO_3(g)$ 的 $K^{\ominus} = 50$，在同温下，反应 $2SO_3(g) \rightleftharpoons 2SO_2(g) + O_2(g)$ 的 $K^{\ominus}$ 必等于 ……（　）

（A）100　　（B）2×10^{-2}　　（C）2500　　（D）4×10^{-4}

4. 已知 H_2O_2 分解是一级反应，若浓度由 $1.0\ mol\cdot L^{-3}$ 降至 $0.50\ mol\cdot L^{-3}$ 需 20 min，则浓度从 $0.50\ mol\cdot L^{-3}$ 降至 $0.25\ mol\cdot L^{-3}$ 所需的时间是 ……（　）

（A）> 20 min　　（B）20 min　　（C）< 20 min　　（D）无法判断

5. 在反应 $BF_3 + NH_3 \longrightarrow F_3BNH_3$ 中，BF_3 为 ……（　）

（A）Arrhenius 碱　（B）Brϕnsted 酸　　（C）Lewis 碱　　（D）Lewis 酸

6. 将 $0.1\ mol\cdot L^{-3}$ NaAc 溶液加水稀释时，下列各项数值中增大的是 ……（　）

（A）$c(Ac^-)/c(OH^-)$　　（B）$c(OH^-)/c(Ac^-)$

（C）$c(Ac^-)$　　（D）$c(OH^-)$

7. 对于反应 $I_2 + 2ClO_3^- \xlongequal{} 2IO_3^- + Cl_2$，下面说法中不正确的是 ……（　）

（A）此反应为氧化还原反应

（B）I_2 得到电子，ClO_3^- 失去电子

(C) I_2 是还原剂,ClO_3^- 是氧化剂

(D) 碘的氧化数由 0 增至 +5,氯的氧化数由 +5 降为 0

8. 主量子数 $n=3$ 的一个电子的四个量子数 n,l,m,m_s 取值正确的是 ………………( )

(A) 3,2,1,0 (B) 3,2,$-1,\frac{1}{2}$ (C) 3,3,1,$\frac{1}{2}$ (D) 3,1,2,$\frac{1}{2}$

9. 下列离子半径大小顺序正确的是 ………………( )

(A) $Cl^- > K^+ > Ca^{2+} > Ga^{3+} > S^{2-}$ (B) $S^{2-} > Cl^- > K^+ > Ca^{2+} > Ga^{3+}$

(C) $S^{2-} > Cl^- > Ga^{3+} > Ca^{2+} > K^+$ (D) $K^+ > Ca^{2+} > Ga^{3+} > Cl^- > S^{2-}$

10. 下列分子中,中心原子轨道为不等性杂化,但却为非极性分子的是 ………………( )

(A) NH_3 (B) $CHCl_3$ (C) XeF_4 (D) BCl_3

11. 在 $K[Co(en)Cl_4]$ 中,Co 的氧化数和配位数分别是 ………………( )

(A) +2 和 4 (B) +4 和 6 (C) +3 和 6 (D) +3 和 5

12. 根据价层电子的排布,下列化合物中为无色的是 ………………( )

(A) $FeCl_2$ (B) CuCl (C) $FeCl_3$ (D) $CuCl_2$

13. 在室温下,将 Cl_2,Br_2 和 I_2 分别加入 NaOH 溶液中,得到的产物分别是 ………………( )

(A) ClO^-、BrO^-、IO^- (B) ClO^-、BrO^-、IO_3^-

(C) ClO^-、BrO_3^-、IO_3^- (D) ClO_3^-、BrO_3^-、IO_3^-

14. 下列硫酸盐中,热稳定性最差的是 ………………( )

(A) $MgSO_4$ (B) $CaSO_4$ (C) $SrSO_4$ (D) $BaSO_4$

15. 欲分离溶液中的 Cr^{3+} 和 Zn^{2+},应加入的试剂是 ………………( )

(A) NaOH (B) HCl (C) H_2S (D) $NH_3 \cdot H_2O$

16. 镧系收缩使下列各对元素中性质相似的是 ………………( )

(A) Mn 和 Tc (B) Ru 和 Rh (C) Mo 和 Zr (D) Nb 和 Ta

17. 人体中含量最高的一种必需微量元素是 ………………( )

(A) 锌 Zn (B) 铁 Fe (C) 锰 Mn (D) 铜 Cu

18. 20 世纪引起日本水俣病的污染物是 ………………( )

(A) 镉 Cd (B) 汞 Hg (C) 核辐射 (D) 铅 Pb

19. 放射性核素是指……（　）

(A) 能自发地发生裂变反应的核素　(B) 能自发地放出射线的核素

(C) 能发生链式反应的核素　(D) 能发生聚变反应的核素

20. 在分析化学中,对待测元素进行分离富集,不能实现的是……（　）

(A) 降低检测限,实现微量、痕量分析　(B) 消除基底效应

(C) 掩蔽干扰元素　(D) 加快检测速度

21. 下列描述不正确的是……（　）

(A) 选择和评价分离富集技术最主要的参数是待测元素的回收率和富集效率

(B) 挥发与蒸馏分离对金属元素特别有效,常可达到完全分离

(C) 有机共沉淀剂可经灼烧后挥发除去,不影响痕量组分的测定

(D) 在实际工作中,可通过多次连续萃取的方法提高萃取效率

22. 对置信区间的正确理解是……（　）

(A) 一定置信度下以真值为中心包括测定平均值的区间

(B) 一定置信度下以测定平均值为中心包括真值的范围

(C) 真值落在某一可靠区间的概率

(D) 一定置信度下以真值为中心的可靠范围

23. 晶核的形成有均相成核和异相成核两种,当均相成核作用大于异相成核作用时,形成的晶核……（　）

(A) 多　(B) 少　(C) 为晶体晶核　(D) 为无定形晶核

24. 比较 Ag_2CrO_4 在 0.0010 $mol \cdot L^{-1}$ $AgNO_3$ 溶液和 0.0010 $mol \cdot L^{-1}$ K_2CrO_4 溶液中的溶解度……（　）

(A) 在 $AgNO_3$ 溶液中溶解度大　(B) 在 $AgNO_3$ 溶液中溶解度小

(C) 在两种溶液中溶解度相等　(D) 不确定

25. 以下各混合酸(或混合碱)(浓度均为 0.1 $mol \cdot L^{-1}$) 中,能准确滴定其中强酸(或强碱)的是……（　）

(A) HCl + 一氯乙酸 ($pK_a = 2.86$)　(B) HCl + HAc ($pK_a = 4.74$)

(C) $HCl + NH_4Cl$ ($pK_a = 9.26$)　(D) $NaOH + NH_3$($pK_b = 4.76$)

二、填空题

1. 樟脑的熔点是 178.0 ℃,取某有机物晶体 0.0140 g,与 0.201 g 樟脑熔融混合(已知樟脑的 $K_f = 40.0\ K \cdot kg \cdot mol^{-1}$),测定其熔点为 162.0 ℃,此物质的摩尔质量为________。

2. 下列过程的熵变的正、负号分别是

(1) 溶解少量食盐于水中,$\Delta_r S_m^\ominus$ 是________号;

(2) 纯碳和氧气反应生成 CO(g),$\Delta_r S_m^\ominus$ 是________号;

(3) 液态水蒸发变成 $H_2O(g)$,$\Delta_r S_m^\ominus$ 是________号;

(4) $CaCO_3(s)$ 加热分解 CaO(s) 和 $CO_2(g)$,$\Delta_r S_m^\ominus$ 是________号。

3. 由 N_2 和 H_2 化合生成 NH_3 的反应中,$\Delta_r H_m^\ominus < 0$,当达到平衡后,再适当降低温度则正反应速率将________,逆反应速率将________,平衡将向________方向移动;平衡常数将________。

4. pH = 3 的 HAc($K_a^\ominus = 1.8 \times 10^{-5}$)溶液其浓度为________ $mol \cdot L^{-3}$,将此溶液和等体积等浓度的 NaOH 溶液混合后,溶液的 pH 约为________。

5. 已知标准状态下原电池:Pt | Cl_2 | Cl^- ‖ MnO_4^-,Mn^{2+},H^+ | Pt,则(1) 配平的电池正极反应为________________________________;(2) 配平的电池反应为________________________________。

6. 在 $CH_2{=\!=}CH_2$ 和 $CH_3—CH_3$ 分子中形成 C—C σ 键的分别是 C 原子的____________和____________杂化轨道。

7. Nb 和 Ta 这两个 ⅤB 族元素具有相同原子半径的原因是________________________。

8. $[Ni(NH_3)_4]Cl_2$应命名为____________________,测得其磁矩为 3.2 B.M.,按价键理论,中心离子的杂化轨道为____________,配离子空间构型为________________。

9. 实验室存放下列物质的方法分别是

(1) 氟化铵________________________________。

(2) 五氧化二磷________________________________。

(3) 白磷________________________________。

(4) 金属钠________________________________。

10. 在淡黄色五价钒的盐酸溶液中,加入 Zn 粉,溶液经过蓝色(VO^{2+})、绿色(V^{3+}),最后变为紫色。由五价钒生成紫色物质的反应方程式是________________________________。

11. 汞蒸气是剧毒的,为了检查室内汞蒸气的含量是否超过剂量,可用白色碘化亚铜试纸悬挂在室内,室温下若 3 h 内试纸变为________色,表明室内汞蒸气超过允许含量。相应的反应方程式为________________________________。

12. 生物试样常用的消化方式有 ________________。

13. 某次测量结果平均值的置信区间表示为 $\bar{x} \pm t_{0.05,5}\dfrac{s}{\sqrt{n}} = 20.79 \pm 0.03\%$,它表示置信度为 ________;测量次数为 ________;最低值为 ________;最高值为 ________。

14. 利用 $Mg_2P_2O_7$ 形式沉淀称量,测定 $MgSO_4 \cdot 7H_2O$ 时。其换算因数的算式为 ________________。

15. H_3PO_4 的 pK_{a_1},pK_{a_2},pK_{a_3} 分别为 2.12,7.20,12.3。现在用 H_3PO_4 和 NaOH 配制 pH = 7.20 的缓冲溶液时,H_3PO_4 和 NaOH 的物质的量之比是 ________________。

三、简答题

1. 金刚石和石墨的燃烧热是否相等? 为什么?

2. 当温度不同而反应物起始浓度相同时,同一个反应的起始速率是否相同? 速率常数是否相同? 反应级数是否相同? 活化能是否相同?

3. NF_3 和 NCl_3 均为三角锥形分子,请解释为什么 NF_3 比 NCl_3 稳定,NF_3 不易水解而 NCl_3 易水解。

4. 某矿样溶液含有 Al^{3+},Cu^{2+},Ni^{2+},Fe^{3+},Cd^{2+},Zn^{2+},加入 NH_4Cl 和氨水。简述经过上述操作后每种离子的存在形式和状态。

5. 有一种固体可能含有 $AgNO_3$,CuS,$ZnCl_2$,$KMnO_4$ 和 K_2SO_4。将固体加入水中,并用几滴盐酸酸化,有白色沉淀 A 生成,滤液 B 是无色的。白色沉淀 A 能溶于氨水。滤液 B 分为两份:一份加入少量 NaOH 溶液,有白色沉淀生成,再加入过量 NaOH 溶液,沉淀溶解;另一份加入少量氨水,有白色沉淀生成,加入过量氨水,沉淀也溶解。根据上述实验现象,指出哪些化合物肯定存在? 哪些化合物肯定不存在? 哪些化合物可能存在?

四、计算题

1. 在 373 K 时,水的蒸发热为 40.58 $kJ \cdot mol^{-1}$。计算在 373 K,1.013×10^5 Pa 下,1 mol 水汽化过程的 ΔU 和 ΔS(假定水蒸气为理想气体,液态水的体积可忽略不计)。

2. 通过热力学近似计算,说明下列反应:$ZnO(s) + C(s) = Zn(s) + CO(g)$ 约在什么温度时才能自发进行? 已知 25 ℃,100 kPa 时的下列数据:

	ZnO(s)	CO(g)	Zn(s)	C(s)
$\Delta_f H_m^\ominus$/(kJ·mol^{-1})	-348.3	-110.5	0	0
$S_m^\ominus$/(J·mol^{-1}·K^{-1})	43.6	197.6	41.6	5.7

3. 计算 298 K 时,下列溶液的 pH。

(1) 0.20 mol·L^{-3} 氨水和 0.20 mol·L^{-3} 盐酸等体积混合;

(2) 0.20 mol·L^{-3} 硫酸和 0.40 mol·L^{-3} 硫酸钠溶液等体积混合;

(3) 0.20 mol·L^{-3} 磷酸和 0.20 mol·L^{-3} 磷酸钠溶液等体积混合;

(4) 0.20 mol·L^{-3} 草酸和 0.40 mol·d L^{-3} 草酸钾溶液等体积混合。

4. 已知下列两个元素的电势图:

$$\varphi_A^\ominus/V \quad IO_3^- — HIO \xrightarrow{1.45} I_2 \xrightarrow{0.53} I^- \qquad (IO_3^- \xrightarrow{1.20} I_2)$$

$$O_2 \xrightarrow{0.68} H_2O_2 \xrightarrow{1.77} H_2O$$

试解答下列问题:

(1) 计算 $\varphi^\ominus(IO_3^-/I^-)$ 和 $\varphi^\ominus(IO_3^-/HIO)$。

(2) 说明哪些物质可以发生歧化反应,并写出相应的反应方程式。

(3) 在酸性条件下,HIO_3 与 H_2O_2 能否反应? I_2 与 H_2O_2 能否反应? 若能,写出反应方程式。

5. 已知 AgBr 的 $K_{sp}^\ominus = 5.4 \times 10^{-13}$,$[Ag(S_2O_3)_2]^{3-}$ 的 $\beta_2^\ominus = 2.9 \times 10^{13}$,$[Ag(NH_3)_2]^+$ 的 $\beta_2^\ominus = 1.1 \times 10^7$。

(1) 欲使 0.10 mol AgBr(s) 分别溶解在 1.0 dm^3 的 $Na_2S_2O_3$ 和 $NH_3 \cdot H_2O$ 两种配位剂中,通过计算溶解反应的平衡常数,说明选择哪种配位剂为宜。

(2) 如欲使 0.10 mol AgBr(s) 完全溶解在你所选择的 1.0 dm^3 配位剂中,问配位剂的总浓度至少应为多少?

综合测试题(1)
参考答案

综合测试题（2）

一、选择题

1. 某气体 AB，在高温下建立下列平衡：$AB(g) \rightleftharpoons A(g) + B(g)$，若把 1.00 mol 此气体在 $T = 300$ K，$p = 101$ kPa 下放在某密闭容器中，加热到 600 K 时，有 25.0% 解离。此时系统的内部压力为 ……（　）

（A）253 kPa　　（B）101 kPa　　（C）50.5 kPa　　（D）126 kPa

2. 如果系统经过一系列变化，最后又变到初始状态，则体系的 ……（　）

（A）$Q = 0$　$W = 0$　$\Delta U = 0$　$\Delta H = 0$

（B）$Q \neq 0$　$W \neq 0$　$\Delta U = 0$　$\Delta H = Q$

（C）$Q = -W$　$\Delta U = Q + W$　$\Delta H = 0$

（D）$Q \neq -W$　$\Delta U = Q + W$　$\Delta H = 0$

3. 在 523 K 时，$PCl_5(g) \rightleftharpoons PCl_3(g) + Cl_2(g)$，$K^\ominus = 1.85$，则反应的 $\Delta_r G_m^\ominus$ 为 ……（　）

（A）$2.67\ kJ \cdot mol^{-1}$　　（B）$-2.67\ kJ \cdot mol^{-1}$

（C）$26.38\ kJ \cdot mol^{-1}$　　（D）$-2670\ kJ \cdot mol^{-1}$

4. 关于催化剂的作用，下述中**不正确**的 ……（　）

（A）能够加快反应的进行

（B）在几个反应中，能选择性地加快其中一两个反应

（C）能改变某一反应的平衡常数

（D）能缩短到达平衡的时间，但不能改变某一反应物的转化率

5. pH 为 9.40 的溶液中氢氧根离子浓度为 ……（　）

（A）$4.0 \times 10^{-10}\ mol \cdot dm^{-3}$　　（B）$2.5 \times 10^{-9}\ mol \cdot dm^{-3}$

（C）$4.0 \times 10^{-6}\ mol \cdot dm^{-3}$　　（D）$2.5 \times 10^{-5}\ mol \cdot dm^{-3}$

6. 按酸碱质子理论考虑，在水溶液中既可作酸亦可作碱的物质是 ……（　）

（A）Cl^-　　（B）NH_4^+　　（C）HCO_3^-　　（D）H_3O^+

7. 已知 $\varphi^\ominus(Fe^{3+}/Fe^{2+}) = 0.77$ V，$\varphi^\ominus(Br_2/Br^-) = 1.07$ V，$\varphi^\ominus(H_2O_2/H_2O) = 1.78$ V，$\varphi^\ominus(Cu^{2+}/Cu) = 0.34$ V，$\varphi(Sn^{4+}/Sn^{2+}) = 0.15$ V。则下列各组物质在标准状态下**不**发生反应的

是 …… (　　)

(A) Fe^{3+},Cu　　(B) Fe^{3+},Br_2　　(C) Sn^{2+},Fe^{3+}　　(D) H_2O_2,Fe^{2+}

8. 主量子数 $n=4$ 的一个电子的四个量子数 n,l,m,m_s 取值正确的是 ………………… (　　)

(A) $4,2,1,-\frac{1}{2}$　　(B) $4,2,-1,0$　　(C) $4,3,4,\frac{1}{2}$　　(D) $4,4,2,\frac{1}{2}$

9. 试判断下列说法,正确的是 ………………………………………………………… (　　)

(A) 离子键和共价键相比,作用范围更大

(B) 所有高熔点物质都是离子晶体

(C) 分子晶体的质点间作用力是共价键

(D) 阴离子总是比阳离子大

10. 下列分子形状不属于直线形的是 ………………………………………………… (　　)

(A) C_2H_2　　(B) H_2S　　(C) CO_2　　(D) HF

11. $[CrCl(H_2O)_5]Cl_2 \cdot H_2O$ 和 $[CrCl_2(H_2O)_4]Cl \cdot 2H_2O$ 属于 ………………………… (　　)

(A) 几何异构　　(B) 水合异构　　(C) 电离异构　　(D) 键合异构

12. 欲除去 $CuSO_4$ 酸性溶液中少量 Fe^{3+},加入下列试剂效果最好的是 ……………… (　　)

(A) $Cu_2(OH)_2CO_3$　(B) NaOH　　(C) H_2S 水溶液　　(D) KSCN

13. 下列化合物中加热分解得到 NO 和 NO_2 混合气体的是 ………………………… (　　)

(A) $AgNO_3$　　(B) NH_4NO_3　　(C) $NaNO_3$　　(D) HNO_2

14. 常温下不以液态形式存在的是 …………………………………………………… (　　)

(A) Hg　　(B) BBr_3　　(C) SiF_4　　(D) Br_2

15. 下列含氧酸中酸性最弱的是 ……………………………………………………… (　　)

(A) $HClO_3$　　(B) $HBrO_3$　　(C) H_2SeO_4　　(D) H_6TeO_6

16. 下列方程式中与实验事实相符合的是 ……………………………………………… (　　)

(A) $TiO_2 + 2C + 2Cl_2 \xlongequal{\triangle} TiCl_4 + 2CO$

(B) $CuSO_4 + 2HI \xlongequal{} CuI_2 + H_2SO_4$

(C) $PbS + 4H_2O_2 \xlongequal{} PbO_2 + SO_2\uparrow + 4H_2O$

(D) $Hg_2(NO_3)_2 + 2NaOH \xlongequal{} Hg_2O + 2NaNO_3 + H_2O$

17. 熔融 SiO_2 晶体时,需要克服的作用力主要是 ( )

(A) 离子键 (B) 共价键 (C) 配位键 (D) 氢键

18. 能共存于同一溶液中的一对离子是 ( )

(A) Sn^{2+} 与 $S_2O_3^{2-}$ (B) Sn^{2+} 与 Hg^{2+} (C) Sn^{2+} 与 Ag^{+} (D) Sn^{2+} 与 Pb^{2+}

19. 下列物质在空气中能稳定存在的是 ( )

(A) $Mn(OH)_2$ (B) $Ni(OH)_2$ (C) $Co(OH)_2$ (D) $[Co(NH_3)_6]^{2+}$

20. 下列元素不是人体必需元素的是 ( )

(A) 硅 Si (B) 碘 I (C) 砷 As (D) 硼 B

21. 下列物质中会破坏臭氧层的是 ( )

(A) 二氧化碳 (B) 甲烷 (C) 二氧化氮 (D) 氯氟烃

22. 20 世纪中期造成日本骨痛病的污染物是 ( )

(A) 镉 Cd (B) 汞 Hg (C) 核辐射 (D) 砷 As

23. 测定试样中的恒量砷,下列分离富集方法适宜的是 ( )

(A) 还原成 AsH_3,再利用挥发分离收集测定

(B) 溶解后加入 NaOH,进行沉淀分离并测定

(C) 溶解后在强酸性条件下通入 H_2S,生成硫化物沉淀分离,再测定

(D) 溶解后加入 $Al(OH)_3$ 载体,对砷进行共沉淀分离,并测定

24. 某有色配合物溶液的透射比 $T = 9.77\%$,则吸光度值 $\lg\frac{1}{T}$ 为 ( )

(A) 1.0 (B) 1.01 (C) 1.010 (D) 1.0101

25. 酸碱滴定中选择指示剂的原则是 ( )

(A) 指示剂变色范围与化学计量点完全符合

(B) 指示剂应在 pH = 7.00 时变色

(C) 指示剂的变色范围应全部或部分落入滴定 pH 突跃范围之内

(D) 指示剂变色范围应全部落在滴定 pH 突跃范围之内

二、填空题

1. 298 K 时,含 5.0 g 聚苯乙烯的 1 dm^3 苯溶液的渗透压为 1013 Pa,则该聚苯乙烯的相对分子质量是____________。

2. 反应 $2A + B \rightleftharpoons 2D$ 的 $K^{\ominus} = p_D^2/p_B$，升高温度和增大压力都使平衡逆向移动，则正反应是________反应，其平衡常数的表达式是________________________________。

3. 液体沸腾时，下列几种物理量中，不变的是________；增加的是________；减少的是________。

(1) 蒸气压　　(2) 摩尔汽化热

(3) 摩尔熵　　(4) 液体质量

4. 理想气体向真空膨胀过程中，下列热力学数据 $W, Q, \Delta U, \Delta H, \Delta S$ 和 ΔG 中，不为零的是________________。若过程改为液态 H_2O 在 100 ℃，1.013×10^5 Pa 下蒸发，上述热力学数据中为零的是________________。

5. (1) 0.4 $mol \cdot dm^{-3}$ HAc 溶液中氢离子浓度是 0.1 $mol \cdot dm^{-3}$ HAc 溶液中氢离子的浓度的________倍。[已知 $K_a^{\ominus}(HAc) = 1.8 \times 10^{-5}$。]

(2) $NaHSO_3$ 水溶液呈酸性、中性、还是碱性？________。(已知 H_2SO_3 的 $K_{a_1}^{\ominus} = 1.5 \times 10^{-2}$，$K_{a_2}^{\ominus} = 1.1 \times 10^{-7}$。)

6. 已知 $ClO_3^- + 6H^+ + 6e^- \rightleftharpoons Cl^- + 3H_2O$　　$\varphi_1^{\ominus} = 1.45$ V

$\frac{1}{2}Cl_2 + e^- \rightleftharpoons Cl^-$　　$\varphi_2^{\ominus} = 1.36$ V

求 $ClO_3^- + 6H^+ + 5e^- \rightleftharpoons \frac{1}{2}Cl_2 + 3H_2O$ 的 $\varphi_3^{\ominus} =$ ________ V。

7. SF_4 分子的中心原子是采用__________杂化轨道成键的。该分子的空间构型为__________。

8. K 和 Ca 元素的 4s 轨道能量小于 3d 轨道能量是由于________________________。

9. $K_4[Mn(CN)_6]$ 应命名为______________，测得其磁矩为 1.70 B.M.，按价键理论，中心离子的杂化轨道为________，配离子空间构型为______________。按晶体场理论，中心离子的 d 电子在 t_{2g} 和 e_g 轨道中的分布(即电子组态)是________________________。

10. 下列物质的颜色是

TiO_2 ________；Cr_2O_3 ________；$CoCl_2$ ________；Ag_2S ________；

HgI_2 ________；Hg_2Cl_2 ________；PbO_2 ________；Pb_3O_4 ________。

11. 金溶解于王水中的化学反应方程式是________________________________。

12. 常见的大气污染问题有________、________、________、________、________。

13. 水体被污染程度常用____________和____________指标来反映。

14. 标定 HCl 溶液浓度,可选 Na_2CO_3 或硼砂($Na_2B_4O_7\cdot10H_2O$)作为基准物。若 Na_2CO_3 中含有水,则标定结果________,若硼砂部分失去结晶水,则标定结果________。若两者均处理妥当,没有以上问题,则选____________(两者之一)作为基准物更好,其原因是____。

15. 用0.100 $mol\cdot L^{-1}$ HCl溶液滴定同浓度NaOH溶液,pH突跃范围为9.7 ~ 4.3。若HCl和NaOH 溶液的浓度均减小 10 倍,则 pH 突跃范围是____________。

三、简答题

1. 为什么全国大部分地区家用加湿器都是在冬天使用,而不在夏天使用?

2. 什么类型的化学反应 Q_p 等于 Q_V? 什么类型的化学反应 Q_p 大于 Q_V? 什么类型的化学反应 Q_p 小于 Q_V?

3. 利用 Mg 和 Be 性质上的哪些不同可以鉴别下列各组化合物?

(1) $Be(OH)_2$ 和 $Mg(OH)_2$

(2) $BeCO_3$ 和 $MgCO_3$

(3) BeF_2 和 MgF_2

4. 有三瓶标签模糊的白色固体,分别是磷酸氢二钾、亚磷酸钾和砷酸氢二钾。试鉴别之,并写出相关反应方程式。

5. 有一可能含 Cl^-,S^{2-},SO_3^{2-},$S_2O_3^{2-}$,SO_4^{2-} 的溶液,用下列实验可以证实有哪几种离子存在?哪几种离子不存在?

(1) 取一份未知溶液,加入过量 $AgNO_3$ 溶液产生白色沉淀。

(2) 取一份未知溶液,加入 $BaCl_2$ 溶液也产生白色沉淀。

(3) 取一份未知溶液,用 H_2SO_4 酸化后加入溴水,溴水不褪色。

四、计算题

1. 298 K,标准压力时,金刚石和石墨有如下数据:

	石墨	金刚石
$S_m^\ominus/(J\cdot mol^{-1}\cdot K^{-1})$	5.7	2.4
燃烧热 $\Delta_r H_m^\ominus/(kJ\cdot mol^{-1})$	-393.4	-395.3

(1) 在标准状态下,石墨转变为金刚石的 $\Delta_r G_m^\ominus$;
(2) 判断在常温常压下哪一种晶形稳定。
(3) 能否用升高温度的方法使石墨转化为金刚石?为什么?

2. 在 673 K 时,合成氨反应:

$$N_2(g) + 3H_2(g) \rightleftharpoons 2NH_3(g) \qquad K^\ominus = 1.64 \times 10^{-4}$$

$\Delta_r H_m^\ominus = -92.4\ kJ\cdot mol^{-1}$,计算在 873 K 时的 $K^\ominus$。

3. 用陆续通 H_2S 至饱和(H_2S 浓度为 $0.10\ mol\cdot dm^{-3}$)的方法,使溶液中 $0.50\ mol\cdot dm^{-3}$ 的 Ni^{2+} 沉淀 99%,问应控制 pH 等于多少?为了控制所需的 pH,在沉淀过程中,应向溶液中外加酸还是外加碱来加以调节?为什么?已知 $K_{sp}(NiS) = 3.0 \times 10^{-21}$,$H_2S$ 的 $K_{a_1}^\ominus = 5.7 \times 10^{-8}$,$K_{a_2}^\ominus = 1.2 \times 10^{-15}$。

4. 将铜片插入盛有 $0.50\ mol\cdot dm^{-3}$ $CuSO_4$ 溶液的烧杯中,将银片插入盛有 $0.50\ mol\cdot dm^{-3}$ $AgNO_3$ 溶液的烧杯中,组成原电池。已知 $\varphi^\ominus(Cu^{2+}/Cu) = 0.342\ V$,$\varphi^\ominus(Ag^+/Ag) = 0.800\ V$,$F = 96500\ C\cdot mol^{-1}$,$K_{sp}^\ominus(AgBr) = 5.4 \times 10^{-13}$。
(1) 计算电池反应在 25℃ 时 $\Delta_r G_m^\ominus$ 和 $K^\ominus$;
(2) 求该原电池的电动势;
(3) 在 $AgNO_3$ 溶液中加入 Br^- 使 Ag^+ 沉淀后 $[Br^-] = 1.0\ mol\cdot dm^{-3}$,求此时原电池的电动势。

5. 欲用 $100\ cm^3$ 氨水溶解 0.717 g AgCl(摩尔质量为 143.4),求氨水的初始浓度至少为多少(以 $mol\cdot dm^{-3}$ 为单位)? 已知 $[Ag(NH_3)_2]^+$ 的 $\beta_2^\ominus = 1.1 \times 10^7$;AgCl 的 $K_{sp}^\ominus = 1.8 \times 10^{-10}$。

综合测试题(2)
参考答案

郑重声明